El presente libro es una versión facsimilar de la edición original de El Colegio de México, que ha sido rescatada mediante un trabajo profesional de escaneo para mantener la obra en circulación.

LA INDUSTRIA DE REFINACIÓN EN MÉXICO, 1970-1985

PROGRAMA DE ENERGÉTICOS

LA INDUSTRIA DE REFINACIÓN EN MÉXICO, 1970-1985

Michele Snoeck

EL COLEGIO DE MÉXICO

Primera edición, 1989

ISBN 968-12-0401-8 (versión original)
978-968-120-401-3 (versión facsimilar)

Impreso en México/*Printed in Mexico*

ÍNDICE

PRESENTACIÓN

Dada la importancia política, económica y social del sector petrolero en México, el Programa de Energéticos de El Colegio de México ha considerado imprescindible analizar su comportamiento y desarrollo entre 1970 y los primeros años del decenio de los ochenta. Un estudio pormenorizado de esta naturaleza tiene que cubrir todas las etapas de la industria petrolera nacional: desde la exploración y la explotación hasta la industria petroquímica primaria pasando por las relaciones entre este sector, el Estado mexicano, el sindicato de trabajadores petroleros y el mercado petrolero internacional. Tal investigación tiene que abarcar también los siguientes temas específicos: las características de una empresa pública moderna; la repercusión del petróleo sobre la economía mexicana; la refinación, el transporte y el comercio interno de los productos petroleros; el comercio exterior de hidrocarburos y las importaciones de bienes de capital para la industria petrolera; las finanzas de Petróleos Mexicanos; los aspectos tecnológicos de la industria; la visión mexicana del panorama petrolero mundial y las relaciones petroleras entre México y Estados Unidos.

El proyecto de investigación se inició a principios de los ochenta; en su realización han participado la gran mayoría de los 15 investigadores del Programa de Energéticos y, si bien cada volumen ha sido elaborado por uno, dos o tres autores, se trata de una obra conjunta. El estudio posee dos características: es un proyecto interdisciplinario y cuenta con la generosa ayuda intelectual y técnica de los mejores expertos nacionales en el amplio campo de la problemática energética del país. El número de los colaboradores voluntarios es tan amplio que solamente en su tomo final aparecerán los agradecimientos a aquellas personas que acepten ser mencionadas como asesores de la serie. La obra en su conjunto no es tan sólo el resultado de un análisis ecuánime de las fuentes oficiales disponibles, obtenidas con relativa facilidad; es también la cristalización de un esfuerzo profundo de un grupo académico que confrontó la información disponible con los conocimientos y la experiencia de quienes han participado, directa o indirectamente, en el desarrollo de la industria petrolera durante los últimos quince años.

El estudio de Michele Snoeck sobre la industria de refinación en México es su tercera contribución a volúmenes de la serie titulada "La industria petrolera mexicana, el Estado y el sindicato petrolero, 1970-1985'', que presenta los resultados de la investigación. Los dos anteriores trabajos de la maestra Snoeck se ocuparon del comercio exterior de hidrocarburos y de la industria petroquímica primaria.

En la contraportada del presente volumen se ofrece una visión global del conjunto de los trabajos de esta serie, algunos de los cuales ya han sido publicados mientras que los demás aparecerán en fechas próximas.

Miguel S. Wionczek
Coordinador
Programa de Energéticos

INTRODUCCIÓN

En México, las primeras plantas refinadoras se instalaron a principios de este siglo, cuando la industria petrolera se encontraba en manos de compañías extranjeras. Un cambio fundamental en la historia de la refinación mexicana se dio a raíz de la nacionalización del petróleo en 1938, al decidirse adaptar el sistema de procesamiento existente a los requerimientos de la demanda interna. A partir de ese momento, el objetivo perseguido ha consistido invariablemente en lograr y mantener la autosuficiencia en materia de petrolíferos y utilizar estos energéticos para alentar el desarrollo económico del país, limitándose las exportaciones a excedentes de producción temporales.

De 1938 hasta la fecha, la empresa petrolera estatal, Petróleos Mexicanos (Pemex), ha realizado una extensa labor de transformación, modernización y continua expansión del sistema de refinación, en cuyo desenvolvimiento la planeación ha tenido un papel importante. En contraste con otras áreas de la industria petrolera y, en general, de la economía mexicana, en el campo de la refinación se observa un claro elemento de continuidad tanto en los objetivos perseguidos como en las líneas de acción definidas para alcanzarlos. Los programas de desarrollo trascendieron el sexenio presidencial en curso llevándose a cabo, con pocas excepciones, los proyectos identificados, aunque con ciertos rezagos. En términos globales, la política de refinación estuvo dirigida a incrementar la capacidad de producción al ritmo que lo requería la demanda, en el marco de una política de precios bajos destinada a facilitar el consumo de petrolíferos por parte de los diversos sectores de la economía. En varias ocasiones dicha política de precios entorpeció el financiamiento de la inversión en obras de refinación, a la vez que fomentó un crecimiento acelerado y hasta desmedido del consumo de combustibles exigiendo, en consecuencia, mayores inversiones para ampliar la capacidad instalada. No fue sino hasta principios de los ochenta que el gobierno intentó racionalizar la demanda de petrolíferos mediante alzas periódicas de los precios, con lo cual se reduciría la presión sobre el aparato productivo.

A fines de los setenta el mantenimiento de una política expansionista de la planta refinadora nacional, determinado por el fuerte aumento del consumo interno de derivados de los hidrocarburos, contrastó con la tendencia observada a nivel mundial. Mientras que varios países industrializados y empresas productoras de petrolíferos se inclinaron hacia una reducción de su capacidad de destilación primaria dada la persistencia de la sobrecapacidad mundial, México elevó su capacidad de procesamiento de crudos y líquidos del gas de 969 MBD en 1976 a 1 621 MBD en 1982, pasando así a ocupar el duodécimo lugar en el mundo y el segundo lugar en América Latina.

Sin embargo, la crisis financiera en que cayó la economía mexicana y Pemex en particular, a partir de 1981-1982, impuso severas restricciones presupuestales a la empresa, que la llevaron a cancelar o posponer varios proyectos en el área de refinación. La recesión económica, aunada a los sucesivos incrementos de los precios internos de los energéticos, limitó las consecuencias del descenso en el ritmo de crecimiento de la producción de refinados, al disminuir su demanda. Incluso, a partir de 1983-1984, Pemex empezó a disponer de mayores excedentes de producción de algunos destilados. La abrupta y profunda caída de los precios del petróleo y de sus derivados en los mercados internacionales en 1985 restringió drásticamente los recursos de la empresa, obligándola a proceder a la revisión de todos sus programas de inversión, paralelamente a la redefinición de su política de comercialización externa de crudo, con las subsecuentes implicaciones para la evolución futura de la industria de refinación.

El presente estudio tiene como objetivo analizar la evolución de la industria de refinación en México, principalmente de 1970 a 1985, poniendo de relieve la medida en que las políticas y programas marcaron la pauta para su expansión, los demás factores que incidieron en su desarrollo, los resultados alcanzados y los problemas encontrados. Se ha seguido, básicamente, la estructura común establecida para todos los volúmenes de la serie "La industria petrolera mexicana, el Estado y el sindicato petrolero, 1970-1985", preparada por el Programa de Energéticos de El Colegio de México. El primer capítulo proporciona los antecedentes necesarios para entender la situación de la refinación en 1970: su inicio a principios de este siglo y sus principales características durante el periodo en que la actividad estuvo bajo control extranjero, así como el proceso de transformación del aparato productivo llevado a cabo por Pemex, de 1938 a 1970. Después de examinar la relación entre la oferta y la demanda de petrolíferos en 1970, en el contexto de la situación global de Pemex (capítulo II), se procede a analizar en forma detallada el desarrollo de la refinación en los sexenios 1970-1976 y 1976-1982 (capítulos III y IV). Para ello se considera la evolución de: la capacidad instalada, por tipo de procesos y por refinerías; la carga procesada; la producción y su estructura; el consumo global y por productos; los precios internos, y, finalmente, el comercio exterior de refinados. En el capítulo V se presentan los cambios ocurridos en el sexenio en curso a raíz de la crisis económica y financiera presente; en tanto que el último comprende las conclusiones que surgen del análisis, así como las perspectivas que se vislumbran para el desarrollo futuro de esta industria.

Algunos aspectos del desarrollo de la refinación en México, tales como su financiamiento, la procedencia de los equipos y materiales, las relaciones laborales y los medios de distribución de los petrolíferos, no son tratados en este estudio en vista de que son temas analizados en otros volúmenes de la serie antes referida.[1] Por otra parte, el estudio de la industria refinadora mexicana se ve severamente limitado por la imposibilidad de conseguir cierta información, en particular la referente a los costos de producción unitarios y la rentabilidad de la inversión.

En general, los productos refinados han sido agrupados en la forma siguiente, de acuerdo con la clasificación de Pemex:

— gas licuado (gas licuado AP*, gas licuado BP**).
— gasolinas (gasolina Extra, gasolina Nova, gasaviones, gasolina incolora, solventes).
— kerosinas (turbosina, diáfano, petróleo incoloro, tractogás, tractomex).
— diesel (diesel, diesel especial).
— combustóleo (combustóleo ligero, combustóleo pesado).
— asfaltos (asfaltos semisólidos, asfaltos rebajados).
— lubricantes (básicos para lubricantes, lubricantes industriales y otros).
— grasas y parafinas.
— otros (materia prima negro de humo, gas seco, coque, entregas netas y petroquímica).

[1] Véanse Oscar M. Guzmán *Las finanzas de Petróleos Mexicanos*, México, El Colegio de México (en prensa); Rogelio Ruiz, *La capacidad nacional y las importaciones de la tecnología petrolera*, México, El Colegio de México (en prensa); Angelina Alonso y Carlos Roberto López, *El sindicato de trabajadores petroleros y sus relaciones con Pemex y el Estado*, México, El Colegio de México, 1986, y Sotero Prieto, *Transporte y distribución de hidrocarburos*, México, El Colegio de México (en prensa).

* AP Alta presión (con más de 90% de propano).

** BP Baja presión (con menos de 70% de propano).

ABREVIATURAS Y SÍMBOLOS DE UNIDADES

API	American Petroleum Institute (los grados API indican la densidad de los crudos)
B	Barriles
BD	Barriles diarios
CEPE	Corporación Estatal Petrolera Ecuatoriana
CFE	Comisión Federal de Electricidad
CNA	Consumo nacional aparente
CONACYT	Consejo Nacional de Ciencia y Tecnología
CPQ	Complejo petroquímico
cvs/l	Centavos por litro (100 cvs = 1 peso mexicano)
dls/b	Dólares por barril
FCC	Fluid Catalytic Cracking (desintegración catalítica fluida)
HDS	Hidrodesulfuración
IEPES	Instituto de Estudios Políticos, Económicos y Sociales del PRI
IEPS	Impuestos especiales sobre producción y servicios
IMIQ	Instituto Mexicano de Ingenieros Químicos
IMP	Instituto Mexicano del Petróleo
MBD	Miles de barriles diarios
MM$	Millones de pesos mexicanos
MMB	Millones de barriles
MMBPCE	Millones de barriles de petróleo crudo equivalente
MMBTU	Millones de British Thermal Units
MMPCD	Millones de pies cúbicos por día
MMUS$	Millones de dólares norteamericanos
NAFINSA	Nacional Financiera, S.A.
nd	No disponible
ns	No significativo
Pemex	Petróleos Mexicanos
PIB	Producto interno bruto
PIRE	Programa inmediato de reordenación económica
PND	Plan Nacional de Desarrollo 1983-1988
PNE	Programa Nacional de Energía 1984-1988
SECOFI	Secretaría de Comercio y Fomento Industrial
SECOM	Secretaría de Comercio

SEMIP	Secretaría de Energía, Minas e Industria Paraestatal
SEPAFIN	Secretaría de Patrimonio y Fomento Industrial
SEPANAL	Secretaría de Patrimonio Nacional
sf	sin fecha
SHCP	Secretaría de Hacienda y Crédito Público
SP	Secretaría de la Presidencia
SPP	Secretaría de Programación y Presupuesto
TCC	Thermofor catalytic cracking (desintegración catalítica Thermofor)
TonD	Toneladas diarias
TMCA	Tasa media de crecimiento anual

I. ANTECEDENTES

El inicio de la refinación en México

Algunas etapas de la refinación del petróleo se iniciaron en México cuando sólo habían transcurrido 21 años desde que se construyeron las primeras refinerías en el mundo. En 1870, el doctor Autrey (anglosajón-americano, radicado en México) instaló un alambique en Papantla, Veracruz,[1] para obtener kerosina por destilación del crudo proveniente de numerosas "chapopoteras". Pese a que el uso de la kerosina como aceite iluminante se había generalizado rápidamente a partir de mediados del siglo XIX, las ventas de esta pequeña refinería no alcanzaron la importancia que hubiera permitido su desarrollo y, en 1887, la planta dejó de operar.[2] En 1876, un capitán de navío originario de Boston fracasó en su intento de instalación de una refinería, cerca del puerto de Tuxpan, Veracruz. Una operación más exitosa de refinación se inició en 1886, cuando la Compañía Mexicana de Petróleo empezó a producir kerosina en una planta de 400 BD de capacidad, con crudo importado de Estados Unidos. Dos años después, dicha planta fue absorbida y eliminada por la Waters Pierce Oil Co., subsidiaria de la Standard Oil, que estableció una nueva refinería en el puerto de Veracruz. Su capacidad inicial de proceso (250 BD) se fue elevando progresivamente, a la vez que se diversificó la producción; en 1907, además de kerosina, se elaboraba gasolina, lubricantes, parafina, grasa y combustóleo. En 1896, la misma compañía norteamericana construyó otras plantas en Árbol Grande, en los suburbios de Tampico, para procesar 2 MBD de crudo. La Waters Pierce Oil Co., que importaba el petróleo de Estados Unidos, se encargaba de surtir la kerosina para alumbrar todas las poblaciones de México.[3]

[1] Un mapa con la localización de los distintos estados de la República Mexicana se encuentra en el anexo 1.

[2] Sin embargo, en 1882, en la Exposición de Querétaro el doctor Autrey recibió un diploma por la magnífica calidad del petróleo iluminante producido en su refinería de Papantla. Véase Francisco Alonso González, *Historia y petróleo*, México, El Caballito, 1972, pp. 135-136.

[3] *Ibid.*; p. 136, y Pemex, *Datos históricos del petróleo en México*, México, Pemex, 1968, pp. 17 y 20.

Con la valiosa colaboración del geólogo mexicano Ezequiel Ordóñez, la Mexican Petroleum Co. comenzó a extraer petróleo crudo en los campos de Ébano, San Luis Potosí, donde empezó a funcionar en 1903 la primera refinería para producir asfaltos con una capacidad de 2 MBD.[4] Las instalaciones eran bien equipadas e incluían una fábrica de tambores de lámina de acero para el envasado del producto. Este fue utilizado para asfaltar calles en varias ciudades de la República, y tuvo éxito en la ciudad de México, Tampico, Veracruz, Guadalajara, Puebla, Monterrey y Chihuahua. En mayo de 1905, esta compañía firmó un contrato para surtir 3.8 MBD de petróleo combustible al Ferrocarril Central Mexicano en la ruta que hacía el recorrido entre Tampico y San Luis Potosí por un periodo de 15 años.

Así, estas primeras refinerías rudimentarias, construidas antes de los grandes descubrimientos de petróleo en México, tuvieron como principal función la elaboración de kerosina y asfaltos para el mercado nacional. Al mismo tiempo, los esfuerzos por iniciar la producción de crudo en el país se vieron estimulados por la Ley del Petróleo, decretada por el Congreso de la Unión en 1901, que incluía diversas exenciones fiscales para alentar la incipiente industria petrolera. Los petroleros podrían "exportar libre de todo impuesto los productos naturales, refinados o elaborados que procedan de la explotación" e "importar libres de derechos, por una sola vez, las máquinas para refinar petróleo o carburos gaseosos de hidrógeno, y para elaborar toda clase de productos que tengan por base el petróleo crudo";[5] asimismo, el capital invertido en la explotación de crudo sería libre de todo impuesto federal, excepto el del timbre, por 10 años. El presidente Porfirio Díaz esperaba así, entre otras cosas, erradicar el uso del carbón como principal fuente de energía en las industrias ferroviaria, minera y eléctrica, dada la insuficiencia de la producción carbonífera nacional para satisfacer la demanda.[6]

En 1904, la compañía Pearson and Son Limited, de origen inglés, que había llegado en 1899 a México a invitación del gobierno porfirista para construir el ferrocarril de Tehuantepec y los puertos de Salina Cruz y Coatzacoalcos, realizaba perforaciones en la zona de San Cristóbal en las cercanías de Minatitlán. Los excelentes resultados que obtuvo la decidieron a invertir en una refinería experimental que fue la primera en su género en nuestro territorio. Ésta constaba de alambiques para petróleo y vapor de agua con sus condensadores y accesorios, agitador, ocho

[4] Véase Pemex, *op. cit.*, p. 22. La Mexican Petroleum Co. fue la primera de una serie de empresas que fundó el petrolero norteamericano E. L. Doheney.

[5] *Ibid.*, p. 19.

[6] Entre 1900 y 1910, el valor de las importaciones de carbón alcanzó entre 2.2 y 3.7% de las importaciones totales del país. Véase El Colegio de México (ed.), *Estadísticas económicas del porfiriato, comercio exterior de México, 1877-1911*, México, El Colegio de México, 1960, p. 249.

tanques de almacenamiento, caldera de 25 caballos de fuerza, compresora de aire, bombas para crudo, productos y ácido y un laboratorio químico para estudios.

Esta planta, localizada a un kilómetro y medio de Minatitlán, inició sus operaciones en 1906 y dio origen en 1908 a la formación de la Compañía de Petróleo "El Águila", S. A., con un capital inicial de cien mil pesos, y a la refinería del mismo nombre que a partir de marzo de ese año empezó a elaborar productos con una capacidad de 2 000 barriles diarios.

En 1909 la Compañía de Petróleo "El Águila", S. A., cambió su razón social por Compañía Mexicana de Petróleo "El Águila", S. A., y aumentó su capital social a 24.5 millones de pesos. Los "científicos" porfiristas se entendían mejor con los ingleses, según comenta el licenciado Miguel Alemán Valdés en su libro *La verdad del petróleo en México*. El secretario de Relaciones Exteriores, Enrique C. Creel, era presidente de la compañía y Guillermo de Landa y Escandón, secretario de Guerra y Marina, consejero del mismo consorcio británico ligado a la recién formada Royal Dutch Shell.

Menciona el licenciado Alemán que para 1910 el *trust* anglo-holandés controlaba las dos terceras partes de la industria petrolera que operaba en México, mientras que el resto era manejado por los consorcios americanos y 3% por la empresa semioficial Petróleos de México, S. A. (Petromex).

Para esas fechas la cantidad de petróleo producido superaba el consumo nacional, por lo que la Huasteca Petroleum Company, formada por Doheney en 1907, inició las exportaciones de crudo mexicano mediante un embarque de 30 262 barriles a Sabine, Texas.

A partir del año 1915 la capacidad de refinación se desarrolló rápidamente en México, especialmente de 1916 a 1926, cuando el número de instalaciones para el procesamiento de hidrocarburos se elevó de cuatro a veinte, dos de las cuales se encontraban entre las mayores del mundo. En este proceso de expansión influyeron el fuerte incremento de la producción interna de crudo[7] y, en menor medida, el establecimiento por el gobierno de impuestos diferenciales mayores a los productos no refinados, gravándose también los despilfarros del gas natural.[8] Con el agotamiento de ciertos campos petroleros y el consecuente descenso de

[7] En 1921, México fue el segundo productor mundial de crudo con una producción de 530 MBD. A partir del año siguiente y hasta 1932, la producción registró una fuerte disminución.

[8] Véanse Diego G. López Rosado, *Problemas económicos de México*, México, UNAM, p. 198; y Lorenzo Meyer, *México y Estados Unidos en el conflicto petrolero*, México, El Colegio de México, 1972, p. 36. Ya en 1917, las aspiraciones del gobierno a que el petróleo se destinara prioritariamente a satisfacer las necesidades del país se manifestaron en algunas declaraciones, tal como lo evidencia el siguiente extracto del editorial de un Boletín del Petró-

la producción, particularmente marcado a partir de la segunda mitad de los veinte, algunas de las plantas fueron desmanteladas o abandonadas (como las construidas para procesar el crudo de la Faja de Oro), aunque al descubrirse nuevos yacimientos en Poza Rica en 1933, la capacidad de refinación volvió a ascender.[9]

A partir de 1922 las compañías extranjeras dejaron de hacer nuevas inversiones de capital fijo en México ya que al descubrirse los grandes yacimientos de Texas, California y Oklahoma se desplomó el mercado petrolero mundial. Se cerraron refinerías y terminales, se retiraron oleoductos y se despidió a más de la mitad de los trabajadores. Las compañías concentraron su atención en Venezuela en donde los costos de producción eran menores, y así se llegó a dar el caso de que la Huasteca Petroleum Company por un tiempo importó petróleo de aquel país.

Si bien algunas de las plantas refinadoras fueron diversificando su producción de acuerdo con los requerimientos internos, casi todas se orientaron preferentemente hacia los mercados externos. En consecuencia, se localizaron en el golfo de México, a proximidad tanto de los yacitos como de los puertos de embarque, instalándose muelles, ductos submarinos, sistemas de bombeo y otras facilidades necesarias para poder exportar.[10] Muchas de las llamadas refinerías comprendían únicamente plantas despuntadoras de crudo (*topping plants*), de las que se extraía el petróleo combustible;[11] y las que realizaban una destilación más elaborada no fueron completadas con equipo de desintegración, ya que resultaba más económico para las compañías extranjeras efectuar este último proceso en sus países de origen. Sin embargo, en el caso de las pocas

---

leo de ese año: "... si no es posible refinar en México el petróleo y utilizar sus productos en las industrias mexicanas, vale más que el subsuelo conserve la herencia de las edades prehistóricas para otras generaciones del porvenir". Citado en Meyer, *op. cit.*, p. 37, nota 66.

[9] En general, la información disponible sobre el desarrollo de la refinación en México en el periodo anterior a la nacionalización es poco precisa o, incluso, contradictoria, por lo cual resulta difícil determinar con exactitud el número de refinerías, la capacidad global de destilación primaria y el tipo de instalaciones que incluían las "refinerías". Entre las compañías propietarias de las refinerías se encontraban: la Cía. Mexicana de Petróleo "El Águila" (creada por el señor Pearson), Waters Pierce Oil Co. (asociada con la Standard Oil), Huasteca Petroleum Co., Continental Petroleum Co., Texas Co. de México y Transcontinental. Véanse Meyer, *op. cit.*, p. 37, y Alonso González, *op. cit.*, pp. 137-138.

[10] Las cuatro plantas refinadoras de Puerto Lobos, por ejemplo, se abastecían de crudo de la Faja de Oro por oleoducto y exportaban sus productos por medio de tuberías submarinas de varios kilómetros de largo hasta alcanzar suficiente calado para la operación de los buquetanques extranjeros. La refinería de la Cía. Mexicana de Petróleo "El Águila", en Tuxpan, disponía de ocho oleoductos submarinos para la salida de sus productos, con capacidad de bombeo de 120 MBD. Véase Alonso González, *op. cit.*, p. 137.

[11] De acuerdo con un estudio sobre este periodo, en 1920 las tres cuartas partes de la capacidad de refinación (250 MBD) consistían en plantas despuntadoras. Véase Richard Powell, *The Mexican Petroleum Industry, 1938-1950*, Berkeley, University of California Press, 1956, p. 71.

refinerías que atendían el mercado interno, además de sus actividades de exportación, instalaron desintegradoras térmicas de sistema Dubbs, Giro o Kellogg.[12] Fue solamente a principios de los años treinta que se construyeron instalaciones específicamente dirigidas al abastecimiento del interior del país. La Cía. Mexicana de Petróleo "El Águila" conectó los campos de Poza Rica con el noroeste del Distrito Federal por medio de un oleoducto de 7.5 MBD de capacidad, al mismo tiempo que instaló una planta de refinación en Azcapotzalco con capacidad similar a la inicial del oleoducto. Estas unidades, que empezaron a funcionar en 1932, tuvieron un costo elevado (124 millones de pesos) debido en gran parte al oleoducto que cubría cerca de 300 km y un desnivel de terreno de 2 200 metros.

La demanda interna de petrolíferos aumentó lentamente antes de la nacionalización. Durante los años del primer auge petrolero de México (cuadro I.1), el petróleo consumido en el país significó menos de 10% de la producción total de crudo. Posteriormente, esta proporción se incrementó en forma significativa debido principalmente a la drástica disminución de la producción de crudo y, también, a ciertos factores internos como el impulso a la construcción de carreteras durante el gobierno del presidente Calles (1924-1928). Pero fue en los años treinta cuando se inició realmente el proceso de crecimiento de la demanda nacional de combustibles, que ya no se detendría durante los cuatro siguientes decenios. En efecto, en estos años se dio un cambio en la importancia relativa de los diferentes sectores productivos de la economía. El peso principal de la producción y la reproducción del capital ya no recaería solamente sobre la agricultura y la minería, sino que el sector industrial adquiriría paulatinamente un lugar prioritario y determinante en la economía nacional. Mientras que en 1910 y 1921 el valor agregado de la actividad industrial (manufacturas, construcción y electricidad) fue de aproximadamente la mitad del correspondiente al sector agropecuario, a partir de 1929 el valor agregado de las manufacturas superó al de la agricultura.[13] El desarrollo y diversificación de la industria nacional en los años que siguieron a la Gran Depresión (como resultado de la sustitución de importaciones a la que obligó una menor entrada de divisas), junto con la utilización del motor de combustión interna, trajeron aparejada una ma-

[12] La refinería de Minatitlán, construida en 1908 por el señor Pearson, incluía una planta Dubbs. La refinería de Doña Cecilia (hoy Ciudad Madero), que entró en operación en 1914, fue equipada posteriormente con una planta del mismo tipo. En la refinería del complejo Doheney en Pueblo Viejo, que llegó a ser la más importante del país por la cantidad de crudo que procesaba, se instaló una planta desintegradora Kellogg en los años treinta. Véase José López Portillo y Weber, *El petróleo de México*, México, Fondo de Cultura Económica, 1975, pp. 279-280.

[13] Véase Leopoldo Solís, *La realidad económica mexicana: retrovisión y perspectivas*, México, Siglo XXI, 1970, p. 89.

CUADRO I.1
PRODUCCIÓN, EXPORTACIONES Y CONSUMO NACIONAL DE PETRÓLEO CRUDO, 1920-1937

	Producción	Exportaciones		Consumo interno[a]	
Años	*MBD*	*MBD*	*% producción*	*MBD*	*% producción*
1920	429	398	93	31	7
1921	530	472	89	58	11
1922	499	496	99	3	1
1923	410	372	91	38	9
1924	382	354	93	29	7
1925	317	264	83	53	17
1926	248	221	89	27	11
1927	176	133	76	43	24
1928	137	91	66	46	34
1929	122	73	60	49	40
1930	108	74	69	34	31
1931	91	62	68	29	32
1932	90	62	69	28	31
1933	96	60	63	36	37
—	—	—	—	—	—
1937	128	78	61	50	39

[a] Una parte de los productos de estos volúmenes de crudo, obtenidos de la refinación efectuada en el país, se destinaba a la exportación.
FUENTES: 1920-1933: López Portillo y Weber, *op. cit.*, p. 261; 1937: Meyer, *op. cit.*, p. 21.

yor demanda de energéticos derivados de los hidrocarburos. De 1925 a 1937, estos últimos suministraron 46% del total de la energía consumida.[14] En el mismo periodo, el consumo interno de gasolina aumentó en 181%.[15] En vísperas de la expropiación petrolera, 50 MBD de petróleo se destinaban al mercado nacional (comparados con 34 MBD a principios de los treinta), lo cual representaba un poco menos de 40% de la producción total de crudo (cuadro I.1).

La falta de interés de las compañías petroleras en diversificar la producción de refinados de acuerdo con el crecimiento de la demanda interna, aunada a la lejanía de algunas regiones de los centros productores, resultó en un incremento de las importaciones. La participación de las compras externas de combustibles en el consumo nacional se elevó de 3% en 1925, a 10% en 1928 y 14% en 1932.[16]

[14] Véase Meyer, *op. cit.*, p. 37.
[15] Véase Jesús Silva Herzog, "Historia de la expropiación petrolera", México, *Cuadernos Americanos*, 1963, p. 66.
[16] Meyer, *op. cit.*, p. 22, nota 27.

Ante el lento pero definido desarrollo de la demanda de combustibles en México surgieron algunos intentos de creación de empresas petroleras estatales. Ya en 1925, el gobierno creó el Control de la Administración del Petróleo Nacional (CAPN), cuyas actividades consistían en: *a*) la producción y refinación de crudo en competencia con el capital privado, y *b*) la regulación de los precios internos de los productos petroleros. En 1934, durante el gobierno del presidente Abelardo Rodríguez, esta agencia fue convertida en una empresa semiprivada, Petróleo Mexicano, S.A. (Petromex), que tenía como funciones: *a*) regular el mercado nacional de petróleo y petrolíferos; *b*) asegurar el equilibrio entre la oferta y la demanda nacional, y *c*) capacitar personal mexicano en los aspectos técnicos de la industria.[17] Petromex, a la que fueron asignados terrenos de las reservas nacionales, entre otros en Poza Rica, llegó a reunir una pequeña producción de crudo y a erigir una planta de refinación en Bella Vista.[18] Al principio de la administración de Lázaro Cárdenas, el gobierno intentó adquirir un control más efectivo de esta industria mediante la creación de la Administración General del Petróleo Nacional (AGPN).

El gobierno no pudo evitar, sin embargo, que las compañías extranjeras impusieran precios internos considerablemente superiores a los que fijaban para la exportación de los mismos productos. Entre 1934 y 1936, los precios de venta de la compañía "El Águila" en el mercado nacional rebasaron los precios de exportación en las siguientes proporciones: gasolina, 193%; gasoil, 172%; kerosina, 341%, y lubricantes, 351%.[19] No sería sino con la nacionalización de la industria petrolera que el gobierno lograría asegurarse los medios para orientar las actividades de explotación y refinación hacia la satisfacción de los requerimientos internos y convertirlas en elementos de apoyo al desarrollo del país.

Petróleos Mexicanos y la transformación de la industria de refinación

La huelga de los trabajadores petroleros en 1937, que estalló ante la negativa de las compañías extranjeras de acceder a sus exigencias, desembocó el 18 de marzo de 1938 en la expropiación de los bienes de dichas compañías en México por el gobierno del presidente Lázaro Cárdenas

[17] Véase Isidro Sepúlveda, "Pemex in a dependent society", en Jerry R. Ladman, Deborah J. Baldwin y Elihu Bergman (eds.), *U.S. Mexican Energy Relationship*, Lexington, D.C., Heath and Company, 1981, p. 46.

[18] López Portillo y Weber, *op. cit.*, p. 258.

[19] Véase Alonso González, *op. cit.*, pp. 158-159.

y, el 7 de junio del mismo año, en la creación de Petróleos Mexicanos (Pemex).[20] Para ese entonces los hidrocarburos constituían una fuente de energía importante en la economía nacional y la posibilidad de una paralización prolongada de la industria petrolera habría incidido en el acto expropiatorio.[21]

La nacionalización de la industria petrolera cambió radicalmente su orientación: el Estado asignó a Pemex la función prioritaria de asegurar, en forma oportuna y suficiente, el abastecimiento de combustibles requeridos por los diferentes sectores de la economía, con el fin de impulsar el desarrollo del país. Para poder cumplir con este mandato, la nueva empresa se enfrentó a problemas de tres tipos en el área de refinación: *a*) la obsolescencia de las instalaciones expropiadas a las empresas extranjeras; *b*) la ubicación de la gran mayoría de las refinerías existentes en regiones alejadas de los principales centros de consumo, con muy escasos medios de transporte y distribución, y *c*) la inadecuación de la diversidad de la producción de petrolíferos a los requerimientos internos específicos.

De acuerdo con informes oficiales de Pemex, la capacidad de destilación primaria totalizaba 102 MBD en 1938, repartida en las siguientes refinerías:[22]

— La refinería de Ciudad Madero, Tamaulipas. Con una capacidad de destilación primaria de 43 MBD era la mayor del país, y contaba también con una reformadora (4.5 MBD).
— La refinería de Minatitlán, Veracruz, con una planta de destila-

[20] Al mismo tiempo el gobierno creó la Distribuidora Nacional de Petróleo, encargada de la comercialización de los hidrocarburos. En 1940, ante las tensiones entre Pemex y la compañía distribuidora por un lado, y entre los trabajadores y el gobierno por otro, se centralizaron todas las actividades de la industria petrolera del Estado en Pemex.

[21] En el decreto de expropiación se aclara que: "Se trata de un caso evidente y claro que obliga al gobierno a aplicar la Ley de Expropiación en vigor, no sólo para someter a las empresas petroleras a la obediencia y a la sumisión, sino porque habiendo quedado rotos los contratos de trabajo entre las compañías y sus trabajadores por haberlo así resuelto las autoridades del trabajo, de no ocupar el gobierno las instalaciones de las compañías, vendría la paralización inmediata de la industria petrolera, ocasionando ésta males incalculables al resto de la industria y la economía general del país." Citado en Silva Herzog, *op. cit.*, p. 116.

[22] Véanse Pemex, *Pemex en cifras*, Pemex, México, 1965, pp. E/1-E/10; y Pemex, *Anuario estadístico 1983*, Pemex, México, pp. 50-51. Sin embargo, sobre la base de documentos de la división de petróleo del Departamento de Economía, algunos autores estimaron la capacidad total de refinación en 124 MBD (véanse Powell, *op. cit.*, pp. 71-72, y Alonso González, *op. cit.*, p. 138). La diferencia podría deberse al estado deteriorado en que Pemex encontró las plantas, lo cual restringía la capacidad efectiva.

ción primaria de 27 MBD y una unidad desintegradora Dubbs de 2.5 MBD.

— La refinería de Mata Redonda, Veracruz, con 8 MBD de capacidad. Se combinaba con una unidad de desintegración Kellogg (3.5 MBD), la más moderna en México.
— La refinería de Árbol Grande, Tamaulipas, con una capacidad de procesamiento de 11.5 MBD.
— La refinería de Azcapotzalco, Distrito Federal, que consistía únicamente en una planta despuntadora de crudo de 11.0 MBD de capacidad.
— La refinería de Bella Vista, construida por el gobierno antes de la nacionalización, que comprendía una pequeña planta despuntadora (1.5 MBD) y una unidad de desintegración térmica (1.1 MBD).
— La refinería de Poza Rica, Veracruz, en construcción, con una capacidad prevista de 5 MBD.

En general, estas refinerías se encontraban en mal estado, con equipo gastado y anticuado.[23] Ante la necesidad de renovar parte de las instalaciones, Pemex afrontaba no sólo el costo financiero que esto representaba para la recién creada empresa, sino también los obstáculos que interpusieron las compañías extranjeras para la adquisición de maquinaria y refacciones en Estados Unidos, como parte del boicot que se estableció contra México inmediatamente después de la expropiación.[24] Posteriormente, la Segunda Guerra Mundial restringió el abastecimiento externo de materiales y equipos. Por otra parte, Pemex resintió duramente la escasez de técnicos mexicanos con la experiencia necesaria para el manejo de las plantas.

Con excepción de Azcapotzalco, todas las demás refinerías se encontraban en, o cerca de, la zona costera del golfo de México, dada su orientación inicial hacia la exportación. En consecuencia, Pemex se hallaba ante una situación de desequilibrio: mientras que la capacidad de refinación de la costa representaba 89% del total y la del centro 11%,

[23] "Las plantas de las refinerías que recibió Petróleos Mexicanos en 1938 tenían, en esa fecha, como promedio general, ocho años de servicios. Algunas tenían años operando sin haber recibido trabajos formales de conservación, y en la mayoría su mantenimiento era deficiente." Alonso González, *op. cit.*, p. 139.

[24] "El boicot no se limitó a impedir la venta de combustible, sino que se presionó para que no se vendieran a México los materiales que necesitaba para continuar operando los campos petroleros y refinerías. Para fines de 1938, 24 empresas norteamericanas se habían negado a vender el equipo pedido por Pemex a pesar de que éste ofrecía pagar al contado por sus adquisiciones. En 1939 por lo menos 15 compañías continuaban negándose a surtir pedidos de México." Meyer, *op. cit.*, p. 413.

la demanda interna se concentraba en las zonas central y norte del país que, juntas, representaban 75% del consumo total.[25] En vista de que resulta más económico transportar crudo de los campos a las refinerías que distribuir productos desde centros productores alejados de los centros de consumo, era necesario desplazar las refinerías hacia estos últimos.

Finalmente, el rendimiento de los diferentes productos, obtenido en las instalaciones existentes, no coincidía con los requerimientos de la economía nacional, en vista de que las compañías extranjeras solían efectuar ciertas operaciones finales de refinación en sus propios países de origen. Prueba de ello era la necesidad de efectuar importaciones para satisfacer el consumo interno, aunque parte de éstas se debía a la limitada infraestructura de distribución.

En consecuencia, la nueva función de los hidrocarburos en la economía nacional requirió de la transformación del aparato productivo y de distribución heredado por Pemex, proceso que se llevaría a cabo paulatinamente e incluiría de acuerdo con Antonio J. Bermúdez, director de Pemex de 1947 a 1958:

I. El cambio en la distribución geográfica de las instalaciones.
II. La transformación de las refinerías que, a su vez, comprendió dos fases: la refinación de nuestros crudos íntegramente en el país, y la obtención de un equilibrio cualitativo entre la producción de derivados y la demanda nacional.
III. El empleo del gas natural para completar y suplir al petróleo y sus derivados.
IV. La simplificación y ampliación de las instalaciones y sistemas de distribución y ventas.[26]

Aunque el proceso de modernización del sistema de refinación se inició en 1938, la primera etapa consistió principalmente en lograr la "sobrevivencia" de esta industria.[27] A pesar del cierre de las fuentes internacionales de abastecimiento de equipo y el restringido personal técnico especializado, en los años que siguieron inmediatamente a la nacionalización se repararon las plantas existentes, fabricándose piezas de repuesto

[25] Véase Antonio J. Bermúdez, *Doce años al servicio de la industria petrolera mexicana, 1947-1958*, México, Comaval, 1960, p. 81.

[26] *Ibid.*, p. 80. Los dos últimos aspectos son tratados en detalle en otros volúmenes de la serie "La industria petrolera mexicana, el Estado y el sindicato petrolero, 1970-1985": Miguel Márquez, *La industria del gas natural en México*, México, El Colegio de México, (en prensa), y Sotero Prieto, *Transporte y distribución de hidrocarburos*, México, El Colegio de México (en prensa).

[27] En abril de 1938 la producción de refinados equivalió a sólo 50% de la de febrero del mismo año, y la producción total de refinados en 1938 fue inferior en 22% a la de 1937. Véase Powell, *op. cit.*, pp. 74 y 81.

en los talleres de las refinerías y rehabilitándose materiales usados. Asimismo, se efectuaron varios trabajos encaminados a adaptar las refinerías a las necesidades del mercado interno. En Ciudad Madero se incrementó la capacidad de destilación primaria de 43 MBD en 1938 a 52 MBD en 1940 y 56 MBD en 1943, y se convirtió la reformadora de gasolina en desintegradora de gasóleo.[28] La planta de destilación atmosférica de Azcapotzalco fue ampliada, progresivamente, de 11 MBD en 1938 a 23 MBD a mediados de los cuarenta.[29] Al agotarse la existencia de tubería para la condensación de gasolina en las plantas de destilación primaria, se desarrolló el sistema de condensación directa, que permitió eliminar tubos y fue paulatinamente aplicado en la mayoría de las plantas primarias.[30] En Minatitlán, se modernizó una de las dos plantas de destilación primaria, se amplió la capacidad de la otra y se reconstruyó la torre fraccionadora de la unidad de lubricantes. En Poza Rica, Pemex terminó la construcción de la planta despuntadora, la cual entró en operación en 1940 pero dejó de operar seis años más tarde debido a su limitada capacidad (4 MBD).

Uno de los problemas encontrados por Pemex fue la insuficiente producción de carburante de alto octano. Por ley, la gasolina debía ser de por lo menos 57 octanos, lo cual se conseguía mediante la adición de tetraetilo de plomo. Sin embargo, al nacionalizarse la industria petrolera, las compañías extranjeras se negaron a vender este compuesto a México. Después de algunos intentos de mezcla de gasolina de baja calidad de Azcapotzalco con gasolina de octanaje superior proveniente de plantas de desintegración de Tampico, el gobierno solicitó la colaboración de químicos nacionales para construir con muy escasos recursos una planta para producir tetraetilo.[31]

Durante la Segunda Guerra Mundial el gobierno norteamericano, que tenía presente la posibilidad de recurrir al crudo mexicano en caso de una escasez de combustible, envió a un grupo de expertos para que examinara la situación de Pemex, con el acuerdo del presidente Ávila Camacho. Poco tiempo después de que la misión rindiera su informe en 1942, el Departamento de Estado sostuvo largas negociaciones con el gobierno mexicano para construir en el golfo de México una refinería donde

[28] Véase Pemex, *Pemex en cifras*, *op. cit.*, p. E/3.

[29] *Ibid.*, p. E/1.

[30] Véase Alonso González, *op. cit.*, pp. 139-140, y Powell, *op. cit.*, p. 76.

[31] La construcción de esta planta, que costó la vida de varios técnicos debido a la peligrosidad del compuesto, sirvió de ejemplo, en ese momento, de la capacidad e ingeniosidad de los técnicos nacionales. Una vez que se obtuvieron los primeros barriles de gasolina con tetraetilo elaborado en México, las empresas extranjeras reanudaron las ventas de este último producto. Véanse José Giral, Sergio González y Eduardo Montaño, *La industria química en México*, México, 1978, p. 9, y Powell, *op. cit.*, p. 75.

se elaboraría gasolina de 100 octanos para la aviación norteamericana.[32] Este proyecto no se llevó a cabo, aunque en 1944 el Export-Import Bank de Estados Unidos otorgó un crédito de 10 millones de dólares para la reconstrucción de la refinería de Azcapotzalco, que debía permitir la producción de gasolina de aviación.[33]

En 1946, último año de la segunda administración de Pemex, la capacidad de destilación primaria se había elevado a 153 MBD, o sea que se había obtenido un incremento de 50% en relación con 1938, y estaban además a punto de entrar en operación las nuevas instalaciones en Azcapotzalco. En cambio, la capacidad de desintegración y reducción de viscosidad se redujo de 12 MBD a 10.8 MBD en el mismo periodo.[34] La refinería de Ciudad Madero era la primera en importancia, con una capacidad de destilación primaria de 56 MBD (37% del total), y, junto con las demás refinerías en el área de Tampico, abastecía principalmente la costa este del país. Minatitlán (32 MBD, 21% del total) surtía el sur y la costa oeste, mientras que Azcapotzalco proveía a la mesa central. Se efectuaban también movimientos entre estas regiones de acuerdo a los faltantes y sobrantes en cada una de ellas.

Las dificultades iniciales de Pemex en la transformación industrial de los hidrocarburos se evidenciaron en el descenso de la producción de refinados en los años que siguieron inmediatamente a la nacionalización. En 1940, los 87.7 MBD elaborados sólo representaron 69.5% del volumen total de producción de 1937.[35] En parte, la empresa se vio obligada a disminuir su producción ante el cierre de los mercados externos.[36] En el decenio de los cuarenta, la demanda interna se desarrolló con velocidad y el lento proceso de reparación y modernización de las instalaciones permitió elevar la producción a 120.6 MBD en 1946. Si bien en términos globales se recuperó así en este último año el nivel de producción existente en 1937, el rendimiento de productos ligeros seguía siendo inferior al registrado en años anteriores a la expropiación. Mientras que en 1937 el conjunto de productos formado por la gasolina, kerosina, parafina y lubricantes había representado 20.3% de la producción total de petrolíferos, en 1946 esta proporción se había reducido a 15.2%. Es-

[32] Meyer, *op. cit.*, pp. 458-459.

[33] Según Richard Powell (*op. cit.*, pp. 76-77), el gobierno norteamericano clasificó este préstamo como proyecto bélico en vista de que proporcionaría a México gasolina de aviación para la defensa del hemisferio.

[34] Véase el cuadro 1 en el anexo 1.

[35] Powell, *op. cit.*, p. 75.

[36] "Inmediatamente después de la expropiación, a causa de la amenaza de boicot, un programa de refinación para el solo consumo interno pareció esencial... Para 1940, las condiciones en los mercados europeos de exportación como consecuencia de la guerra, y las importantes existencias en las refinerías forzaron a Pemex a limitar la producción de refinados a las necesidades internas..." *Ibid.*, pp. 74-75.

pecialmente significativa fue la baja en la participación relativa de la gasolina (excluyendo las naftas o gasolinas naturales) de 16.9% en 1937 a 10.8% en 1940,[37] debido a la insuficiente capacidad de desintegración. A pesar de la creciente importancia —después de los años treinta— de la desintegración catalítica como proceso de refinación en la industria petrolera internacional, en México únicamente se disponía de desintegradoras térmicas, de menor productividad.

La política económica del gobierno incidió en elevar rápidamente la demanda de combustibles en México. El papel del Estado en la economía se había consolidado con el presidente Cárdenas que, además de nacionalizar la industria petrolera y los ferrocarriles, impulsó ampliamente la reforma agraria, estableció un sistema financiero y crediticio, fomentó la construcción de carreteras y obras de riego y, en general, logró una mayor centralización del poder federal mediante la creación de varias agrupaciones político-económicas. Los efectos de dichas medidas, asociadas a la coyuntura de la Segunda Guerra Mundial, constituyeron las bases que imprimieron al desarrollo posterior de la economía nacional una dinámica particular. En efecto, al estallar el conflicto bélico mundial, surgió una importante demanda externa de manufacturas mexicanas,[38] a la vez que en el país aparecieron industrias nuevas para atender aquellas necesidades internas que ya no podían satisfacerse con importaciones. De 1940 a 1950, el producto nacional bruto registró una tasa media anual de crecimiento de 6.7%, y la de la producción manufacturera fue de 8.1%.[39] En este proceso de industrialización, basado fundamentalmente en la sustitución de importaciones, la tarea asignada a Pemex era doble. No sólo tenía la empresa que aumentar la producción de petrolíferos a la par con los crecientes requerimientos de la economía nacional, sino que debía alentar el consumo de energéticos mediante el mantenimiento de bajos precios para sus productos.

Así, la política de precios internos no fue directamente relacionada con los costos de producción, sino con objetivos socio-económicos (desarrollo de los sectores industrial y del transporte, elevación del nivel de vida), lo cual tendría severas implicaciones para la situación financiera de Pemex. Hasta 1946 se efectuaron únicamente esporádicos y muy leves incrementos en los precios de los petrolíferos y, aun teniendo en cuenta el alza general aplicada en 1946, se registró una disminución significativa de los precios reales.[40] Según un estudio que se concentró en el pe-

[37] *Ibid.*, p. 81.

[38] El valor de las exportaciones totales de México se duplicó de 1939 a 1945.

[39] Véase Clark Reynolds, *The Mexican Economy: Twentieth Century Structure and Growth*, New Haven, Yale University Press, 1970.

[40] Se estima que de 1939 a 1946 el aumento ponderado de los precios internos de los combustibles vendidos por Pemex fue de 40%, comparado con una inflación de 130%. Véase Óscar M. Guzmán, *Las finanzas de Petróleos Mexicanos*, México, El Colegio de México (en prensa).

riodo considerado, la disminución en términos reales del precio de la gasolina, junto con la creciente utilización del vehículo automotor, propició la duplicación del consumo per cápita de este combustible de 1940 a 1947.[41] En el caso del gas licuado, el aumento fue de casi diez veces, observándose un mayor uso de este producto por parte del sector residencial. Mientras que antes de la nacionalización las ventas de gas licuado se restringían a la capital, para 1941 la distribución abarcaba las principales ciudades del país. La demanda de este producto fue también estimulada mediante la venta al costo de estufas en tiendas de Pemex. Por otra parte, se generalizó el uso de kerosina como combustible e iluminante en el sector doméstico, incrementándose en cerca de ocho veces su consumo per cápita.[42]

En su conjunto, el consumo nacional aparente (CNA) de petrolíferos creció a una tasa media anual cercana a 6% en los años 1940-1946, al elevarse de 81 MBD a 114 MBD.[43] A pesar de la ampliación de la oferta interna de petrolíferos, ésta no alcanzó a cubrir la totalidad de la demanda. Las importaciones totales, compuestas principalmente de gasolinas y combustóleo, se incrementaron de 4.9 MBD a 9.9 MBD en el mismo periodo, elevándose su participación en el consumo nacional aparente de 6% a 9%.[44] Las compras de combustibles en Estados Unidos se efectuaban principalmente por distribuidores particulares[45] y, en parte, tenían su origen en la lejanía de ciertas regiones de las refinerías mexicanas. Tal era el caso, en particular, de las importaciones de combustóleo y diesel, muy inferiores a las exportaciones de los mismos productos.[46]

Para 1946, Pemex ya no tenía dificultades para colocar sus excedentes de producción en el mercado mundial. Aunque éstos se limitaban esencialmente a dos productos, combustóleo y diesel, su volumen total (16.2 MBD) superaba ampliamente a las importaciones globales de petrolíferos.

Esta primera etapa de adaptaciones y ampliaciones de las refinerías existentes fue seguida de un periodo de mayores transformaciones del aparato productivo, como resultado de los planes y programas diseñados por Pemex después de la Segunda Guerra Mundial. Bajo la dirección de Antonio J. Bermúdez (fines de 1946-1958) empezaría a funcionar a plena capacidad la nueva refinería de Azcapotzalco; se construiría un centro productor en el interior del país, en Salamanca, Guanajuato; se avanzaría en el proceso de conversión de la refinería de Minatitlán en un centro de procesamiento eficiente y moderno, y se iniciarían las

[41] Powell, *op. cit.*, p. 108.
[42] *Ibid.*, pp. 107-108.
[43] Véase el cuadro 10 en el anexo 1.
[44] Véanse los cuadros 6 y 11 en el anexo 1.
[45] En 1940 Pemex importó 0.4 MBD de petrolíferos, aunque para 1946 ya importaba 2.7 MBD, o sea 27% de las importaciones totales. Véase el cuadro 6 en el anexo 1.
[46] Véase el cuadro 10 en el anexo 1.

obras que permitirían sustituir las pequeñas refinerías del área de Tampico por un centro de trabajo de mayor capacidad en Ciudad Madero. Asimismo, los proyectos de aprovechamiento del gas asociado y no asociado al crudo tendrían un impacto importante en la estructura de la demanda de petrolíferos. Para 1958, la capacidad nominal de refinación integraría 322 MBD de destilación primaria de crudo y líquidos del gas, 60 MBD de desintegración térmica y catalítica, y 18 MBD de reducción de viscosidad (cuadro I,2), y se contaría además con otras plantas de reproceso para la obtención de derivados de especificaciones precisas.

Las nuevas instalaciones de Azcapotzalco, que entraron en operación en 1947 y marcaron el inicio del desplazamiento de la capacidad de refinación hacia el interior del país, tenían una capacidad de 50 MBD de destilación primaria y 15 MBD de desintegración térmica.[47] Incluían también plantas de proceso para obtener fracciones especiales y cortes de gasolinas, plantas preparadoras de carga y de alquilación para gasolinas de aviación, y unidades para el tratamiento de productos finales.[48] La carga de crudo provenía de los campos petroleros de Poza Rica, habiéndose duplicado la capacidad de conducción del oleoducto Poza Rica-México. Junto con las obras conexas, esta refinería significó una inversión de 155 millones de pesos (32 millones de dólares*).[49]

En el transcurso de los años cincuenta, se efectuaron diversas modificaciones y ampliaciones en Azcapotzalco, entre las cuales destacan: *a*) el progresivo incremento de la capacidad de destilación atmosférica, hasta llegar a 100 MBD en 1956 (gráfica I.1); *b*) la instalación de una planta de desintegración catalítica (sistema fluido-FCC[50]), de 26 MBD de capacidad, así como procesos de alquilación y polimerización para convertir las olefinas en gasolinas de aviación y aumentar los componentes de alto octano de las gasolinas para automóviles, y *c*) la transformación por técnicos nacionales de la antigua desintegradora térmica Dubbs en reductora de viscosidad (25 MBD), ahorrándose así una cantidad importante de destilados intermedios (kerosinas y diesel) utilizados anteriormente como diluentes.[51] Esta refinería cumplía con una doble función: suministrar combustibles a la zona central del país y producir gasolina de aviación para su distribución a escala nacional.

[47] La antigua refinería fue desmantelada en 1947. El nuevo centro fue inaugurado en noviembre de 1946, pero en ese momento solamente empezó a operar la unidad McKee núm. 1. Véase Pemex, *Pemex en cifras, 1965*, *op. cit.*, p. E/1.

[48] Véase Bermúdez, *op. cit.*, p. 95.

* N. del E.: Siempre que en este libro se hable de dólares, se tratará de dólares estadunidenses.

[49] Antonio J. Bermúdez, *Informe del director general*, México, Pemex, 1948, p. 35.

[50] *Fluid Catalytic Cracking*, véase el anexo 2.

[51] Entrevistas a funcionarios de Pemex, y Bermúdez, *Doce años...*, *op. cit.*, pp. 95-96.

CUADRO 1.2
CAPACIDAD NOMINAL DE REFINACIÓN EN 1958
(MBD)

Refinerías	Destilación primaria	Desintegración térmica	Desintegración catalítica	Reducción de viscosidad
Azcapotzalco	100.0	15.0[a]	26.0	—
Salamanca	40.0	5.0	—	—
Minatitlán	50.0	—	12.0	—
Cd. Madero	75.0	—	—	8.5
Árbol Grande	26.0	—	—	—
Mata Redonda	14.0	—	—	9.5
Poza Rica	7.0	—	—	—
Reynosa	10.0	2.0	—	—
Total	322.0	22.0	38.0	18.0

[a] En proceso de transformación en reductora de viscosidad de 25 MBD.
FUENTES: Pemex *Anuario estadístico 1983*, México, Pemex, 1984, pp. 49-51; Antonio J. Bermúdez, *Doce años...*, *op. cit.*, p. 93; y Pemex, *Pemex en cifras 1965*, *op. cit.*

Por otra parte, ya en 1945, después de un estudio minucioso de la demanda de productos y los medios de transporte, Pemex había adquirido los terrenos necesarios (369 hectáreas) para la construcción de una refinería en Salamanca, Guanajuato, con el fin de ''efectuar una distribución eficaz, ya no desde las costas hacia la zona central, sino desde y para el centro mismo de la República''.[52] Las instalaciones, incluyendo un oleoducto de 450 km de Poza Rica a Salamanca, empezaron a funcionar en 1951 y tuvieron un costo total de 37 millones de dólares.[53] Con esta nueva planta de destilación primaria (30 MBD) la capacidad de refinación de la zona central del país se elevó a 37% de la capacidad global, surtiéndose con la producción de Salamanca y Azcapotzalco 40% del consumo nacional aparente.[54]

Salamanca comprendía también una unidad de desintegración térmica Dubbs (5 MBD) y plantas de reproceso para la desulfurización de gasolinas (7 MBD), tratamiento de gases y kerosinas, y mezcla de tetraetilo de plomo. En 1955 se amplió su capacidad primaria a 40 MBD (gráfica I.1), a la vez que se terminó la construcción de una planta de lubricantes (3 MBD) para la elaboración de aceites de alto índice de viscosidad

[52] Antonio J. Bermúdez, *Discurso en la inauguración de la refinería Ing. Antonio M. Amor, en Salamanca, Gto.*, México, Pemex, 1950, p. 176. Véase el mapa 1 en el anexo 1.
[53] *Ibid.*, p. 174. Los materiales utilizados fueron en 30% de procedencia nacional y en 70% extranjera.
[54] Véanse los cuadros 2, 5 y 10 del anexo 1.

GRÁFICA I.1
CAPACIDAD DE DESTILACIÓN PRIMARIA, DESINTEGRACIÓN TÉRMICA Y CATALÍTICA Y REDUCCIÓN DE VISCOSIDAD EN LAS PRINCIPALES REFINERÍAS, 1938-1970

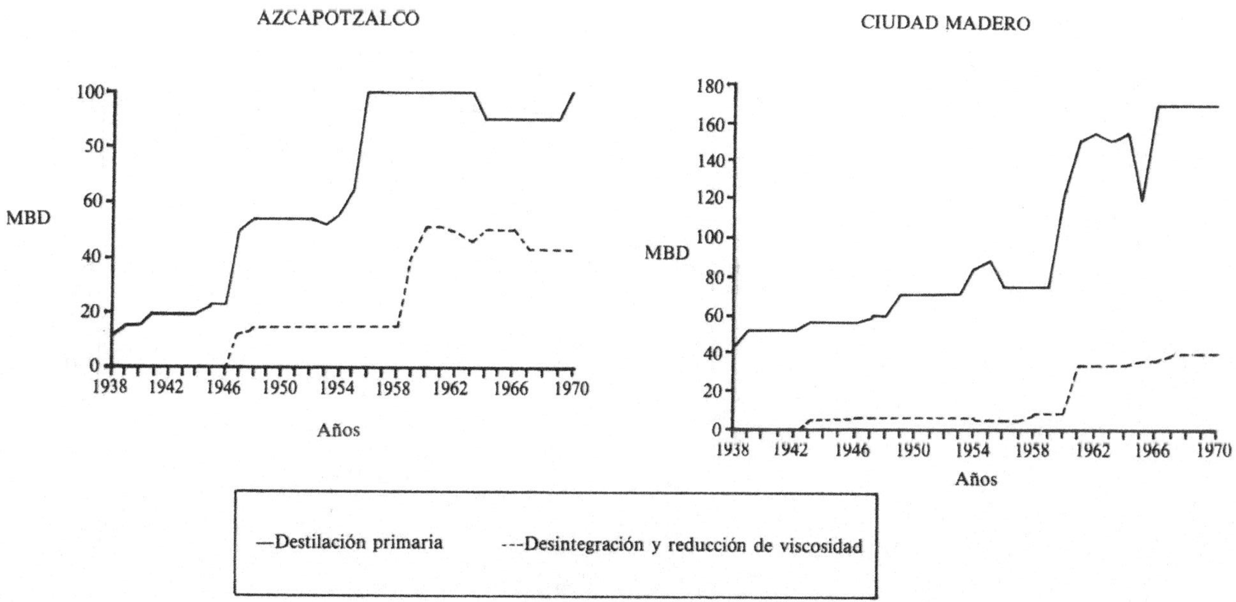

GRÁFICA I.1 (*continuación*)

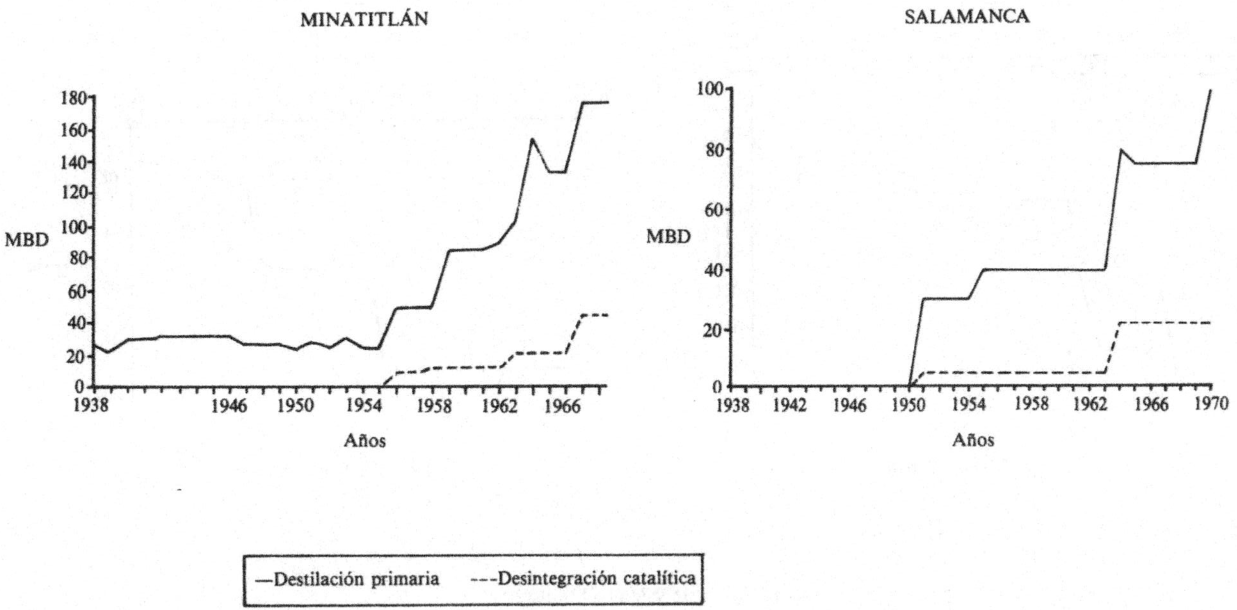

FUENTES: Pemex, Pemex en cifras 1965, op. cit.; y Pemex, Memoria de labores 1970, op. cit.

para automotores, con lo cual se redujeron drásticamente las importaciones de este producto de elevado costo.[55]

Desde su entrada en operación Salamanca ha sido el centro de abastecimiento de la importante región agrícola del Bajío y del occidente del país, distribuyéndose sus productos por medio de un sistema de poliductos a Guadalajara, Aguascalientes y Morelia.

Simultáneamente al desmantelamiento de la antigua refinería de Minatitlán, Veracruz, tuvo lugar la construcción de nuevas instalaciones que empezaron a funcionar en 1956 e incluían dos plantas de destilación primaria con una capacidad conjunta de 50 MBD y una planta de desintegración catalítica, de tipo TCC[56] de cama circulante, para 12 MBD de carga de gasóleo pesado (gráfica I.1). Este último proceso permitía disminuir el rendimiento de residuales, en mayor escala que otros procesos, por medio de la recuperación de gasóleos pesados por destilación al vacío y su conversión a alta temperatura en presencia de catalizador a productos ligeros, principalmente gasolina y gas licuado. También se contaba con una unidad para la polimerización de las olefinas contenidas en una parte del gas licuado producido (corte propano, propileno), para aumentar la disponibilidad de gasolina de alto octano. La mayor parte de la gasolina, kerosinas y diesel producidos en esta refinería eran transportados por un oleoducto transístmico a la terminal de Salina Cruz y de ésta a las terminales marítimas del litoral del Pacífico. El combustóleo era enviado por buques a las terminales de Veracruz y Campeche, y por ferrocarril transístmico a Salina Cruz. Por otra parte, la necesidad de elaborar algunas clases de lubricantes que sólo se obtenían de crudos de tipo nafténico, disponibles en el sur del país (yacimientos someros), llevó a construir una nueva planta de lubricantes en Minatitlán (1 MBD), la cual entró en operación a fines de 1958.

Azcapotzalco, Salamanca y Minatitlán constituyeron así tres piezas clave del proceso de transformación de la estructura de la producción de refinados en México. No menos importante fue la modernización de las refinerías ubicadas en los alrededores de Tampico (Mata Redonda, Árbol Grande, Ciudad Madero), las cuales contaban con equipo anticuado que hacían muy costosos su operación y mantenimiento. La importancia de estas instalaciones radicaba en que tenían a su cargo:

[55] Con anterioridad únicamente se producían lubricantes para uso industrial en Minatitlán. Las importaciones totales de este producto (Pemex y particulares) disminuyeron de 1.3 MBD en 1955 a 0.3 MBD en 1957, con lo cual su participación en el consumo nacional aparente se contrajo de 47% a 10% (véase Pemex, *Anuario estadístico 1979*, pp. 129 y 145). Aunque los lubricantes representaban sólo una pequeña proporción del volumen total de importaciones de petrolíferos, el valor de las compras externas de estos productos llegaba, antes de 1955, a aproximadamente 15 millones de dólares (véase Bermúdez, *Doce años...*, *op. cit.*, p. 94).

[56] *Thermofor Catalytic Cracking*, véase el anexo 2. Ésta fue la primera planta de desintegración catalítica instalada en México.

— el abastecimiento del norte del país y de la región costera del golfo;
— la producción de asfaltos y productos de base asfáltica para su distribución a escala nacional; y
— la elaboración de productos para exportación.

Debido a la insuficiencia de recursos de inversión de Pemex, no pudieron terminarse las obras de modernización de Ciudad Madero bajo la administración de Antonio J. Bermúdez. El proyecto inicial consistía en la instalación de dos plantas de destilación primaria, de 50 MBD de capacidad cada una, y una unidad de desintegración catalítica de gasóleos pesados, de tipo FCC (26 MBD), similar a la instalada en Azcapotzalco (gráfica I.1). Incluía también plantas complementarias para la destilación al vacío (preparadora de carga) y la recuperación de productos ligeros. Esta primera etapa quedaría concluida a principio de los sesenta, desmantelándose entonces las refinerías de Mata Redonda y Árbol Grande.

Por otra parte, desde fines de 1950 funcionaba una pequeña refinería (4 MBD) en Reynosa, Tamaulipas, construida en cinco meses para aprovechar los yacimientos de crudo, de limitada magnitud, descubiertos en esta región. Aunque la planta de destilación primaria fue ampliada a 10 MBD a mediados de los cincuenta y complementada con una desintegradora térmica de 2 MBD, la importancia de Reynosa radicaba esencialmente en su capacidad de procesamiento de gas natural. En la planta de absorción, establecida en 1954 (300 MMPCD), se recuperaba una cantidad importante de líquidos del gas que alimentaba una planta fraccionadora (10 MBD) para obtener gas licuado y, en menor proporción, naftas y destilados intermedios.

Asimismo, la pequeña y antigua planta de procesamiento de gas natural en Poza Rica fue progresivamente modernizada, contando en 1955 con una capacidad de absorción de 270 MMPCD. Los líquidos recuperados alimentaban una planta fraccionadora de 11 MBD de capacidad, donde se obtenían gas licuado y nafta. Las instalaciones de Poza Rica incluían una planta de destilación primaria de crudo, ampliada de 5 MBD a 7 MBD en 1958, y una planta estabilizadora del crudo producido en la región, la que funcionaba en combinación con las refinerías de Ciudad Madero, Azcapotzalco y Salamanca.

Finalmente, en 1958 comenzó a operar una planta de absorción en Ciudad Pemex, Tabasco, para procesar hasta 300 MMPCD de gas natural proveniente de yacimientos cercanos. Los líquidos recuperados del gas eran enviados a la refinería de Minatitlán para su fraccionamiento en gas licuado y nafta.[57]

[57] El gas seco era reinyectado al yacimiento, hasta que se terminó la construcción del gasoducto al altiplano, a principios de los sesenta.

Estos primeros proyectos de aprovechamiento del gas natural fueron muy importantes para la economía mexicana. La recuperación y distribución del gas proveniente de los campos de Reynosa permitió disponer de un combustible limpio y económico para las industrias del norte del país; mientras que el gas del sureste sirvió como materia prima para iniciar la producción de petroquímicos básicos,[58] a la vez que proporcionó un apoyo significativo para el desarrollo industrial del altiplano. La disponibilidad de gas natural tuvo también un efecto considerable en la industria de refinación. Por una parte, disminuyó el ritmo de crecimiento de la demanda de combustóleo (tendencia que se acentuaría en el decenio de los sesenta; gráfica I.2), lo que hizo factible incorporar definitivamente a las refinerías el proceso de desintegración catalítica para aumentar el rendimiento de gasolina y disminuir el de residuales. Por otra, con el procesamiento de gas natural se recuperaron cantidades importantes de gas licuado (propano y butano), que encontró amplia demanda como combustible doméstico y para ciertas industrias.[59]

Para 1958, la producción de petrolíferos ascendía a 258 MBD, habiendo crecido a una tasa media anual (TMCA) de 6.6% desde 1946, y su estructura había experimentado algunos cambios. En primer lugar, la participación de destilados ligeros e intermedios (gasolinas, kerosinas y diesel) en la producción total se elevó de 31.5 a 46% en el mismo periodo, mientras que la contribución de productos pesados (principalmente combustóleo) se redujo de 60 a 49%. Por otra parte, aunque la participación relativa del gas licuado en la oferta global de refinados sólo representaba 2.4%, en términos absolutos la producción se había incrementado de 0.1 MBD en 1946 a 6.3 MBD en 1958.[60]

A pesar de la ampliación y modificación del sistema de refinación, no se logró la autosuficiencia en combustibles. No sólo aumentó rápidamente la demanda global de petrolíferos en estos años, a una TMCA de 7.2% sino que se especializó cada vez más hacia los productos de cortes ligeros a intermedios.[61] La incapacidad del aparato productivo de res-

[58] A fines de 1958, la nueva Ley Reglamentaria del Artículo 27 Constitucional en el Ramo del Petróleo otorgó a Pemex la exclusividad de la producción de productos petroquímicos básicos. En los sesenta y, principalmente, en los setenta la industria petroquímica básica mexicana crecería espectacularmente, basándose en forma importante en el aprovechamiento del gas natural, en particular para la elaboración de amoniaco. Véase Michele Snoeck, *La industria petroquímica básica en México, 1970-1982*, México, El Colegio de México, 1986.

[59] Como consecuencia, las ventas de kerosina para consumo doméstico (es decir, excluyendo la turbosina) permanecerían prácticamente constantes de 1958 a 1980.

[60] Véase el cuadro 4 en el anexo 1.

[61] De 1946 a 1958, el consumo nacional aparente de las gasolinas, kerosinas y diesel registró una tasa media anual de crecimiento de 11.4, 11 y 10.1%, respectivamente, comparado con 4.9% en el caso del combustóleo y —2% en el de los asfaltos. Véase el cuadro 10 en el anexo 1.

GRÁFICA I.2
CONSUMO APARENTE DE LOS PRINCIPALES PETROLÍFEROS
Y DEL GAS NATURAL, 1938-1980

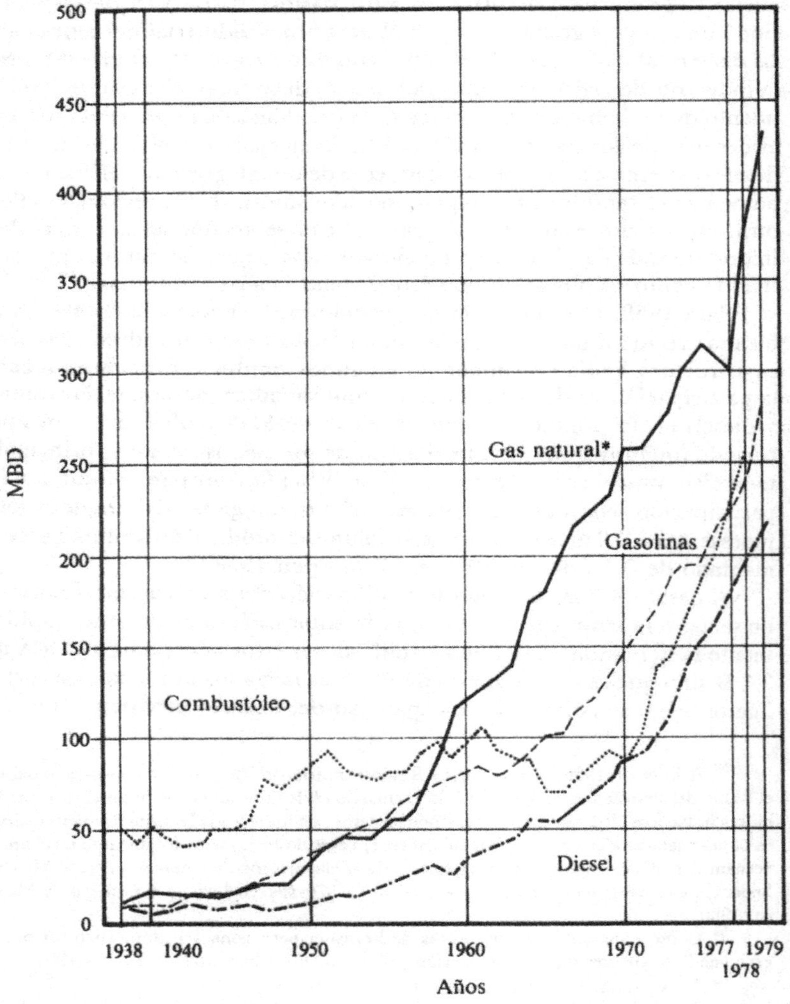

* Equivalente a combustóleo

FUENTE: Pemex, *Anuario estadístico 1979*, México, Pemex, 1980 ponder en forma oportuna y suficiente al cambio estructural de la demanda se debió, según el entonces director de Pemex a la limitación de recursos financieros de la empresa, que determinaron una disminución en el ritmo de ejecución del programa de construcción de plantas, particularmente de 1954 a 1958.[62] "Al retrasarse el desarrollo de la industria petrolera en sus instalaciones de proceso, con respecto a la demanda de refinados, disminuyeron los territorios abastecidos por nuestras refinerías y se ampliaron, en consecuencia, los que debían surtirse con productos importados."[63] Hasta ese momento, eran principalmente dos regiones —las más alejadas de los centros petroleros— las que importaban combustibles de Estados Unidos: *a*) los estados de la costa del Pacífico, especialmente Sonora, Sinaloa y Baja California, y *b*) la zona del norte, que abarcaba los estados de Chihuahua, Coahuila y Nuevo León. Sin embargo, entre 1954 y 1958, la zona de importación en el norte llegó a comprender parte de la demanda en ciudades como Monterrey y Torreón, y, en el sur, los estados de Nayarit y Colima. Incluso, en el caso del diesel, se requirieron de importaciones para abastecer parcialmente regiones del centro del país.[64]

En su conjunto, las importaciones de petrolíferos crecieron ininterrumpidamente de 1946 (9.9 MBD) a 1956 (49 MBD), cuando llegaron a representar 22% del consumo nacional aparente, para luego disminuir hasta 34 MBD en 1958.[65] Pemex efectuó una parte creciente de estas importaciones (27% en 1946; 47% en 1958), ya que ante el mantenimiento de bajos precios internos para los petrolíferos las operaciones de compraventa resultaban cada vez menos atractivas para importadores particulares, especialmente después de la devaluación del peso mexicano en 1954. Para Pemex, la venta de los productos importados a precios inferiores a su costo de adquisición significaba una pesada y creciente carga.[66]

Por su parte, las exportaciones de petrolíferos aumentaron de 16 MBD a 30 MBD de 1946 a 1958, pero desde principios de los cincuenta comprendían exclusivamente excedentes de producción de combustóleo, de

[62] En este periodo, Antonio J. Bermúdez solicitó reiteradamente al Ejecutivo que se efectuara una revisión de los precios y subsidios que permitiera expandir la industria petrolera de acuerdo con las exigencias de la demanda. Véase, por ejemplo, Bermúdez, *Informe del director general*, México, Pemex, 1956, p. 22.

[63] Bermúdez, *Doce años...*, *op. cit.*, p. 153.

[64] *Ibid.*, pp. 151 y 153.

[65] Véanse los cuadros 6 y 10 en el anexo 1, y Pemex, *Anuario estadístico 1979*, México, Pemex, pp. 129 y 145.

[66] Mientras que desde 1949 el precio al mayoreo de la gasolina era de 31.7 cvs/l, su costo de importación variaba entre 45.3 cvs (costa occidental) y 44.7 cvs (Chihuahua). En 1952, las importaciones de tractomex y diesel para Chihuahua significaban una pérdida de 15.2 cvs/l y 13.2 cvs/l, respectivamente. De 1956 a fines de 1958, Pemex perdió 28.3 cvs/l en la reventa de diesel importado, 31.3 cvs/l en el caso del tractomex y diáfano y 15.3 cvs/l en el del petróleo combustible. Véase Bermúdez, *Doce años...*, *op. cit.*, p. 158.

bajo valor comercial. Aunque en algunos de estos años las ventas externas de refinados todavía superaron en volumen a las importaciones, en valor estas últimas eran muy superiores a las primeras y determinaron, junto con la fuerte disminución de las exportaciones de crudo, que la balanza petrolera nacional se tornara deficitaria de 1953 a 1958.[67]

En su último informe anual, Antonio J. Bermúdez declaró:

> Hoy por hoy el problema de las importaciones ha sido en gran parte superado; pero el equilibrio logrado es inestable, porque el incremento de la demanda volverá a superar a nuestra capacidad de abastecimiento si no disponemos de los recursos necesarios para realizar el programa de desarrollo de la industria que tenemos proyectado desde hace varios años y que, de haberse cumplido oportunamente, hubiera bastado para satisfacer los incrementos verticales de la demanda que hicieron necesaria la importación de productos.[68]

El aumento de los precios internos de los petrolíferos, decretado por el presidente Ruiz Cortines pocos días antes del cambio sexenal, debía proporcionar a la empresa mayores recursos propios para su desenvolvimiento futuro y constituir el punto de partida para sanear su situación financiera.[69]

Bajo la dirección de Pascual Gutiérrez Roldán (diciembre de 1958-1964), Pemex continuó desarrollando el programa de inversiones elaborado por administraciones anteriores, a la vez que se prepararon algunos nuevos proyectos. Las obras de ampliación y construcción de nuevas instalaciones obedecían a dos propósitos: *a*) contar con una capacidad de refinación excedente a las necesidades inmediatas del mercado nacional para poder afrontar los incrementos futuros de la demanda, y *b*) dotar a las refinerías de plantas que permitieran mejorar la calidad de su producción.[70] Con respecto al primero, se duplicó prácticamente la capacidad de destilación primaria en Ciudad Madero, Minatitlán, Salamanca y Poza Rica,[71] llegándose a disponer de un margen excedenta-

[67] En 1957, el saldo negativo alcanzó 479 millones de pesos (38.3 millones de dólares). La balanza comercial de Pemex (que excluye las importaciones por particulares) registró también un déficit de 1955 a 1957. Véase Michele Snoeck, *El comercio exterior de hidrocarburos y derivados en México*, México, El Colegio de México, 1987, p. 21.

[68] Bermúdez, *Informe del director general*, México, Pemex, 1958.

[69] Para documentarse sobre el análisis de la situación financiera de Pemex en estos años, véase Guzmán, *op. cit.*

[70] Véase Pascual Gutiérrez Roldán, *Informe del director general*, México, Pemex, 1964, p. 8.

[71] De acuerdo al *Anuario estadístico 1983* de Pemex (*op. cit.*, pp. 50-51), en 1964 la capacidad nominal de cada una de estas refinerías fue de 155 MBD, 154 MBD, 80 MBD y 15 MBD, respectivamente. Sin embargo, para el año de 1965 aparecen cifras significativamente menores (119 MBD, 133 MBD, 75 MBD y 13 MBD, respectivamente), por lo cual es de suponerse que las correspondientes al último año de la gestión de Pascual Gutiérrez Roldán fueron incorrectamente determinadas.

rio de un poco más de 12% en relación a la producción de crudos.[72] En cuanto a las unidades de reproceso y tratamiento de productos, la capacidad global de desintegración catalítica se elevó de 38 MBD en 1958 a 67 MBD en 1964, estando por terminarse una planta adicional de 18 MBD en Salamanca; en tanto que se instalaron también una unidad fraccionadora de nafta en Minatitlán, una de alquilación en Azcapotzalco y una de tratamiento, alquilación, segregación y recuperación de hidrocarburos en Ciudad Madero.

Un adelanto importante en los esquemas de refinación fue la incorporación de plantas reformadoras de las naftas obtenidas de la destilación primaria de crudos, con las cuales se aumenta el índice de octano de la gasolina y, en consecuencia, se mejora el comportamiento de los motores de combustión interna. En Minatitlán, dichas plantas permitieron además iniciar la producción de hidrocarburos aromáticos, punto de partida para la elaboración de diversos petroquímicos. En este proceso de reformación se obtenía suficiente hidrógeno para desulfurar, en presencia de catalizador, los destilados primarios obtenidos del fraccionamiento de crudos.

Estos avances, junto con la construcción de nuevas plantas de almacenamiento y la reposición de algunos de los medios de distribución,[73] permitieron resolver en gran parte el problema de escaseces periódicas de combustibles en ciertas regiones. En 1964, las compras externas de gasolinas ya sólo representaron 1% del consumo nacional aparente, y las de diesel y kerosinas, 3%. No obstante que subsistía la dependencia del exterior en el caso del gas licuado,[74] en su conjunto las importaciones de petrolíferos disminuyeron de 34 MBD en 1958 a 26 MBD en 1964.[75] Esta última cantidad coincidió con el volumen de exportaciones de combustóleo en el mismo año, único producto del que se disponía en exceso.[76]

Las dificultades de transporte que significaba el abastecimiento de los estados del Pacífico desde Minatitlán llevaron a la administración de Pascual Gutiérrez Roldán a diseñar un proyecto para la elaboración de petrolíferos *in situ*. El lugar seleccionado fue el puerto de Mazatlán, en el estado de Sinaloa; se pensaba enviar los residuos de esta nueva refinería a Rosarito, Baja California, donde se instalaría una planta coquizadora. Para 1963, se habían terminado los arreglos financieros para la construcción del centro productor y se llevaba a cabo la ingeniería del

[72] Véase Pemex, *Memoria de labores 1965*, México, Pemex, 1966, p. 18.
[73] Al respecto, véase Prieto, *op. cit.*
[74] La producción de gas licuado se triplicó en el sexenio considerado, pero su consumo nacional aparente creció a una tasa media anual de cerca de 18%. En consecuencia las importaciones se elevaron de 6 MBD en 1958 a 14 MBD en 1964, con una participación de más de 40% en el consumo. Véase el cuadro 10 en el anexo 1.
[75] Véase el cuadro 6 en el anexo 1.
[76] Véase el cuadro 8 en el anexo 1.

mismo.[77] Sin embargo, al asumir la dirección de Pemex Jesús Reyes Heroles (fines de 1964-1970), se decidió diferir la construcción de Mazatlán e incorporar los materiales y equipos adquiridos a Minatitlán; la coquizadora de Rosarito sería instalada en Ciudad Madero. Oficialmente se aclaró que tal medida obedecía a la necesidad de concentrar los escasos recursos financieros de la empresa en el establecimiento de grandes centros petroleros que permitieran lograr un elevado nivel de integración, en contraste con pequeñas refinerías en que los reprocesos e íntegro aprovechamiento de subproductos no son posibles.[78] Concretamente, se argumentaba que con la reubicación de las plantas inicialmente previstas para el litoral del Pacífico, se obtendría: un ahorro en la inversión, por aprovechamiento de instalaciones existentes, de aproximadamente 495 millones de pesos (39.6 millones de dólares); una economía de 26-29% en los costos de operación, al evitar la duplicidad de funciones administrativas e incluso técnicas; un ahorro en transporte estimado en 100 millones de pesos (8 millones de dólares); y, finalmente, la terminación de las obras en un tiempo menor que el previsto.[79]

La aceptación del criterio de economía de escala, la revisión de proyectos pendientes en sus etapas iniciales y los planes de reorganización de la nueva administración, condujeron a la cancelación de algunas obras ya iniciadas en una región que tarde o temprano requeriría de una refinería.[80]

Así, en la segunda mitad de los sesenta, los programas de Pemex en el área de refinación no incluyeron la construcción de nuevos centros productores. En cambio, las escasas perspectivas respecto al incremento de la producción de crudo y la persistencia de excedentes de combustóleo y asfalto llevaron al estudio de procesos para aumentar la conversión de residuales a productos destilados por medio de la coquización o hidrodesintegración de los fondos de la destilación a vacío y de otras corrientes residuales. Este tipo de operación parecía particularmente atractivo para la refinería de Salamanca, donde los excedentes de combustóleo eran transportados por carro y autotanques hacia regiones distantes, como la zona fronteriza del norte. La comparación entre distintas posibilida-

[77] Véase Gutiérrez Roldán, *Informe del director general*, México, Pemex, 1963.

[78] Tal era, en efecto, el criterio observado en el área de petroquímica básica. Varias de las plantas petroquímicas eran construidas a proximidad de las refinerías. En particular, Minatitlán estaba expandiéndose como importante centro de transformación industrial de los hidrocarburos. Se argumentaba precisamente que la ampliación de Minatitlán con los equipos de Mazatlán permitiría, entre otros, iniciar allí la producción de hidrocarburos aromáticos (benceno, tolueno, xileno). Véase Pemex, *Memoria de labores 1965*, México, Pemex, p. 24.

[79] *Ibid.*, p. 24.

[80] Según estudios de la Canacintra y la Canaco, el abandono de parte de la obra negra de Mazatlán significó una pérdida de más de 200 millones de pesos (16 millones de dólares). Véase *Excélsior*, México, 22 de julio de 1972.

des indicó que la coquización requeriría de una inversión menor que la hidrodesintegración, considerando que esta última requiere una planta para generación de hidrógeno. Sin embargo, en Salamanca no había compatibilidad para el manejo de coque en calderas y hornos de proceso y los productos obtenidos de la desintegración catalítica de residuales en presencia de hidrógeno serían de mejor calidad, especialmente los destilados intermedios de bajo contenido de azufre.[81] Se seleccionó así el proceso H-Oil de reactores con cama de expansión,[82] que permitía evitar los problemas de obstrucción observados en los reactores de cama fija y obtener una conversión de residuales a destilados de hasta 70% en volumen.[83]

Por otra parte, con el fin de atenuar los problemas de contaminación atmosférica, se inició el tratamiento con hidrógeno de las gasolinas y destilados intermedios para obtener productos con un menor contenido de azufre.[84] Asimismo, en las desintegradoras catalíticas se incorporaron avances tecnológicos recientes, como el uso de catalizadores zeolíticos, que resultaron en un mayor rendimiento de gasolinas en Azcapotzalco y Minatitlán[85] y, posteriormente, en Salamanca y Ciudad Madero.

Se introdujeron así al mercado productos nuevos o de mejor calidad. A partir de 1966 se produjo una gasolina de 100 octanos, denominada "Pemex 100", para satisfacer la demanda de combustible de automóviles con motores de alta compresión.[86] Este producto tuvo una excelente acogida en la frontera norte del país, al facilitar el turismo norteamericano en México.[87] Nuevas líneas de lubricantes sustituyeron a antiguos aceites de calidades inferiores, mientras que la elaboración de

[81] La tecnología de hidrodesintegración recibió un fuerte impulso en esos años con variaciones tecnológicas orientadas a: *a*) disminuir el contenido de azufre para reducir la contaminación ambiental; *b*) aumentar el contenido de hidrógeno para mejorar la calidad de lubricantes, y *c*) la conversión de gasóleos o residuales a destilados comerciales.

[82] Véase el anexo 2.

[83] El sistema de hidrodesintegración de residuos empezaría a funcionar en 1973, con una capacidad de proceso de 18 MBD. Véase el capítulo III, p. 64.

[84] En 1969 entraron en operación, en Salamanca y Ciudad Madero, plantas generadoras de hidrógeno e hidrodesulfurizadoras de gasolinas y destilados intermedios, mientras que en Minatitlán este tipo de procesos habían sido instalados con anterioridad. Véase Pemex, *Memorias de labores 1968, 1969 y 1970*, México, Pemex, 1969, 1970 y 1971, p. 15, p. 14 y pp. 63-64, respectivamente.

[85] Véase Pemex, *Memoria de labores 1969*, México, Pemex, 1970, p. 15.

[86] "... antes de lanzarlo al mercado, fue sometido a un proceso de pruebas que se encomendaron a la empresa E. I. Dupont de Nemours, la que usó este combustible en diferentes vehículos de alta compresión, en carreteras y centros urbanos del país, con la idea de que se examinara bajo las más estrictas condiciones y se tuviera la seguridad de que este nuevo producto cumple con las normas internacionales de calidad." Pemex, *Memoria de labores 1965*, México, Pemex, 1966, p. 33.

[87] Anteriormente, al no disponer México de una gasolina equiparable a la Premium

un combustible diesel de bajo contenido de azufre (diesel especial) permitió disminuir la emisión de humo y la intensidad del olor de los gases de combustión.

Un factor de relevancia para la evolución posterior de la industria de refinación, fue la creación del Instituto Mexicano del Petróleo (IMP) en agosto de 1965. A este organismo paraestatal, encargado de investigar y desarrollar la tecnología petrolera en México, se le asignaron las siguientes funciones básicas: *a*) proporcionar servicios tecnológicos a Pemex; *b*) realizar investigación científica y tecnológica, además del estudio, adaptación y aplicación de tecnologías existentes, y *c*) adiestrar personal de todos los niveles, desde los obreros de Pemex hasta investigadores del propio IMP. Antes de 1938 y en los primeros años después de la expropiación petrolera, la dependencia tecnológica del exterior en refinación, así como en la industria del petróleo en general, había sido prácticamente total. A medida que Pemex fue adquiriendo mayor experiencia, la dependencia externa se fue reduciendo en campos tales como la operación, mantenimiento, proceso, planeación e ingeniería. Se realizaron también algunos esfuerzos aislados en el desarrollo de tecnología de procesos de refinación, pero no fue sino hasta el establecimiento del IMP que se creó un grupo de profesionales dedicado exclusivamente a esta tarea.

Si bien se lograron adelantos cualitativamente importantes en el periodo 1965-1970 mediante la instalación de alrededor de 20 unidades de proceso y reproceso, la capacidad nominal de refinación se amplió a un ritmo ligeramente menor al alcanzado en sexenios anteriores.[88] Considerando el crecimiento sostenido de la economía del país, en particular su creciente industrialización, que hacía previsible un aumento importante de la demanda futura de combustibles y lubricantes, la desaceleración en el proceso de expansión del sistema de refinación podría resultar sorprendente de no tenerse en cuenta la situación de Pemex a nivel global. Por un lado, la empresa tenía que distribuir los recursos de inversión destinados a la transformación industrial de los hidrocarburos entre las áreas de refinación y petroquímica básica. Esta última, al encontrarse en su etapa inicial de desarrollo y tener asignado un importante papel en la sustitución de importaciones e integración industrial del país, absorbía una parte significativa de los recursos —siempre escasos— de la

de Estados Unidos, las compañías aseguradoras de este último país no cubrían los viajes en territorio mexicano. Véase Alonso González, *op. cit.*, p. 37.

[88] La capacidad de destilación primaria de crudo y líquidos del gas creció 35% de 1965 a 1970 (alcanzando 592 MBD en este último año), comparado con 41% y 40%, respectivamente, en los dos sexenios anteriores. En cuanto a la capacidad de desintegración y reducción de viscosidad, ésta aumentó en 26% bajo la administración de Jesús Reyes Heroles, mientras que en el periodo 1959-1964 se había incrementado en 67%. Véase Pemex, *Anuario estadístico 1983*, *op. cit.*, p. 49.

empresa. Por otro lado, la disminución de la relación entre reservas y producción de hidrocarburos desde 1960 hacía indispensable dedicar una proporción importante de los recursos de inversión a la exploración y explotación.[89] Los magros resultados obtenidos en la exploración significaron que, a partir de mediados de los sesenta, la producción nacional de crudo apenas permitió satisfacer los requerimientos de las plantas procesadoras existentes. En 1966, por primera vez en la historia petrolera de México, se suspendieron las exportaciones de crudo.[90] En ese momento, dicho acontecimiento no fue presentado por los voceros oficiales de Pemex como el inicio de un periodo de escasez de dicha materia prima, tal como resultaría evidente unos años más tarde. En cambio, el discurso oficial hizo hincapié en que la modificación en la composición de las exportaciones totales de la empresa (sustitución de crudo por derivados, en particular petroquímicos) reflejaba una política orientada a la venta externa de productos que incorporaran valor agregado.[91] Sin embargo, la tendencia ascendente de las exportaciones de petrolíferos pesados en el sexenio 1964-1970 únicamente evidenciaba la insuficiente capacidad de reproceso del sistema de refinación, mientras que las ventas externas de petroquímicos básicos no eran más que excedentes temporales (gráfica I.3).

Aunque en el primer año de la gestión de Jesús Reyes Heroles Pemex registró el nivel más bajo de importaciones de refinados desde 1946, este breve respiro de la industria petrolera fue seguido de un periodo de rápido crecimiento del consumo en el que las compras externas de la empresa volvieron a cobrar impulso, acercándose a los niveles conocidos durante la segunda mitad de los años cincuenta.[92]

[89] La relación entre reservas probadas y producción anual de hidrocarburos disminuyó progresivamente de 28 años en 1960 a 18 años en 1970, el nivel más bajo registrado desde la expropiación (véase Pemex, *Anuario estadístico 1983*, *op. cit.*, p. 29, y Ana María Sordo y Carlos Roberto López, *Exploración, reservas y producción de petróleo en México*, México, El Colegio de México, 1988. Entre 1966 y 1970, Pemex asignó 50.3% de la inversión total a la producción primaria (incluyendo perforación de pozos e instalaciones de campo), 10.5% a la construcción de plantas de refinación y 11.1% a las petroquímicas. Véase Guzmán, *op. cit.*

[90] Hubo quienes propusieron, en la segunda mitad de los sesenta, importar petróleo para procesarlo en México dado su bajo precio internacional, aunque el director de Pemex nunca cedió a las presiones internas en este sentido. Véase Jesús Reyes Heroles, *Informe del director general*, México, Pemex, 1965 y 1966, pp. 10-11 y p. 7, respectivamente.

[91] Véase Pemex, *Memoria de labores 1965*, México, Pemex, 1966, p. 32.

[92] Véase Pemex, *Anuario estadístico 1983*, *op. cit.*, p. 122, y el cuadro 6 en el anexo 1.

GRÁFICA I.3
PRODUCCIÓN, CONSUMO NACIONAL APARENTE, IMPORTACIONES Y EXPORTACIONES DE PETROLÍFEROS, 1938-1970

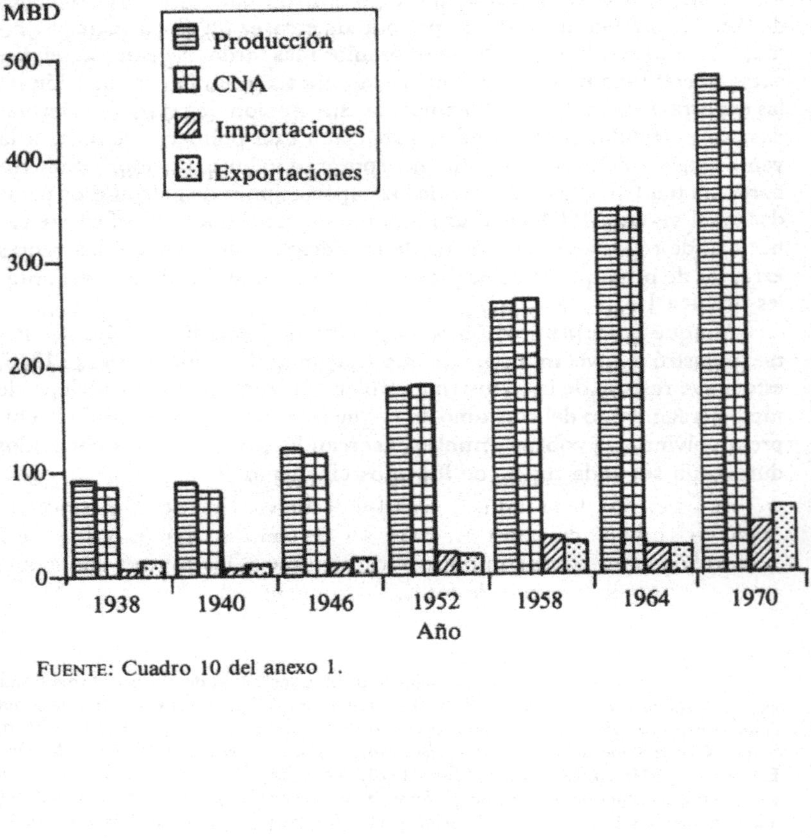

FUENTE: Cuadro 10 del anexo 1.

II. SITUACIÓN DE LA REFINACIÓN EN 1970

En el último año de la administración de Jesús Reyes Heroles se hizo evidente que la industria petrolera atravesaba por una crisis, provocada no por el surgimiento de algún fenómeno coyuntural sino por la profundización de un desequilibrio latente entre reservas, producción y demanda de hidrocarburos.

Tradicionalmente, la política de Pemex con respecto a la magnitud de las reservas de hidrocarburos consistía en mantener un margen de seguridad de por lo menos 20 años en la relación entre dichas reservas y la producción anual. En 1970, por primera vez desde la expropiación petrolera, este cociente disminuyó a 18 y, aun así, el aumento de la producción de crudo y líquidos del gas en ese año (4%) fue insuficiente para satisfacer los requerimientos de las refinerías. Un grupo de técnicos de Pemex proponía importar crudo ligero para aprovechar íntegramente la capacidad nacional de refinación y evitar o reducir así las importaciones de destilados, de mucho mayor valor comercial que el crudo; pero Reyes Heroles siguió rechazando esta posibilidad, considerando la importación de una materia prima históricamente abundante en México como una marcha atrás en el desarrollo de la industria petrolera nacional.[1]

Se simplificaría en extremo si se atribuyera el rezago productivo de la empresa exclusivamente a su crónica estrechez de recursos financieros.[2] Sin embargo, gran parte de los problemas que afrontaba Pemex en 1970 se derivaba de la política estatal de bajos precios para los pro-

[1] La sustitución de la importación de destilados ligeros por crudo, si bien tenía su justificación económica, no dejaba de implicar algunas dificultades, como la problemática distribución de productos desde las refinerías del golfo hacia el litoral del Pacífico (vía el Canal de Panamá), región que se solía abastecer con importaciones que llegaban a puertos de ese litoral. Por otra parte, se comenta que existían problemas de suministro de crudo a la refinería de Salamanca debido a la insuficiente capacidad del oleoducto, lo cual impedía la cabal utilización de la capacidad de esa refinería.

[2] La lentitud de las actividades de exploración en los cincuenta y los sesenta obedeció también a factores tecnológicos y a la ausencia de una adecuada planeación macroeconómica de la empresa, ante la prioridad que adquirió el rápido desarrollo de la infraestructura de distribución y transformación industrial de los hidrocarburos para poder responder al sostenido crecimiento de la demanda de combustibles. Véase Miguel S. Wionczek, "Algunas reflexiones sobre la futura política petrolera de México", en Miguel S. Wionczek, (coord.), *Problemas del sector energético en México*, México, El Colegio de México, 1983, p. 17.

ductos energéticos aplicada desde la nacionalización. Desde 1958, el gobierno no había autorizado ninguna revisión de los precios internos de Pemex, mientras que el aumento anual de los gastos de operación de la empresa en el sexenio 1958-1964 superó ampliamente a la tasa de inflación de la economía.[3] La progresiva descapitalización de la industria petrolera dificultó su evolución conforme a las exigencias del proceso de desarrollo nacional. Las inversiones de Pemex se destinaron esencialmente a las áreas de prioridad inmediata diferiéndose aquellas erogaciones esenciales para el crecimiento a largo plazo.

No sólo se encontraba estancado el ritmo de crecimiento de las reservas y la producción de crudo, sino que además las insuficientes inversiones en plantas de tratamiento de gas natural asociado y ductos obligaba a quemar a la atmósfera una parte de este recurso.[4] El aprovechamiento del gas como complemento o sustituto de productos petrolíferos se veía así limitado, mientras que la imposibilidad de utilizar plenamente la capacidad instalada en la industria de refinación por insuficiencia de crudo contribuyó, en 1970, a acentuar nuevamente la dependencia del exterior para abastecer el mercado interno. Los mismos bajos precios de los refinados estimulaban su demanda, que a su vez presionaba el sistema de refinación.[5] Para 1970, la economía mexicana se había vuelto altamente dependiente de los derivados del petróleo. La participación de los petrolíferos en el consumo final de energía se elevaba a 99.8% en el sector transporte, 71.5% en el sector comercial y residencial, y 31.2% en la industria.[6]

Si bien Pemex encontraba crecientes dificultades para mantener la autosuficiencia en las condiciones antes referidas, su sistema de refinación era relativamente moderno e integrado. La capacidad de destilación primaria de crudo y líquidos del gas se elevaba a 592 MBD, cerca de seis veces más que en 1938 y equivalente a 1.1% de la capacidad mundial.[7] Con excepción de Reynosa y Poza Rica, que comprendían únicamente unidades de destilación primaria y de fraccionamiento de líquidos del gas, los demás centros productores (Azcapotzalco, Ciudad Madero, Minatitlán y Salamanca) tenían un esquema de refinación similar (cuadro II.1): plantas de destilación atmosférica y al vacío; desintegradoras catalíticas de gasóleos pesados; hidrodesulfuradoras de naftas y destilados intermedios; reformadoras de nafta primaria en gasolinas

[3] Véase Guzmán, *op. cit.*

[4] En 1970, se quemó 26% de la producción bruta total de gas asociado. Véase Pemex, *Memoria de labores 1970*, México, Pemex, 1971, apéndice estadístico.

[5] En 1970, México se encontraba entre los 10 países con los precios más bajos en el mundo. Véase Jesús Reyes Heroles, *Informe del director general*, México, Pemex, 1970, p. 25.

[6] Véase el capítulo III, pp. 83-87.

[7] Véanse los cuadros 15 y 30 del anexo 1.

CUADRO II.1
PRINCIPALES PLANTAS DE REFINACIÓN, POR REFINERÍA, EN 1970[1]

Refinerías	*Capacidad*		*(MBD)*
Minatitlán			
Destilación primaria (3)	22.5	22.5	45.0
Destilación primaria y secundaria (2)	6.0	42.5	
Destilación secundaria (prep. carga)	32.0		
Fraccionadora de líquidos de absorción (2)	6.0	31.0	
Hidrodesulfuradora de gasolinas	21.0		
Hidrodesulfuradora de kerosinas	12.0		
Hidrodesulfuradora de diesel	17.0		
Reformadora catalítica de gasolinas	12.0		
Desintegradora catalítica FCC	24.0		
Desintegradora catalítica TCC	21.0		
Polimerización catalítica	0.6		
Cd. Madero			
Destilación primaria (2)	55.0	55.0	
Destilación primaria y secundaria (2)	9.0	50.0	
Destilación secundaria (prep. carga)	50.0		
Reductora de viscosidad	8.0		
Fraccionadora de gases y gasolinas	20.0		
Desintegradora catalítica FCC	23.0		
Coquizadora	9.0		
Hidrodesulfuradora de gasolinas	18.0		
Hidrodesulfuradora de destilados intermedios	15.0		
Reformadora catalítica de gasolinas	19.0		
Alquilación con ácido fluorhídrico	3.0		
Generadora de hidrógeno	10 MMPCD		
Mezclado de asfalto	6.0		
Salamanca			
Destilación primaria (2)	40.0	60.0	
Destilación secundaria (prep. carga)	22.0		
Desintegradora catalítica TCC	18.0		
Desintegradora térmica DUBBS	4.0		
Tratadora de lubricantes con Furfural (2)	8.0	9.4	
Desasfaltadora con propano (2)	6.0	9.7	
Desparafinadora de lubricantes (2)	4.0	5.5	
Percoladora de parafinas	100 TonD		
Hidrodesulfuradora de gasolinas	8.0		
Hidrodesulfuradora de kerosinas	14.0		
Hidrodesulfuradora de diesel	14.0		
Hidrodesulfuradora de lubricantes y parafinas	9.6		
Reformadora catalítica de gasolinas	8.0		
Generadora de hidrógeno	10 MMPCD		

CUADRO II.1 (*continuación*)

Refinerías	*Capacidad* (MBD)	
Mezclado y envasado de lubricantes	2.9	
Mezclado de asfalto	3.0	
Azcapotzalco		
Destilación primaria (2)	38.0	62.0
Destilación secundaria (prep. carga)	50.0	
Reductora de viscosidad	20.0	
Desintegradora catalítica FCC	23.0	
Desulfuradora catalítica Perco (2)	14.0	12.0
Alquilación c/ácido fluorhídrico	3.0	
Fraccionadora de gases y gasolinas	6.0	
Poza Rica		
Destilación primaria	16.0	
Fraccionadora de líquidos de absorción	11.0	
Desulfuradora catalítica Perco	5.0	
Reynosa		
Destilación primaria	9.0	
Fraccionadora de líquidos de absorción	11.5	

[1] Un resumen de la capacidad nominal por tipo de procesos se encuentra en el cuadro III 1 p. 73.

FUENTE: Pemex, *Memoria de labores 1970, op. cit.*, pp. 63-64.

de alto octano; y, según el caso, algunos procesos complementarios (reducción de viscosidad, coquización, alquilación, fraccionamiento de gases y gasolinas, etc.). En su conjunto, las transformaciones del aparato productivo en refinación representaban una inversión acumulada, de 1938 a 1970, de 7 700 millones de pesos (616 millones de dólares).[8]

Desde los años cincuenta no se había construido ninguna nueva refinería, lo cual se debía en parte a las limitaciones presupuestales de Pemex y, también, a su política de lograr un máximo aprovechamiento del crudo en las refinerías existentes mediante la integración de nuevas unidades de proceso o tratamiento, que debían permitir adecuar cualitativamente la producción a la demanda. En 1971, el nuevo director de la empresa, Antonio Dovalí Jaime, expresaría ante el Consejo de Administración:

[8] A guisa de comparación, la inversión acumulada en plantas petroquímicas terminadas, desde el inicio de esta rama en 1959 hasta 1970, alcanzaba 3 144 millones de pesos (251.5 millones de dólares). Véase Antonio Dovalí Jaime, *Informe ante el C. Presidente de la República, Lic. Luis Echeverría Alvarez, al Consejo de Administración de Petróleos Mexicanos*, México, Pemex, 1971, p. 21.

> ... para lograr el máximo aprovechamiento de la materia prima es necesario aplicar los preceptos de la economía de escala y de operación, a efecto de obtener el menor costo posible de su transformación en productos terminados... Puede considerarse que éste ha sido el criterio que ha servido de base para la proyección de las obras necesarias para satisfacer las demandas; esto es, el eslabonamiento estrecho de plantas de gran capacidad en un número reducido de centros de refinación.[9]

En contraste con la situación prevaleciente antes de la nacionalización de la industria petrolera, para 1970 la planta refinadora se orientaba al abastecimiento del mercado nacional. Dado el limitado número de refinerías, éstas se conectaban mediante ductos con las fuentes de suministro de materia prima y los centros de consumo. El sistema de alimentación de las refinerías tenía una extensión de alrededor de 1 700 km y operaba en la forma siguiente: la producción de crudo y una parte de los líquidos de absorción de Poza Rica alimentaba las refinerías de Salamanca, Azcapotzalco y, en forma parcial, Ciudad Madero; el crudo complementario para esta última provenía de los campos del sur de Tamaulipas y de la zona sur; la refinería de Minatitlán era abastecida por la producción de campos situados en el estado de Tabasco y el sur de Veracruz; mientras que el centro productor de Reynosa procesaba el crudo y, fundamentalmente, el gas natural de la misma región (cuadro II.2)[10] En 1970 se procesaron 485 MBD de crudo y líquidos del gas, con lo cual la capacidad nominal del sistema de refinación fue aprovechada en 82 por ciento.

En cuanto a las zonas de influencia de cada refinería, éstas se fueron determinando durante el proceso de modernización del aparato productivo. Convencionalmente, Pemex y el IMP dividieron el territorio nacional en seis regiones de acuerdo con la localización de las agencias de ventas y de las refinerías que las abastecían (mapa II.1):

- el Noreste (región I) abarcaba la refinería de Reynosa y las agencias de ventas comprendidas entre Ciudad Juárez y Monterrey;
- el Este (región II) comprendía las agencias de venta de Ciudad Victoria, Ciudad Mante y Ciudad Valles, y la refinería de Ciudad Madero;
- el Centro (región III) incluía las refinerías de Poza Rica y Azcapotzalco y se extendía de Poza Rica al Distrito Federal y alrededores;
- el Centro Norte (región IV) cubría las agencias de ventas que rodeaban a la refinería de Salamanca, principalmente Guadalaja-

[9] Dovalí Jaime, *op. cit.*, p. 21.
[10] *Ibid.*, p. 23.

CUADRO II.2

SUMINISTRO DE CRUDOS Y LÍQUIDOS DEL GAS NATURAL A LAS REFINERÍAS EN 1970

(MBD)

	Azcapotzalco	*Cd. Madero*	*Minatitlán*	*Salamanca*	*Reynosa*	*Poza Rica*	*Total*
Crudos:							
Reynosa	—	—	—	—	5.4	—	5.4
Tamaulipas	—	13.1	—	—	—	—	13.1
Arenque	—	0.9	—	—	—	—	0.9
Pánuco	—	7.6	—	—	—	—	7.6
Isla de Lobos	—	4.8	—	—	—	—	4.8
Faja de Oro	4.9	30.5	—	—	—	—	35.4
Poza Rica	36.0	38.0	—	81.7	—	11.2	166.9
Istmo-Tabasco							
no ceroso	—	—	1.0	—	—	—	1.0
ceroso	44.3	39.4	124.4	—	—	—	208.0
Total crudos	85.2	134.3	125.4	81.7	5.4	11.2	443.2
Total líquidos del gas natural	—	—	35.4	—	11.3	10.4	57.0
Gran total	85.2	134.3	160.8	81.7	16.7	21.6	500.2 [484.6][a]

[a] Según Pemex, *Memoria de labores 1971*, *op. cit.*, p. 73.

FUENTE: IMP, *Plan de desarrollo de la industria petrolera y petroquímica básica 1976-1985*, México, IMP, 1976, volumen II, cuadro 1.

Mapa II.1
Áreas de influencia de las refinerías

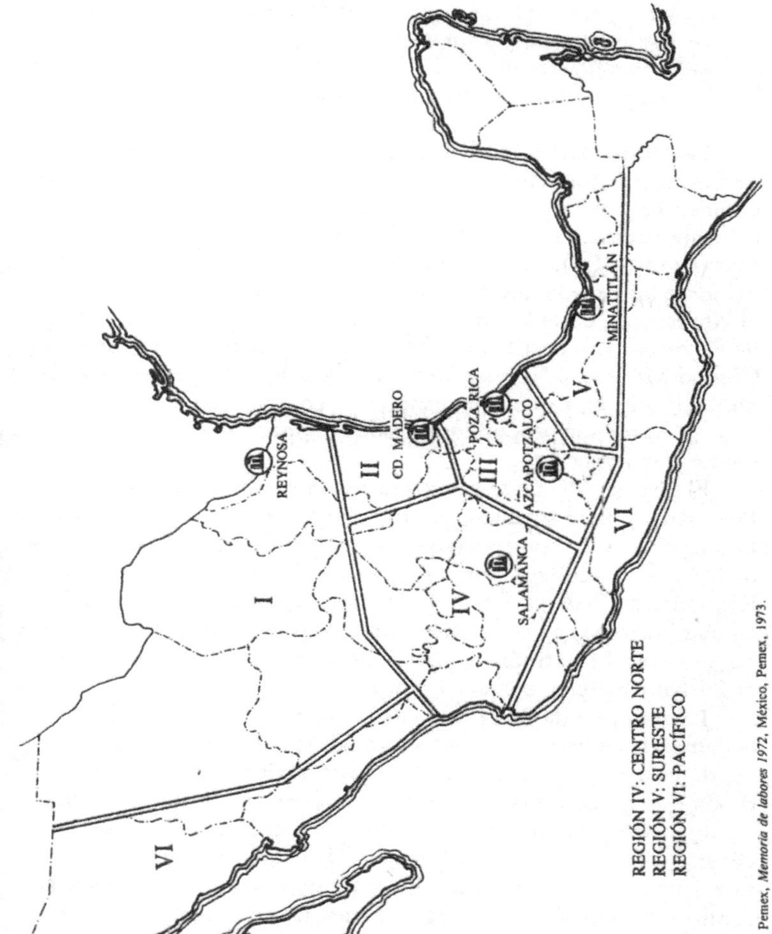

Fuente: Elaborada a partir de Pemex, *Memoria de labores 1972*, México, Pemex, 1973.

ra y las situadas desde Querétaro a San Luis Potosí, a Tepic y a Zacatecas.

— el Sureste (región V) correspondía a la refinería de Minatitlán y abarcaba las agencias comprendidas entre Puebla y Mérida, incluyendo la mayor parte del estado de Veracruz;
— el Pacífico (región VI) abarcaba las agencias comprendidas en la franja occidental del país, desde Rosarito hasta Tapachula.

La comparación de las demandas regionales con la oferta de las refinerías correspondientes permite determinar, en forma aproximada, los excedentes y faltantes de productos en cada región en 1970, así como los consecuentes movimientos interregionales que se tuvieron que efectuar (cuadro II.3). Se observa así que el Este (II) era autosuficiente, enviándose los excedentes de producción de la refinería de Ciudad Madero al Noreste (I), dada la limitada capacidad de producción de la refinería de Reynosa. Los destilados (gasolinas, kerosinas y diesel) se llevaban de Ciudad Madero al Noreste mediante un poliducto que llegaba hasta Chihuahua; mientras que el transporte de combustóleo (desde Ciudad Madero y, en menor proporción, desde Salamanca) se efectuaba principalmente por ferrocarril.

El Centro (III) no se satisfacía con la producción de las refinerías de Poza Rica y Azcapotzalco, por lo que se auxiliaba con la de Minatitlán. Los destilados se transportaban por el poliducto de Minatitlán al valle de México y, también, por buquetanque hasta el poliducto Tuxpan-Poza Rica-Distrito Federal. En 1970 el Centro fue prácticamente autosuficiente en combustóleo, pero en otros años hubo necesidad de enviar este producto desde Minatitlán al puerto de Veracruz (vía marítima) y de allí al Distrito Federal por carrotanque.

La refinería de Salamanca alcanzaba a abastecer la mayor parte de la demanda de destilados del Centro Norte (IV). Algunas agencias de ventas de esta región, cercanas al Distrito Federal, recibían los productos desde esta última terminal. En el caso del combustóleo se disponía de un importante excedente de producción en Salamanca, con respecto al consumo en su región de influencia, el cual tenía que transportarse hasta el norte y centro del país. En vista de las dificultades asociadas a la conducción por ducto, a largas distancias, de combustóleo,[11] el transporte tenía que efectuarse principalmente por equipo rodante, a un costo elevado. De allí se derivaba la importancia de instalar, en Salamanca, un proceso de desintegración de residuales (como, por ejemplo, el H-

[11] Debido a la alta viscosidad de este producto, los combustoleoductos sólo son útiles si su longitud no excede de 40 km y, por consiguiente, se usan para (des)cargar en terminales marítimas o para abastecer plantas termoeléctricas de la Comisión Federal de Electricidad (CFE) cercanas a las refinerías.

CUADRO II.3
OFERTA Y DEMANDA DE DESTILADOS Y COMBUSTÓLEO POR REGIÓN, 1970
(MBD)

Regiones[b] *(Refinerías)*	*Producción por refinería/región*		*Ventas regionales*[c]	
	Destilados[a]	*Combustóleo*	*Destilados*[a]	*Combustóleo*
I-Noreste (Reynosa)	6.0	0.5	40.3	8.9
II-Este (Cd. Madero)	62.0	40.0	10.4	4.0
III-Centro (Poza Rica, Azcapotzalco)	53.0	26.0	84.0	27.4
IV-Centro Norte (Salamanca)	41.0	25.5	44.9	13.4
V-Sureste (Minatitlán)	92.0	38.0	28.4	13.1
VI-Pacífico	0.0	0.0	50.3	15.9
Total	254.0	130.0	258.4	82.7
Pérdidas y autoconsumo Pemex[d]	—13.0	— 6.5	—	—
Importación	15.0	4.1	—	—
Exportación	0.0	—47.7	—	—
Total disponible para ventas internas	256.0	79.9	—	—

[a] Incluye gasolinas, diesel y kerosinas (excluyendo turbosinas).
[b] Corresponde a la regionalización convencional del IMP.
[c] Efectuadas por las agencias de ventas correspondientes a cada región.
[d] Estimado, en forma aproximada, en 5% de la producción.
FUENTE: Estimaciones a partir de: IMP, informes internos con base en estadísticas de la Contaduría de Ventas de Pemex; y Pemex, *Anuario estadístico 1983*, *op. cit.* Tomado de Sotero Prieto, *op. cit.*. Los datos deben tomarse con reserva debido a ciertas discrepancias observadas entre los distintos registros de Pemex. Respecto a los volúmenes vendidos, por ejemplo, existen diferencias entre los registros de la Contaduría de Ventas y los de la Gerencia de Ventas.

Oil), en lugar de la convencional desintegración catalítica de gasóleos pesados (FCC).[12]

La demanda de petrolíferos en el Sureste (V) se satisfacía íntegramente con la producción de la refinería de Minatitlán. Los excedentes de destilados se enviaban al Centro, tal como se mencionó anteriormente, y también al Pacífico por medio del poliducto Minatitlán-Salina Cruz.

[12] Véase el capítulo I, pp. 30-33.

También se disponía de excedentes de combustóleo que, además de expedirse al Centro en ciertos años, se transportaban al Pacífico por el ferrocarril transístmico y, complementariamente, por buquetanque vía el Canal de Panamá.

El Pacífico (VI) se abastecía así desde la terminal de Salina Cruz, con la producción de Minatitlán, y también con importaciones que, en el caso de los destilados, provenían de Curazao, Aruba y, ocasionalmente, Estados Unidos. Las importaciones de combustóleo no se debían a un déficit de producción nacional (ya que en Ciudad Madero y Minatitlán quedaban excedentes para la exportación equivalentes a más de once veces el volumen de importaciones), sino al costo y dificultades inherentes al transporte interno de este producto. Resultaba más económico en ciertos casos importar combustóleo de Estados Unidos y exportar los excedentes de la producción nacional por los puertos del golfo de México.

A nivel nacional, el análisis de la producción de petrolíferos en 1970, comparado con la situación poco después de la expropiación, pone en evidencia los resultados alcanzados por Pemex no sólo respecto al volumen total elaborado sino en cuanto al rendimiento de productos ligeros. La oferta total ascendió a 481 MBD, más de cinco veces el volumen obtenido en 1940 [13] En este mismo periodo, la participación de los destilados ligeros e intermedios en la producción total se elevó progresivamente de 28.1 a 54.6%, mientras que la de productos pesados (combustóleos y asfaltos) disminuyó de 65.7 a 31.9%. Por su parte, la contribución del gas licuado aumentó de 0.1 a 7.5% (cuadro II.4).

Sin embargo, los incrementos de la oferta eran insuficientes para poder afrontar la aceleración del ritmo de crecimiento de la demanda, observada desde mediados de los sesenta. Mientras que las ventas internas de petrolíferos se elevaron a una TMCA de 7% de 1964 a 1970 (similar a la del Producto Interno Bruto), el aumento de la producción fue de sólo 5.6% anual.[14] Por consiguiente, en 1970 se importaron 47.5 MBD de petrolíferos, volumen equivalente a 10% del consumo nacional aparente; aunque en los casos de las gasolinas y kerosinas esta relación no rebasó 4.5 y 2%, respectivamente (cuadro II.5). Considerando que históricamente Pemex siempre había tenido dificultades para responder a la mayor demanda relativa de los destilados ligeros e intermedios, la dependencia del exterior al respecto era relativamente limitada, aun cuando en términos absolutos los volúmenes importados de estos productos manifestaban una tendencia al alza desde 1969, la cual reflejaba en parte el déficit de crudo recibido en las refinerías en 1970.

[13] Véase la evolución de la producción total de petrolíferos, por refinería, en el cuadro 5 del anexo 1.

[14] Véanse los cuadros 13 y 4 del anexo 1.

CUADRO II.4
PRODUCCIÓN DE PETROLÍFEROS EN 1970 Y COMPARACIÓN DE SU COMPOSICIÓN CON LA SITUACIÓN EN 1940

Productos	*Volumen 1970* (*MBD*)		*Composición porcentual* 1970	1940
Gas seco	13.3		2.8	0.5
Gas licuado	36.2		7.5	0.1
de alta presión		15.6		
de baja presión		20.6		
Gasolinas	140.2		29.1	11.7
Mexolina		8.8		
Supermexolina		68.6		
Gasolmex		49.5		
Pemex-100		10.8		
Gasolina incolora		0.3		
Gasaviones		1.3		
Solventes		0.9		
Kerosinas	39.6		8.2	3.4
Tractogás		2.1		
Turbosina		8.5		
Tractomex		3.0		
Diáfano y petróleo incoloro		26.0		
Diesel	83.3		17.3	13.0
Combustóleo y residuos	130.5		27.1	63.1
Asfaltos	23.2		4.8	2.6
semisólidos		17.8		
rebajados		5.4		
Lubricantes	5.3		1.1	0.8
Grasas	0.1		0.1	0.1
Parafinas	1.2		0.2	0.3
Coque y otros	0.5		0.1	4.5
Subtotal	473.4		—	—
Entregas netas a petroquímica	7.7		1.6	—
Total	481.1		100.0[a]	100.0[a]

[a] El total no coincide debido a ajustes por redondeo.

FUENTE: Pemex, *Memoria de labores 1971*, *op. cit.*, p. 73; y Pemex, *Anuario estadístico 1983*, *op. cit.*, pp. 52-53.

En cambio, en la elaboración de gas licuado el aparato productivo de Pemex evidenciaba un importante rezago en relación al consumo. No obstante que la oferta interna registró un incremento anual de 12% desde 1964, en 1970 los 36.2 MBD de propano y butano —obtenidos en su mayor parte (78%) del fraccionamiento de líquidos del gas natural en Minatitlán, Poza Rica y Reynosa y, complementariamente, de los procesos de refinación— apenas permitieron cubrir 60% del consumo nacional aparente. En consecuencia, Pemex y distribuidores particulares recurrieron al mercado norteamericano para adquirir 6 MBD y 19 MBD de gas licuado, respectivamente, para cubrir la demanda del norte del país. A pesar de la política formulada por Pemex en la segunda mitad de los sesenta para reducir la brecha entre la oferta y la demanda de este combustible,[15] el desequilibrio subsistía y las importaciones de petrolíferos se concentraban en más de 50% en el gas licuado. Se esperaba que el mejor aprovechamiento del gas natural permitiría, en el futuro, revertir esta situación, según expresó Antonio Dovalí Jaime a principios de su gestión:

> En la mayoría de los países desarrollados, se ha observado en los últimos años una creciente sustitución de gas licuado por gas natural como combustible para uso doméstico. En México existe una doble circunstancia que aconseja avanzar en este proceso de sustitución: la escasez de gas licuado, frente al rápido aumento en el consumo nacional de este combustible, y la necesidad, por razones obvias, de modernizar su provisión para fines domésticos.[16]

Al igual que en el pasado, en 1970 las importaciones de combustóleo (6.7 MBD) fueron muy inferiores a las exportaciones del mismo producto y, tal como se analizara anteriormente, se efectuaron únicamente por razones de distribución.

Los únicos productos cuyo volumen de importaciones registró un desdescenso significativo en 1970 respecto al año anterior (—55%) fueron los lubricantes, gracias a la entrada en operación de un nuevo tren de lubricantes en Salamanca, con el cual se duplicó la capacidad nacional de producción. Para 1970, Pemex se hacía cargo de la importación de la gran mayoría de los aceites básicos para lubricantes que aún faltaban, vendiéndolos a empresas particulares para su formulación y comercialización. Aunque en volumen estas compras sólo representaban 2.5% de las importaciones totales de petrolíferos de Pemex, en términos monetarios su participación ascendía a 11.7% debido al elevado costo de adquisición de los lubricantes.

Los combustóleos y asfaltos fueron los únicos excedentes de producción en 1970, habiendo aumentado de 26.1 MBD a 61.4 MBD en el pe-

[15] En particular se intentó desalentar el uso del gas licuado como carburante mediante medidas fiscales. Véase Jesús Reyes Heroles, *Informe del director general*, México, Pemex, 1967, p. 58.

[16] Dovalí Jaime, *op. cit.*, p. 39.

CUADRO II.5

COMERCIO EXTERIOR DE PETROLÍFEROS EN 1970

Productos	*Importaciones* Pemex (MBD)	Total[1] (MBD)	Participación en CNA[2] (%)	*Exportaciones* Total[3] (MBD)	Participación en producción (%)	*Saldo* Pemex (MBD)	Total[1] (MBD)
Gas licuado	6.1	24.3	40.2	—	—	—6.1	—24.3
Gasolinas	6.6	6.6	4.5	—	—	—6.6	— 6.6
Kerosinas[4]	0.6	0.8	2.0	—	—	—0.6	— 0.8
Diesel	7.3	7.3	8.1	—	—	—7.3	— 7.3
Combustóleo	4.1	6.7	7.5	47.7	36.5	43.6	41.0
Asfaltos	0.3	0.4	4.0	13.7	59.2	13.4	13.3
Lubricantes	0.6	0.7	11.7	—	—	—0.6	— 0.7
Grasas y parafinas	—	0.7	35.0	—	—	—	— 0.7
Total	25.5	47.5	10.2	61.4	12.8	35.9	13.9

[1] Incluye importaciones por Pemex y particulares.
[2] Consumo nacional aparente (producción + importaciones — exportaciones). Véase cuadro 10 del anexo 1.
[3] Pemex es el único exportador de petrolíferos.
[4] Incluye turbosina.
FUENTE: Cuadros 6 y 10 del anexo 1.

riodo 1964-1970 (cuadro II.5).[17] En volumen, las exportaciones de petrolíferos superaron así a las importaciones, incluyendo las de particulares. Sin embargo, debido al bajo valor comercial de los productos exportados comparado con el de las importaciones, en términos monetarios Pemex registró un saldo negativo en su balanza comercial de refinados (—44.5 millones de pesos; —3.5 millones de dólares) (cuadro II.6).

CUADRO II.6
BALANZA COMERCIAL DE PEMEX EN 1970
(millones de pesos)

Productos	*Importaciones*	*Exportaciones*	*Saldo*
Crudo	—	—	—
Gas natural	—	87.2	87.2
Petrolíferos	414.0	369.5	—44.5
Petroquímicos	139.0	47.3	—91.7
Total	553.0	504.0	—49.0

FUENTE: Pemex, *Memoria de labores 1970, op. cit.*, pp. 21-22.

En vista de que Pemex ya no exportaba crudo, los restringidos ingresos de la empresa por concepto de exportaciones de gas natural, petrolíferos y petroquímicos básicos no compensaron las crecientes erogaciones por importaciones de estos dos últimos y, en su conjunto, la balanza comercial de Pemex se tornó deficitaria en el año considerado (—49 millones de pesos; —3.8 millones de dólares), por primera vez desde 1960.

Las ventas internas de petrolíferos constituían, de lejos, el principal rubro de los ingresos propios de Pemex. Con un valor de 10 843 millones de pesos (867.4 millones de dólares) en 1970, las ventas nacionales de dichos productos representaron 84% de las ventas internas totales de la empresa;[18] a pesar del despegue de la industria petroquímica básica en los sesenta, los petroquímicos participaban en forma todavía muy modesta en los ingresos propios de Pemex.[19]

[17] Véase también el cuadro 8 del anexo 1.

[18] Al incluir las exportaciones de refinados, las ventas totales de estos productos se elevaron a 11 212.6 millones de pesos (897 millones de dólares) en 1970, que representaron 79.4% de los ingresos propios de la empresa. Véase Pemex, *Memoria de labores 1970, op. cit.*, p. 46.

[19] Las ventas internas de petroquímicos básicos totalizaron 1 240 millones de pesos (99.2 millones de dólares) y las de gas natural 843 millones (67.5 millones de dólares). Véase Pemex, *Memoria de labores 1971, op. cit.*, p. 87.

La estructura de las ventas internas de refinados evidencia la importancia relativa de las gasolinas: tanto en volumen como en valor estos combustibles destacan por su participación relativa en el total, pero en el primer caso ésta fue de 37%, en tanto que en el segundo alcanzó 65%. En contraste, el combustóleo representó una quinta parte del volumen total de ventas internas, mientras que en valor su contribución era de menos de 6% (cuadro II.7).

CUADRO II.7
VOLUMEN Y VALOR DE LAS VENTAS INTERNAS DE PETROLÍFEROS DE PEMEX EN 1970

	Volumen		*Valor*	
Productos	*Miles de barriles*	*(%)*	*Millones de pesos*	*(%)*
Gas licuado	12 613	8.9	590	5.4
Gasolinas	52 129	36.9	6 563	60.6
Kerosinas	11 087	7.8	403	3.7
Turbosinas	3 154	2.2	205	1.9
Diesel	28 487	20.2	1 535	14.2
Combustóleo	28 648	20.3	617	5.7
Asfaltos	3 128	2.2	71	0.7
Lubricantes	1 571	1.1	712	6.6
Grasas y parafinas	457	0.4	126	1.2
Total	141 274	100.0	10 822	100.0

FUENTE: Pemex, *Memoria de labores 1971*, *op. cit.*, p. 87, y Pemex, *Anuario estadístico 1983*, *op. cit.*, pp. 94-95.

La industria de refinación ocupó a 23 201 personas en 1970, una tercera parte del personal total de Pemex. El 91% de ellas trabajaba en las refinerías y el resto en las oficinas centrales de la empresa en México, Distrito Federal.[20]

Al terminarse la administración de Jesús Reyes Heroles, las escasas perspectivas de aumentar las reservas y la producción de crudo a corto plazo conformaban las principales preocupaciones de Pemex. Se estimaba que la demanda de refinados crecería en más de 8% en los años siguientes, con incrementos superiores en el caso de las gasolinas de alto octano, turbosina, destilados desulfurizados y, en general, productos de elevada calidad.[21] Por consiguiente, al mismo tiempo que se decidió in-

[20] Véase el cuadro 29 del anexo 1.
[21] Véase Pemex, *Memoria de labores 1970*, *op. cit.*, p. 16.

tensificar las inversiones en el área de producción primaria se diseñó un nuevo programa para aumentar la capacidad de los diversos procesos de refinación en el siguiente sexenio, mediante:[22]

— la adición de equipo menor a las unidades existentes, con inversión reducida y a corto plazo, para aprovechar capacidades marginales;
— la construcción de nuevas plantas, para las cuales la tecnología, tipo y capacidad fueron seleccionados tomando como criterios el máximo aprovechamiento de la materia prima, operación económica, calidad de productos y eliminación de contaminantes, y
— la construcción de una nueva refinería en Tula, Hidalgo, que abastecería al Distrito Federal y parte de los estados vecinos.

[22] *Ibid.*, p. 17.

III. EL SEXENIO 1970-1976: HACIA LA AUTOSUFICIENCIA

Los objetivos perseguidos en materia de refinación quedaron inalterados durante el gobierno de Luis Echeverría y fueron reiterados por el nuevo director de Pemex, Antonio Dovalí Jaime, en los siguientes términos:

— Tender a la autosuficiencia en la obtención de las materias primas de origen petrolero y en la elaboración de sus derivados, con satisfacción plena de las normas de calidad aceptadas mundialmente.
— Hacer llegar a todo el pueblo los beneficios emanados de la explotación de la riqueza constituida por los hidrocarburos, cuidando que éstos no sean el privilegio de unos cuantos sectores de la comunidad.
— Obtener el máximo rendimiento de las materias primas mediante el uso de los más modernos procesos industriales.[1]

Asimismo, se seguiría aplicando una política de bajos precios para los derivados de los hidrocarburos abasteciéndolos "a precios compatibles, no sólo con las exigencias de la empresa, sino con las necesidades de la economía nacional".[2]

La estrategia de la empresa tuvo, sin embargo, que adaptarse a las condiciones imperantes al inicio del sexenio. La oferta interna de crudo no alcanzaba a cubrir íntegramente los requerimientos de las refinerías, lo cual contribuía al incremento de las compras externas de destilados. En septiembre de 1971 Pemex puso en vigor la resolución presidencial de importar crudo para aprovechar capacidades marginales ociosas del sistema de refinación.

La situación de escasez en la industria petrolera mexicana, de crudo

[1] Antonio Dovalí Jaime, *Informe del director general*, México, Pemex, 1972, p. 7. Evidentemente, estos objetivos se aplicaban a la transformación industrial de los hidrocarburos en su más amplio sentido. El apoyo a la petroquímica secundaria mediante el suministro de productos básicos era incluso considerado como "la (tarea) de mayor relieve a largo plazo y a la que tendremos que destinar proporciones cada vez mayores de recursos humanos y financieros" (*ibidem*). Paralelamente a estas orientaciones concernientes a la utilización del petróleo, se consideraba indispensable conservar escrupulosamente las reservas de hidrocarburos del país para las generaciones futuras, evitando su derroche.

[2] Dovalí Jaime, *Informe ante el C. Presidente de la República...*, *op. cit.*, p. 46.

y derivados, se prolongó durante los tres años siguientes coincidiendo en su etapa final con la primera crisis mundial de energéticos. El descubrimiento de nuevos yacimientos en México, a partir de 1972,[3] y la consiguiente recuperación de su posición de exportador de crudo a fines de 1974 limitaron las consecuencias internas de los drásticos aumentos de los precios del petróleo en el mercado internacional. Pero la coyuntura mundial hizo más evidente que nunca la necesidad de reducir, tanto como fuera posible, la dependencia del exterior en materia de energía.

Ya a principios de 1973 (antes de que los países árabes exportadores de petróleo impusieran el embargo pero en un contexto de creciente tensión en el mercado internacional),[4] el gobierno de Luis Echeverría estableció la Comisión Nacional de Energéticos cuya tarea fundamental consistía en "prever, a corto y largo plazo, la demanda nacional de energéticos, los gastos e inversiones necesarios para que ella se satisfaga conforme a las alternativas y tecnologías más eficientes, así como establecer los mecanismos de financiamiento menos costosos y más equitativos".[5] Entre los objetivos de la Comisión destacaban los siguientes:[6]

— reducir la presión del consumo de energéticos sobre la oferta de hidrocarburos, que representaba cerca de 90% del suministro global de energía;
— orientar el aprovechamiento de hidrocarburos hacia usos más productivos, como la industria petroquímica;

[3] Los descubrimientos terrestres más significativos ocurrieron en el istmo de Tehuantepec, dentro del municipio de Reforma en el estado de Chiapas, y en la región de Samaria en el estado de Tabasco. Estos yacimientos, que se encontraban a profundidades de más de 4 500 metros, empezaron a explotarse en 1972.

[4] En marzo de 1973, el director de Pemex declaraba: "Todas las naciones pasan por una situación de avidez casi ilimitada de energéticos... Se recurre a toda clase de maquinaciones para evitar los peligros de su carencia. Sus precios en los mercados internacionales tienden al alza, consecuencia de la demanda creciente y la imposibilidad de satisfacerla a la voluntad de los compradores. Hemos notado en los últimos días, dificultades para conseguir en el exterior los pequeños volúmenes de destilados que son precisos para satisfacer nuestras exigencias. Importarlos, aun en las cantidades mínimas en que lo hacemos, significa una dependencia por demás precaria de los países exportadores y de las empresas transportadoras ... que no puede representar una garantía para programar nuestro desarrollo." Antonio Dovalí Jaime, "Petróleos Mexicanos ante la demanda nacional de energéticos", en *El mercado de valores*, año XXXIII, núm. 27, México, Nafinsa, 2 de julio de 1973, p. 927.

[5] Horacio Flores de la Peña, "Instalación de la Comisión de Energéticos", en *El mercado de valores*, *op. cit.*, p. 925. Dicha Comisión, presidida por el secretario del Patrimonio Nacional, estaba integrada por representantes de las Secretarías de Hacienda y Crédito Público, de la Presidencia, de Industria y Comercio y de Recursos Hidráulicos, así como por los directores generales de Pemex, de la Comisión Federal de Electricidad y del Instituto Nacional de Energía Nuclear.

[6] *Ibidem.*

— diseñar una estrategia para desarrollar fuentes alternativas de energéticos, en particular la energía nuclear, e
— integrar una reserva permanente en la capacidad de abastecimiento de energéticos, con objeto de que no surgieran cuellos de botella con costos incalculables para la expansión económica del país. Se estimaba que para fines de los setenta la economía requeriría de, por lo menos, 65% adicional de energía con relación al consumo de 1972.

El estudio que publicaría dicha Comisión en 1976,[7] pese a sus severas limitaciones respecto a la metodología utilizada, alcance y profundidad del análisis, sería el primer esfuerzo para formular lineamientos de política del sector energético en su conjunto.

No obstante que las autoridades del sector tomaron conciencia de la necesidad de regular el consumo de hidrocarburos y energía eléctrica,[8] destaca el hecho de que, en todo el sexenio 1970-1976, se enfatizó el incremento de la producción en función de los requerimientos del consumo, con poca atención al uso racional de los diferentes energéticos.

En el área de refinación, el programa de expansión recibió un nuevo impulso en los tres últimos años del sexenio (1973-1976) y se distinguió por incluir la construcción simultánea de tres nuevos centros productores. Se buscaba así garantizar el suministro de combustibles y lubricantes a largo plazo, reforzándose la estrategia iniciada después de la expropiación de ubicar las refinerías en las proximidades de las grandes zonas consumidoras. La perspectiva de disponer de una producción que excediera a la demanda interna durante los primeros años de operación de estas refinerías, renovó las esperanzas de sexenios anteriores de sustituir la exportación de crudo por productos que incorporaran valor agregado.[9]

Capacidad instalada

Conforme al programa presentado en 1970,[10] en los tres primeros años

[7] Véase Comisión de Energéticos, *Propuesta de lineamientos de política energética*, México, Sepanal, 1976.

[8] Véase, también, las intenciones que externara al respecto el titular de la Sepanal, en "Reunión de la Comisión Nacional de Energéticos", en *Comercio Exterior*, vol. XXIV, núm. 2, México, Banco Nacional de Comercio Exterior, febrero de 1974.

[9] Véanse, por ejemplo, las declaraciones del ingeniero Bojórquez, de la Subgerencia de Planeación y Desarrollo de Refinación de Pemex, en *El sol de México*, México, 23 de octubre de 1974, y *El Universal*, México, 17 de octubre de 1974.

[10] Véase el capítulo II.

del sexenio considerado las inversiones de Pemex en refinación se orientaron a ampliar algunas de las instalaciones hasta el límite técnico factible, con un mínimo de recursos, paralelamente a la adición de unidades a centros existentes y la construcción de una nueva refinería. En Minatitlán se incrementó así la capacidad de una de las plantas de destilación primaria, de 50 MBD a 70 MBD, a la vez que se construyó una nueva fraccionadora de gasolina natural (33 MBD), diseñada por el IMP. En Salamanca entró en operación en 1973 una unidad combinada de destilación atmosférica y al vacío (110 MBD) que duplicó la capacidad de proceso de crudo de dicha refinería. Esta planta, cuya ingeniería fue desarrollada en el IMP y en la Gerencia de Refinación de Pemex, era la más grande de la empresa y una de las mayores del mundo. Representó una inversión de 230 millones de pesos (18.4 millones de dólares), de los cuales 90 millones correspondieron a instalaciones auxiliares, tales como tanques para carga y productos, torre de enfriamiento de agua, sistemas de distribución de productos y otros servicios.[11]

El sistema de hidrodesintegración de residuos (H-Oil) de Salamanca[12] empezó también a funcionar en 1973, con una capacidad nominal de 18 MBD. Pero su operación y mantenimiento probaron ser notablemente más riesgosos y costosos que en el caso de los conocidos y experimentados procesos de destilación y conversión de tipo FCC. Por otra parte, con el descubrimiento y desarrollo de yacimientos de crudo ligero (34° API) en los siguientes años, iría desapareciendo la inquietud por procesar excedentes de residuales, concentrándose en cambio los esfuerzos en la planeación y construcción de nuevas refinerías. Se plantearía entonces la posibilidad de utilizar la planta hidrodesintegradora de alta presión para procesar gasóleos pesados y obtener lubricantes de calidad mejorada. Se harían varias corridas para ampliar el conocimiento del proceso y considerar posibles soluciones a los problemas de operación experimentados.[13]

Fue también a principios de los setenta que Pemex inició la construcción de un nuevo centro de refinación en Tula, en el estado de Hidalgo, con el fin de hacer frente a los requerimientos de la zona central del país (Distrito Federal y parte de los estados vecinos), donde se concentraba 30% de la demanda nacional (mapa III.1). Desde fines de los sesenta la refinería de Azcapotzalco no alcanzaba a cubrir esta zona y

[11] Véase Pemex, *Memoria de labores 1973*, México, Pemex, 1974, p. 16; y "Con nueva planta, de las mayores del mundo, Petróleos Mexicanos aumenta su capacidad para procesar crudos", en *El nacional*, México, 6 de septiembre de 1973.

[12] Véase el capítulo II.

[13] En los últimos años se ha insistido, en la industria petrolera internacional, que la hidrodesintegración de residuales es un proceso de relevancia técnica, que deberá ser incluido en proyectos orientados a la producción de destilados por medio de la conversión del "fondo del barril". La planta de Salamanca podría así tener aplicaciones importantes en el futuro.

MAPA III.1
ÁREA DE INFLUENCIA DE LA REFINERÍA DE TULA

ESTADO DE HIDALGO
1 Ajacuba
2 Atitalaquia
3 Atotonilco, Tula
4 Chapantongo
5 Chilcuautla
6 Mixquiahuala
7 Tepejí del Río
8 Tepetitlán
9 Tetepango
10 Tezontepec
11 Tlaxcoapan
12 Tula de Allende

ESTADO DE MÉXICO
13 Apaxco
14 Chapa de Mota
15 Huehuetoca
16 Hueypoxtla
17 Jilotepec
18 Soyahiquilpan
19 Tequixquiac
20 Villa del Carbón

FUENTE: Secretaría del Patrimonio Nacional, 'La refinería de Tula: su funcionamiento tecnológico y económico'', en Sepanal, *Boletín*. núm. 9, México, Sepanal, abril de 1976.

se tenía que recurrir en forma creciente a otros centros, por medio de los poliductos Minatitlán-México y Poza Rica-México y los sistemas de transporte carretero y ferroviario desde Poza Rica, Salamanca, Tuxpan y Veracruz. La posibilidad de ampliar Azcapotzalco fue descartada en vista de su ubicación en el principal centro urbano del país, donde existían problemas de congestionamiento industrial y contaminación ambiental así como limitaciones de espacio. Incluso, se pensaba convertir esta refinería, en un futuro, en un centro de abastecimiento, aunque este proyecto sería continuamente pospuesto.

Por otra parte, la Comisión Federal de Electricidad (CFE), ante el rápido crecimiento de la demanda de energía eléctrica y la necesidad de integrar sus redes de distribución, tenía en proyecto la instalación de una gran central termoeléctrica (que se ampliaría de 600 000 a 1 200 000 kw) en el centro del país, que requeriría de 35 MBD de combustóleo. El abastecimiento de este último desde centros de producción distantes difícilmente podía efectuarse por ducto debido a las características de este producto y resultaba, además de excesivamente costoso, prácticamente imposible de llevar a cabo mediante el uso de equipo rodante, por la limitada disponibilidad de estos medios de transporte.[14]

Se trataba entonces de determinar un lugar próximo al valle de México, que contara con los servicios esenciales para el funcionamiento de una refinería y una termoeléctrica. La Secretaría de Recursos Hidráulicos estableció que la única fuente disponible para los grandes volúmenes de agua requeridos, sin perjudicar el abastecimiento de la ciudad de México, era el afluente del emisor central. Se seleccionó Tula, que se encontraba a 93 km de la capital y a 3 km de la presa Endhó y que recibía las aguas negras de dicho emisor.[15] Los afluentes de Pemex y la CFE podrían desecharse, previo tratamiento, al río Tula y al gran canal.[16]

La refinería de Tula fue concebida para procesar, en una primera etapa, 150 MBD de crudo. Además de la planta combinada de destilación atmosférica y al vacío, el esquema de refinación incluía: una hidrodesulfuradora y estabilizadora de naftas (36 MBD); una reformadora de naftas (30 MBD;[17] dos hidrodesulfuradoras de destilados intermedios (25 MBD cada una); una reductora de viscosidad (40 MBD); una desintegradora catalítica (40 MBD); una planta tratadora de gases amargos, y una

[14] Véase Dovalí Jaime, *Informe ante el Ciudadano Presidente de la República...*, *op. cit.*, pp. 26-27.

[15] A pesar de los análisis efectuados, la insuficiente disponibilidad de agua sería un problema en la primera etapa de funcionamiento de la refinería de Tula.

[16] Véase "La refinería de Tula: su funcionamiento tecnológico y económico", en Sepanal, *Boletín*, núm. 9, México, Sepanal, abril de 1976.

[17] Al igual que en otras refinerías de Pemex, esta planta, que elevaría el octanaje de la nafta, produciría simultáneamente el hidrógeno necesario para desulfurar los productos destilados obtenidos en el fraccionamiento del crudo.

unidad para la recuperación de azufre (160 TonD) (gráfica III.1).[18] El proyecto preveía la instalación, en una etapa posterior, de un segundo módulo, similar al anterior, con el cual la capacidad de proceso de Tula se elevaría a 300 MBD.

La carga de crudo para Tula provendría del sureste, por medio de un nuevo oleoducto de Nuevo Teapa a Poza Rica y, complementariamente, por buquetanque de Pajaritos a Tuxpan y por oleoducto de Tuxpan a Poza Rica. De allí, el crudo se transportaría por el oleoducto Poza Rica-Salamanca, que se conectaría con Tula por medio de un ramal de 17 km de longitud (mapa III.2). Para dar salida a los productos hacia el centro del país, se construirían dos poliductos de 75 km que vincularían a la refinería de Azcapotzalco y la terminal de San Juan Ixhuatepec.

Finalmente, la necesidad de respetar los tiempos de maduración de los proyectos obligó a avanzar en el diseño de dos refinerías adicionales que se localizarían en las siguientes áreas estratégicas: Cadereyta, en el estado de Nuevo León, para abastecer la región del noreste, en particular Monterrey, el segundo centro industrial del país, y Salina Cruz, en el estado de Oaxaca, para solucionar el problema histórico de suministro de petrolíferos a la zona del Pacífico. En una primera etapa, se construirían únicamente dos plantas despuntadoras de combustóleo diluido, con una capacidad de 100 MBD en Cadereyta y 150 MBD en Salina Cruz, planeándose la integración progresiva de plantas adicionales.

La planta despuntadora en el estado de Nuevo León fue concebida para hacer frente a la declinación de los yacimientos de gas natural de Reynosa, combustible que constituía la base del desarrollo de la industria pesada y de la termoelectricidad en el noreste. La crisis energética de 1972-1973 afectó gravemente a los regiomontanos, que consintieron en la construcción de instalaciones que les aseguraran la autonomía y seguridad en el abastecimiento regional de combustibles. Después de considerar la posibilidad de construir un gasoducto desde Poza Rica a Ciudad Madero y a Monterrey, Pemex optó finalmente por aumentar el suministro de combustóleo, como sustituto del gas. Los excedentes de producción de combustóleo en las refinerías del golfo se enviarían por medio de un sistema de bombas y ductos desde una terminal marítima en Playa Washington (extremo noreste del litoral en el estado de Tamaulipas), hasta Monterrey.[19] Como era necesario diluir el combustóleo con destilados intermedios para poder enviarlo por ducto en largas distancias, se instalaría una despuntadora en Monterrey, que podría, poste-

[18] Véase el anexo 2.

[19] El costo de este medio de transporte combinado (marítimo y por ducto) se comparó con el de una línea directa entre Ciudad Madero y Monterrey, resultando más económica la segunda opción y con capacidad adecuada. Véase Dovalí Jaime, "Petróleos Mexicanos ante la demanda nacional de energéticos", *op. cit.*, p. 930.

MAPA III.2 TRANSPORTE DE CRUDO A LA REFINERÍA DE TULA

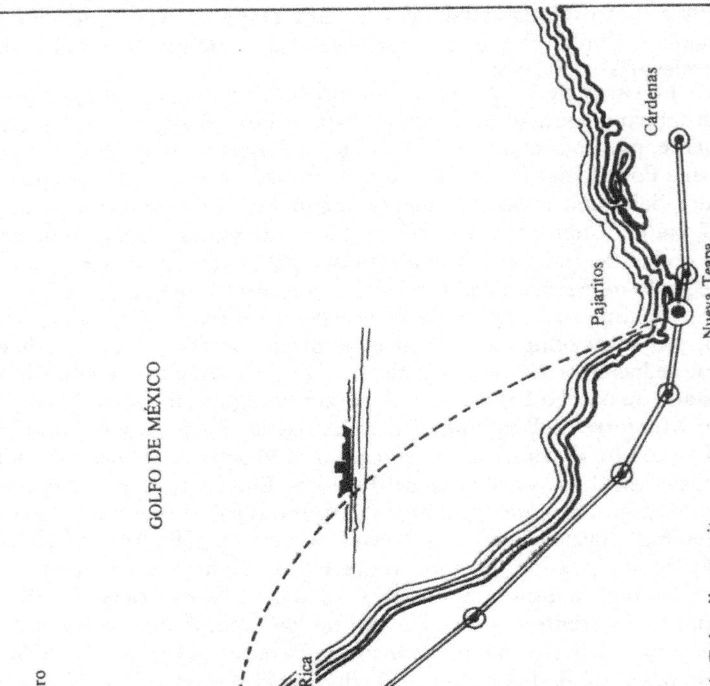

FUENTE: Secretaría del Patrimonio Nacional, "La refinería de Tula...", *op. cit.*

GRÁFICA III.1
DIAGRAMA DE FLUJO DE LA REFINERÍA DE TULA

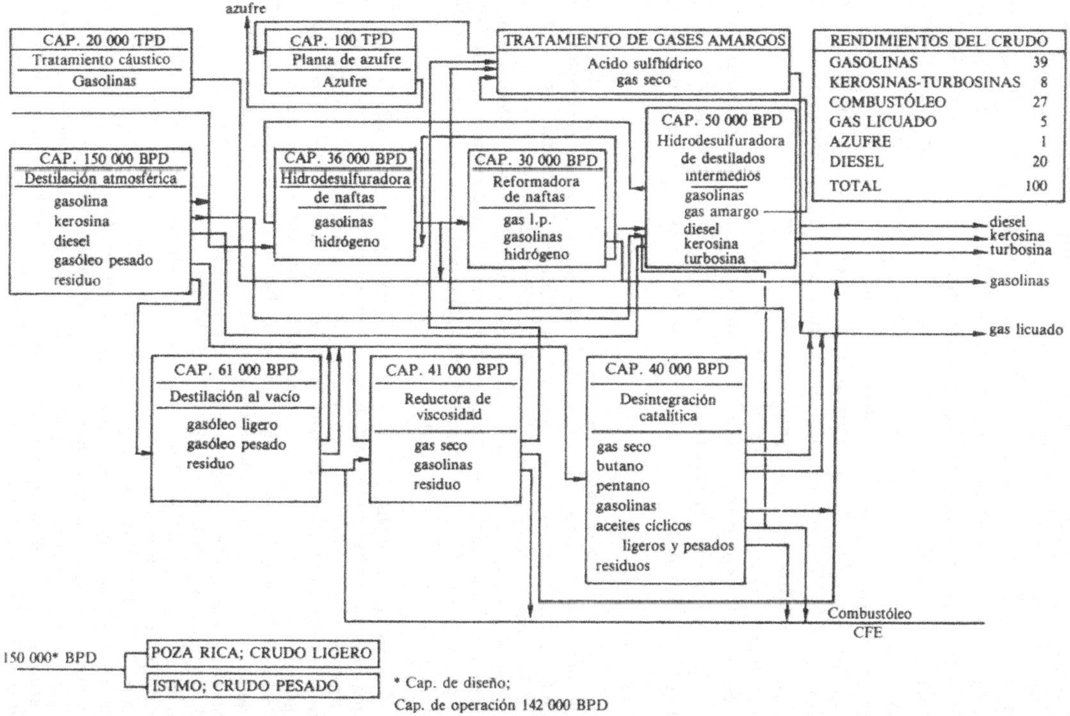

FUENTE: "La refinería de Tula: su funcionamiento tecnológico y económico", en Sepanal, *Boletín*, núm. 9, México, Sepanal, abril de 1976.

riormente, convertirse en una refinería completa. Al desarrollarse el proyecto, se prefirió construir la planta fuera del área urbana de Monterrey, seleccionándose Cadereyta (mapa III. 3).[20]

Según un estudio que analiza diferentes aspectos del desarrollo de la refinación en México, Pemex habría divulgado su proyecto de ampliación de este centro en 1974, a pocos meses de que se iniciaran las obras, con el fin de adquirir los terrenos necesarios antes de que se desencadenaran movimientos especulativos.[21] La falta de coordinación entre Pemex y las autoridades estatales y municipales provocaría la inadaptación, constatada unos años más tarde, entre los planes de urbanización y un complejo industrial diseñado según las solas directrices de una empresa pública extrarregional.[22]

La localización de la refinería del Pacífico fue objeto de largas negociaciones en 1973. En un principio Pemex pensaba construirla en Mazatlán, de acuerdo con el proyecto que había sido "diferido" en 1965.[23] Sin embargo, ante la presión de la iniciativa privada local que consideraba contraria a sus intereses la instalación de un centro petrolero en una región que se había transformado en un importante centro turístico,[24] la idea fue definitivamente abandonada. Se seleccionó en cambio Salina

[20] Véase también el mapa 1 en el anexo 1.

[21] Véase Jean Revel-Mouroz, "Pétrole et mutation d'un espace géographique: le cas de la raffinerie de Cadereyta (Nuevo Leon) au Mexique", en CREDAL, *op. cit.*, p. 19.

[22] Frente a la concentración de la actividad industrial del estado de Nuevo León en Monterrey, el gobierno estatal había elaborado diferentes planes orientados hacia un desarrollo económico y social más equilibrado, tales como el plan director de Monterrey y los municipios vecinos, definido para el periodo 1966-2000, y el plan piloto del estado de Nuevo León, publicado en 1973. *Ibid.*, p. 18.

[23] Véase p. 39.

[24] Véase, por ejemplo, el siguiente informe en la prensa nacional: "Dovalí Jaime, director de Petróleos Mexicanos, señaló que están por terminarse los estudios para construir una refinería en Mazatlán, con una erogación de 2 000 millones de pesos, aun en contra de las objeciones que para ello ha puesto la iniciativa privada de la zona... La iniciativa privada amenaza con dejar de invertir más de 700 millones de pesos, en principio, para diferentes obras, como medida de coacción. Dovalí Jaime... dijo que la instalación no ahuyentaría al turismo ni provocaría contaminación porque será una obra en la que se utilicen los más modernos instrumentos" (Víctor Payán, "Dovalí Jaime denuncia presiones de empresarios", en *Excélsior*, México, 3 de septiembre de 1973). Por otro lado, al mes siguiente apareció una carta abierta de una docena de agrupaciones locales de trabajadores al presidente Luis Echeverría, en la cual se expresaba: "Por haber resuelto la instalación de una refinería de Petróleos Mexicanos aprovechando la infraestructura del puerto de Mazatlán, externamos a usted nuestra profunda gratitud por los grandes beneficios que obtendrá toda la zona sur de nuestro estado... Si Mazatlán es pesquero y es turístico, no encontramos motivo para que no pueda tener un adecuado desarrollo industrial y estas nuevas fuentes generadoras de trabajo. Existen miles de compañeros que habitan en las colonias populares del puerto en la más precaria situación económica, necesitamos urgentemente posibilidades de trabajo para detener la desnutrición y prevenir las enfermedades de sus familias humildes." (*Excélsior*, México, 4 de octubre de 1973.)

MAPA III.3
LOCALIZACIÓN DE LA REFINERÍA DE CADEREYTA

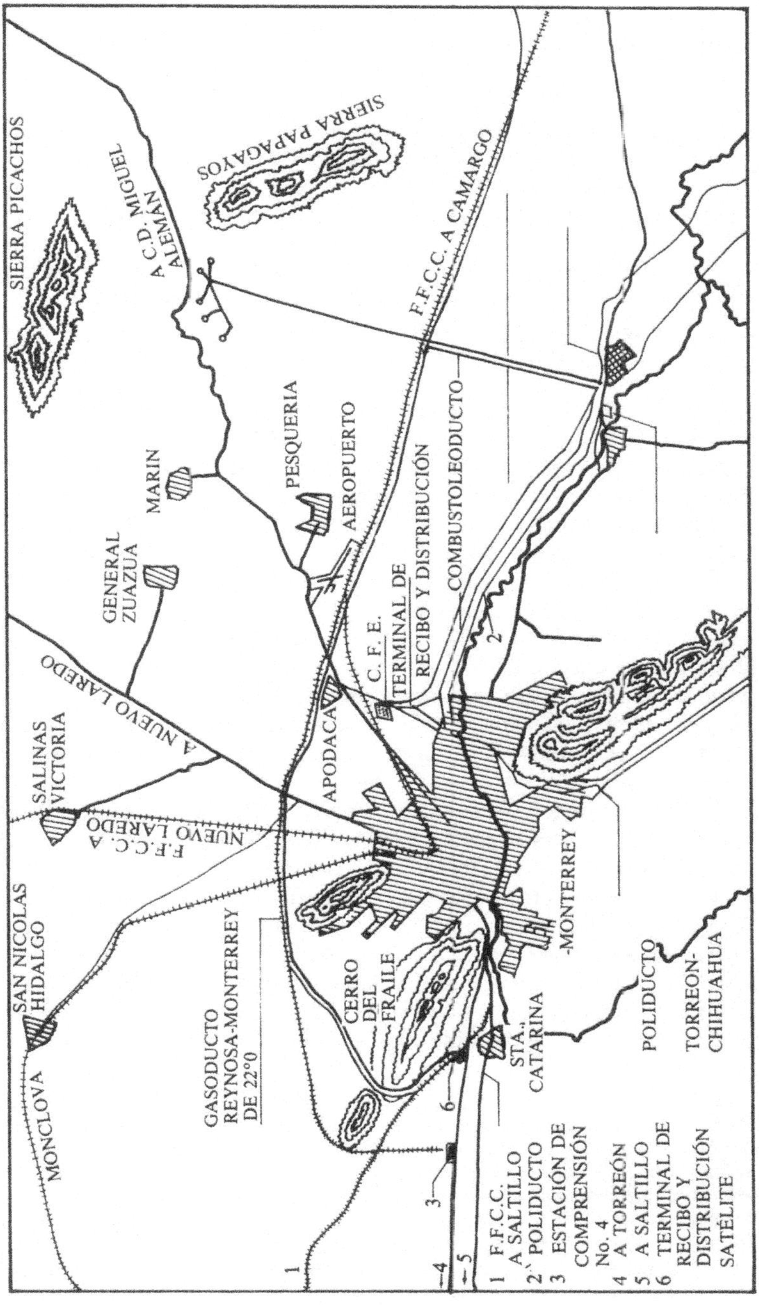

Cruz, donde la refinería se beneficiaría de la siguiente infraestructura existente:

- una terminal (centro de almacenamiento) de Pemex, vinculada a un sistema de ductos para la distribución de los productos en toda la costa del Pacífico;
- un puerto equipado para aprovisionar buquetanques de gran calado;
- una carretera y un ferrocarril desde Coatzacoalcos, que facilitaban la comunicación con el otro extremo del istmo;
- una represa artificial a 30 km de Salina Cruz, que podía satisfacer los requerimientos de agua de la refinería.

Un cambio importante en los programas de desarrollo de la industria petrolera mexicana se dio a principios de 1974, a raíz de la mayor disponibilidad tanto de hidrocarburos como de recursos financieros de Pemex. Después de tres años de crecientes importaciones de crudo para alimentar las refinerías del país, la explotación de ricos yacimientos descubiertos en el sureste hacía posible incrementar la producción al ritmo que lo requería la demanda interna. Por otra parte, a fines de 1973, el gobierno de Luis Echeverría autorizó un alza de los precios internos de los energéticos, después de haberse mantenido prácticamente inalterados durante quince años.[25] Al consiguiente incremento de los ingresos propios de la empresa se aunaron mayores facilidades para la contratación de créditos externos, como consecuencia de la crisis petrolera de 1973-1974 que motivó la búsqueda de nuevas reservas en países alejados del Medio Oriente.[26]

Estas condiciones llevaron a Pemex a diseñar un nuevo programa de inversiones para el periodo 1974-1976, por un monto global de 36.6 mil millones de pesos (2 928 millones de dólares), con el fin de recuperar a la brevedad la autosuficiencia en materia de hidrocarburos. Los trabajos de exploración y explotación se acelerarían, paralelamente a la intensificación de las actividades de transformación industrial de los hidrocarburos. En términos generales, el nuevo plan para el área de refinación seguía las líneas de acción definidas al inicio de la administración de Antonio Dovalí Jaime, aunque esta vez con mayores recursos para llevar

[25] Los elevados costos de exploración, los precios de venta internos estables desde 1958 y, desde principios de los setenta, las crecientes importaciones petroleras habían reducido los beneficios de Pemex a un nivel mínimo, obligándola a recurrir cada vez más al financiamiento interno y externo. Se estima que en 1972 más de 46% del total de sus inversiones fue financiado mediante créditos, incluyendo 25 millones de dólares provenientes de la emisión de bonos de desarrollo en Londres. Véase "Energéticos", en *Comercio Exterior*, vol. XXIII, núm. 3, México, Banco Nacional de Comercio Exterior, marzo de 1973, p. 517.

[26] Véase "México's Ambitious Plans", en *Petroleum Economist*, Londres, julio de 1974.

a cabo las obras: mientras que en los tres primeros años del sexenio Pemex invirtió 1.78 mil millones de pesos (142.4 millones de dólares) en refinación, la inversión presupuestada para el periodo 1974-1976 fue de 5.7 mil millones (456 millones de dólares), incluyendo servicios auxiliares y ductos, es decir 15.6% de las inversiones globales de la empresa.[27] Además de terminar la refinería de Tula, se avanzaría en la construcción de las de Cadereyta y Salina Cruz. También se elevaría la capacidad en procesos secundarios, tanto para adecuar la estructura de la producción a los requerimientos de la demanda, como para mejorar la calidad de los productos y cumplir así con las normas nacionales, cada vez más estrictas. Para tal fin el programa preveía, para 1976, incrementos de capacidad particularmente marcados en los procesos de hidrodesulfuración y reformación catalítica de naftas, hidrodesulfuración de destilados intermedios y desintegración catalítica de gasóleos pesados (cuadro III.1).

El mayor ritmo de desarrollo de las actividades de refinación quedó evidenciado en la inversión realizada en 1975: con cerca de 3.2 mil millones de pesos (254.3 millones de dólares), ésta representó 22% de la

CUADRO III.1
EVOLUCIÓN DE LA CAPACIDAD DE PRODUCCIÓN DE PETROLÍFEROS, POR PROCESO. 1970-1976
(MBD)

Procesos	*1970*	*1973*	*1976* *Meta*[a]	*1976* *Situación*
Fraccionamiento de líquidos del gas	59.5	92.5	n.d.	103.5
Destilación atmosférica	532.5	667.5	935.0	865.0
Total destilación primaria de crudos y líquidos	592.0	760.0	n.d.	968.5
Destilación al vacío	237.2	292.2	382.0	382.0
Desintegración catalítica[b]	122.0	140.0[c]	217.0	180.0
Hidrodesulfuración de naftas y gasolinas	47.0	47.0	142.0	47.0
Hidrodesulfuración de destilados intermedios	72.0	72.0	147.0	72.0
Reformación catalítica de naftas y gasolinas	39.0	39.0	134.0	35.0
Reducción de viscosidad	28.0	28.0	n.d.	28.0

[a] Meta establecida en 1974 para 1976.
[b] Incluye 4 MBD de desintegración térmica y 9 MBD de coquización.
[c] Incluye 18 MBD de hidrodesintegración de residuales.
FUENTES: Pemex, *Memoria de labores 1970-1977*, México, Pemex, 1971-1978, y Secretaría de la Presidencia, *Carta de México*, México, SP, 8 de enero de 1974.

[27] Véase "Reunión de la Comisión de Energéticos", en *Carta de México* (separata), núm. 18, México, Secretaría de la Presidencia, 8 de enero de 1974.

CUADRO III.2
INVERSIONES DE PEMEX EN REFINACIÓN, 1971-1976
(millones de pesos)

		Refinación			*Participación en refinación*
Años	*Total Pemex*[a]	*Obras*	*Adquisiciones*	*Total*	*total [%]*
1971	4 709.7	407.9	25.5	433.4	9.2
1972	5 617.5	531.6	30.1	561.7	10.0
1973	7 748.6	726.6	58.4	785.0	10.1
1974	10 106.1	1 207.0	53.1	1 260.1	12.5
1975	14 518.7	3 113.0	65.4	3 178.4	21.9
1976[b]	16 271.8	3 537.4	67.0	3 604.4	22.2
1971-1976[c]	58 972.4	9 523.5	299.5	9 823.0	16.7

[a] Incluye la inversión de Pemex en todas sus áreas de operación.
[b] Corresponde al presupuesto autorizado; no se dispone de los datos sobre el ejercicio real.
[c] Incluye el presupuesto autorizado para 1976.
FUENTE: Pemex, Oficina de Coordinación y Estudios Técnicos (documentos internos).

inversión total de Pemex en ese año y superó ligeramente al monto global asignado de 1970 a 1974 al área de refinación (cuadro III.2). Aunque la construcción de las refinerías de Salina Cruz y Cadereyta se inició alrededor de 1974, los recursos físicos y humanos se concentraron predominantemente en la terminación de la de Tula. Esta última representó una inversión total de alrededor de 9 mil millones de pesos (720 millones de dólares) —comparados con los 2.1 mil millones (168 millones de dólares) inicialmente previstos—, y se contrataron en el exterior las ingenierías básicas de los procesos de desintegración catalítica, reformación de naftas y reducción de viscosidad.[28] Las demás ingenierías básicas, la ingeniería de detalle, la tecnología de construcción y operación fueron realizadas por el IMP y contratistas nacionales.[29] Según estimaciones de Pemex, 70% de los materiales requeridos para la instalación de Tula fue de fabricación nacional y 30% restante provino del exterior, correspondiendo en su mayor parte a equipos especiales.[30]

Al entrar en operación en 1976 la planta combinada de destilación atmosférica y al vacío de Tula, la capacidad nacional de destilación pri-

[28] Las firmas norteamericanas M.W. Kellog Corp. y Universal Oil Products suministraron la ingeniería de proceso. Véase "150 mil barriles diarios de crudo procesará en 76 la refinería que se construye en Tula, Hidalgo", en *El sol de México*, México, 25 de abril de 1975.

[29] Véase "Refinación en México", en *Energéticos, boletín informativo del sector energético*, México, Sepafin/Secretariado Técnico de la Comisión de Energéticos, diciembre de 1981, p. 12.

[30] Véase "150 mil barriles...", *op. cit.*

maria de crudo se elevó a 865 MBD, alcanzándose en más de 90% la meta establecida al respecto en el programa 1974-1976 (cuadro III.1). En cambio, debido esencialmente a la no conclusión de las demás unidades de Tula (con excepción de la desintegradora catalítica), la capacidad instalada en procesos secundarios experimentó pocos cambios en estos tres años. En cuanto al fraccionamiento de líquidos de absorción, únicamente se amplió la planta de Poza Rica, de 11 MBD a 22 MBD. En todo el sexenio 1970-1976, la capacidad nominal de destilación primaria de crudo y líquidos del gas aumentó así de 592 MBD a 968.5 MBD, lo que representó un incremento medio anual de 8.6% (cuadro III.3). Además, las siete plantas faltantes en Tula estaban a punto de terminarse y la construcción de las refinerías de Salina Cruz y Cadereyta seguían su curso. Estas últimas debían elevar la capacidad de proceso de crudo en 400 MBD en el transcurso del siguiente sexenio y garantizar la autosuficiencia de México en refinados hasta 1982.[31]

La ampliación de la industria de refinación bajo la dirección de Antonio Dovalí Jaime no se vio exenta de dificultades y retrasos, cuya más clara expresión fue probablemente la demora en la terminación de Tula. Inicialmente prevista para entrar en operación a principios de 1973, su terminación en 1976-1977 no hubiera sido posible de no incrementarse

CUADRO III.3
CAPACIDAD NOMINAL DE DESTILACIÓN PRIMARIA Y FRACCIONAMIENTO DE LÍQUIDOS DEL GAS POR REFINERÍA Y POR PLANTA, 1976
(MBD)

	Plantas primarias					*Fraccionamiento de gasolinas naturales*			*Capacidad total*
Refinerías	*1*	*2*	*3*	*4*	*5*	*1*	*2*	*3*	
Minatitlán	28.5	28.5	72.0	6.0	65.0	6.0	31.0	31.0	270.0
Salamanca	35.0	55.0	110.0[a]	—	—	—	—	—	200.0
Cd. Madero	60.0	60.0	50.0[a]	15.0	—	—	—	—	185.0
Tula	150.0	—	—	—	—	—	—	—	150.0
Azcapotzalco	38.0	67.0	—	—	—	—	—	—	105.0
Poza Rica	16.0	—	—	—	—	22.0	—	—	38.0
Reynosa	9.0	—	—	—	—	11.5	—	—	20.5
Total			865.0				101.5		968.5

[a] Planta de destilación atmosférica y al vacío.
FUENTE: Pemex, *Memoria de labores 1976*, *op. cit.*, p. 90.

[31] Véase Antonio Dovalí Jaime, *Informe del director general*, México, Pemex, 1975, y Pemex, *Memoria de labores 1976*, México, Pemex, 1977.

los recursos de inversión a partir de 1974. En ese año, los equipos de importación para la refinación del petróleo no sólo aumentaron considerablemente de precio sino que escasearon. En particular, Pemex encontró dificultades para conseguir algunas de las compresoras requeridas en Tula.[32]

En términos generales, desde un principio en Pemex existieron cuellos de botella temporales provocados por: retrasos en ingeniería, errores en los cálculos de insumos, rezagos en abastecimientos internos o externos de equipo, obras urgentes para interrelación de operación, exigencias del mercado y accidentes.[33] En 1972, por ejemplo, ocurrió un siniestro en la coquizadora de Ciudad Madero, que causó daños considerables y mantuvo inactiva la unidad durante 110 días.[34]

El aprovechamiento de la capacidad nominal de destilación primaria de crudos y líquidos de absorción fue elevado durante el sexenio 1970-1976. Se mantuvo en más de 80%, con excepción de los años 1973 y 1976 en que arrancaron las plantas de destilación atmosférica en Salamanca y Tula, respectivamente (cuadro III.4).[35] Tal como se mencionara previamente, de 1971 a 1974 la carga de las refinerías incluyó crudo importado, que llegó a significar 11% del volumen total procesado en

CUADRO III.4
UTILIZACIÓN DE LA CAPACIDAD INSTALADA EN DESTILACIÓN PRIMARIA DE CRUDOS Y LÍQUIDOS DEL GAS, 1970-1976

Año	*Capacidad nominal (MBD)*	*Crudos y líquidos procesados*[1] *(MBD)*	*Utilización capacidad nominal (%)*
1970	592.0	484.6	81.9
1971	592.0	482.1	81.4
1972	625.0	526.0	84.2
1973	760.0	561.1	73.8
1974	760.0	641.1	84.4
1975	785.0	662.7	84.4
1976	968.5	739.7	76.4

[1] No incluye los reprocesos.
FUENTE: Pemex, *Memoria de labores 1971-1977*, México, Pemex, 1972-1978.

[32] Véase las declaraciones de Bruno Mascanzoni, director del IMP, en "Invertirá Pemex $4 524 millones en refinerías y plantas petroquímicas", en *El Sol de México*. México, 7 de marzo de 1974, p. 4.
[33] Véase, por ejemplo, Jesús Reyes Heroles, *Informe del director general*, México, Pemex, 1970, p. 27.
[34] Véase Pemex, *Memoria de labores 1972*, México, Pemex, 1973, p. 16.
[35] Las instalaciones tienen un grado máximo de utilización de 92% de la capacidad nominal, correspondiendo a 336 días al año de operación efectiva.

1973. Para fines de 1974, la oferta interna de petróleo superaba los requerimientos de la planta refinadora del país y no volvería a representar un cuello de botella. Al contrario, en 1975 se inició el procesamiento ("maquila") de crudo mexicano en una refinería del Caribe. Se enviaron así 14 MBD en ese año y 26 MBD en el siguiente, obteniéndose en cambio gasolina y diesel, productos que el sistema de refinación mexicano aún no producía en cantidades suficientes para satisfacer la demanda interna.

Aun cuando el país se encontraba en una etapa inicial en el desarrollo de procesos de refinación y la dependencia tecnológica del exterior era considerable, el IMP contaba con algunas realizaciones importantes. Se generó, por ejemplo, un proceso, llamado DEMEX, para la desmetalización selectiva de los residuales sometidos posteriormente a la desulfurización o desintegración. Dicho proceso fue licenciado a Pemex para su uso en una planta con 40 MBD de capacidad en la refinería de Ciudad Madero.[36] Asimismo, se habían concluido, o se encontraban en una etapa muy avanzada, trabajos para la hidrodesulfuración de destilados ligeros e intermedios y lubricantes, isomerización, reformación de gasolinas, tratamiento de lubricantes y regeneración de lubricantes usados, obtención de cargas de negro de humo y de extractos altamente aromáticos.[37] Para 1976, los procesos desarrollados por el IMP y utilizados en escala comercial habían permitido la construcción de quince plantas en México, con una capacidad conjunta de 431 MBD y un valor de 2 357 millones de pesos (188.6 millones de dólares), y tres plantas en el exterior, incluyendo dos en Estados Unidos.[38]

Balance del mercado

De 1970 a 1976 el volumen total de producción de petrolíferos aumentó de 481 MBD a 733 MBD; la TMCA fue así de 7.3%, comparado con 5.6% en el sexenio anterior. Destaca la segunda mitad del periodo analizado, en el que la producción creció a un ritmo mucho mayor que en los primeros años de los setenta, debido principalmente a la terminación de las plantas de destilación primaria en Salamanca y Tula.[39]

[36] Véase "Tecnología petrolera en México", en *Carta de México*, núm. 24, México, Secretaría de la Presidencia, 28 de febrero de 1973.

[37] Véase Felipe Ocampo Torrea, "Reducción de la dependencia tecnológica en procesos de refinación", en Instituto Mexicano de Ingenieros Químicos, IMIQ, México, marzo de 1976, p. 75.

[38] *Ibidem*. Para un análisis del desarrollo de la capacidad tecnológica en la industria petrolera mexicana, véase Rogelio Ruiz, *op. cit.*

[39] Véase el cuadro 13 en el anexo 1.

En vista de que fue principalmente en los procesos secundarios que se retrasó el programa de desarrollo 1974-1976, los rendimientos de los productos obtenidos de la refinación experimentaron pocos cambios en 1976, en comparación con 1970. Las respectivas estructuras de producción en esos dos años evidencian un aumento de la participación relativa del diesel, en particular del diesel especial,[40] y una disminución en el caso de los asfaltos (cuadro III.5). Fue únicamente como consecuencia de estas dos alteraciones que la contribución de los destilados ligeros e intermedios a la oferta global de petrolíferos se elevó de 55% en 1970 a 58% en 1976, mientras que la participación de los productos pesados (combustóleo, residuales y asfaltos) se redujo de 32 a 29% en el mismo periodo. El grupo conformado por las kerosinas modificó ligeramente su propia estructura al incrementarse la elaboración de turbosina proporcionalmente más rápido que la de otras kerosinas.

CUADRO III.5
ELABORACIÓN DE PETROLÍFEROS POR PRODUCTO, 1970 Y 1976

	1970		*1976*		
Productos	*Volumen (MBD)*	*Composición porcentual (%)*	*Volumen (MBD)*	*Composición porcentual (%)*	*TMCA 1970-1976 (%)*
Gas licuado	36.2	7.5	55.7	7.6	7.5
Gasolinas	140.2	29.2	212.0	28.9	7.1
Turbosina	8.5	1.8	16.9	2.3	12.2
Kerosinas	31.1	6.5	36.8	5.0	2.9
Diesel	83.3	17.3	162.6	22.2	11.8
Combustóleo y res.	130.5	27.1	200.0	27.3	7.4
Asfaltos	23.2	4.8	11.8	1.6	—10.7
Lubricantes	5.3	1.1	8.3	1.1	7.9
Grasas	0.1	—	0.3	—	4.0
Parafinas	1.2	0.2	1.7	0.2	6.2
Gas seco	13.3	2.8	14.1	1.9	1.0
Otros[a]	8.3	1.7	12.9	1.8	7.7
Total	481.1	100.0	733.1	100.0	7.3

[a] Incluye coque, negro de humo y entregas netas a petroquímica.
FUENTE: Pemex, *Anuario estadístico 1983*, *op. cit.*, pp. 52-53.

[40] La elaboración de diesel especial (con bajo contenido de azufre) aumentó en 400% de 1970 a 1975. Véase Antonio Dovalí Jaime, "Petróleos Mexicanos: evaluación de las realizaciones, 1971-1976", en *Comercio Exterior* (suplemento), vol. XXVI núm. 4, México, Banco Nacional de Comercio Fxterior, abril de 1976.

En el incremento del rendimiento de destilados intermedios (diesel) incidió, además de la operación más eficiente de las plantas de conversión y de cierto aumento de capacidad, el procesamiento de crudos más ligeros provenientes de los nuevos yacimientos del sureste.

A fines de 1973 se introdujo al mercado una nueva gasolina, de alto octano (92) y exenta de tetraetilo de plomo, denominada Extra. Su elaboración se inició a raíz de la producción de gasolina sin plomo en Estados Unidos, con objeto de facilitar el turismo. Después de estudiar varias opciones de carburantes para automóviles Pemex decidió sustituir las tres gasolinas existentes (Supermexolina, Gasolmex y Pemex 100) por dos de calidades extremas, la Extra y la Nova (83 octanos, con tetraetilo de plomo), con la posibilidad de mezclarlas en diferentes proporciones según la altitud en que se usarían. Esta alternativa era la que menores gastos de almacenamiento y distribución requería. Sin embargo, se obtuvo frecuentemente un efecto adverso como resultado de la diferencia de precios entre las dos gasolinas. En vez de mezclarlas se recurría al atraso del punto de ignición y a la disminución de la relación de compresión de los motores, lo que ocasionaba una combustión menos eficiente y un menor rendimiento por litro.[41]

Ante la limitada demanda de gasolina Extra, que se circunscribía principalmente a la franja fronteriza del norte del país, su producción fue marginal, alcanzando apenas 6.6% del volumen global de gasolinas elaboradas por Pemex en 1976. Predominó la Nova, con 91% del total; en tanto que 2.4% restante se distribuyó entre mexolina, gasavión y solventes.[42]

Por su parte, el CNA (consumo nacional aparente) de petrolíferos aumentó a una tasa media anual de 9.3% en el periodo 1970-1976, pasando de 467.2 MBD a 772.7 MBD. Éste era el mayor ritmo de crecimiento registrado en la historia de la refinación mexicana. Al resultar significativamente más acelerado el incremento de la demanda de combustóleo y diesel que el de los otros refinados, estos dos productos —en particular el primero— elevaron su participación en el volumen total consumido, de 1970 a 1976, con la correspondiente disminución de la contribución de los demás (cuadro III.6). A fines del sexenio, los tres tipos de productos de mayor importancia relativa seguían siendo las gasolinas, el combustóleo y el diesel.

La fuerte elevación del consumo de diesel fue principalmente el resultado del uso intensivo de este combustible en el transporte masivo de bienes y personas, como consecuencia del deterioro de su precio relativo

[41] Actualmente, Pemex estudia la factibilidad de producir un tipo de gasolina regular mejorado, posiblemente con cierta tolerancia en virtud de las diferentes altitudes en el país.

[42] Véase Pemex, *Memoria de labores 1976*, México, Pemex, 1977, p. 91.

CUADRO III.6
CONSUMO NACIONAL APARENTE DE PETROLÍFEROS POR PRODUCTO, 1970 Y 1976

	1970		1976		
Productos	*Volumen (MBD)*	*Composición porcentual (%)*	*Volumen (MBD)*	*Composición porcentual (%)*	*TMCA 1970-1976 (%)*
Gas licuado	60.5	13.0	82.7	10.4	5.3
Gasolinas	146.8	31.4	221.4	27.7	7.1
Kerosinas[a]	40.4	8.6	54.5	6.8	5.1
Diesel	90.6	19.4	175.3	22.0	11.6
Combustóleo y res.	89.5	19.2	214.3	26.8	15.7
Asfaltos	9.9	2.1	12.4	1.6	3.8
Lubricantes	6.0	1.3	8.8	1.1	6.6
Grasas	0.2	n.s.	0.3	n.s.	7.0
Parafinas	1.8	0.4	2.0	0.3	1.8
Otros	21.6	4.6	27.0	3.4	3.8
Total	467.2	100.0	798.5	100.0	9.3

[a] Incluye turbosina.
FUENTE: Cuadro 19 del anexo 1.

con respecto al de la gasolina.[43] Su bajo precio, la falta de gas natural y los problemas asociados al manejo del combustóleo propiciaron también la utilización del diesel en los sectores industrial y eléctrico.

Asimismo, la elevada demanda de combustóleo en estos años se debió a la insuficiente disponibilidad de gas natural y la consecuente necesidad de sustituir este último por el primero. Dicha sustitución pudo efectuarse en el sector eléctrico y en un gran número de industrias establecidas a lo largo del gasoducto del noreste, donde se disponía de quemadores duales. Las ventas internas de gas crecieron así solamente 2.8% anual de 1970 a 1976, comparado con 16.4% en el caso del combustóleo.[44]

El limitado incremento de la oferta interna de gas se debió, por una parte, al abatimiento de la producción de gas no asociado en Reynosa y Ciudad Pemex por la declinación natural de presión en los yacimientos. Por otra parte, si bien los nuevos yacimientos de Tabasco-Chiapas contenían una alta proporción de gas asociado al crudo, el retraso en la realización de las obras de recolección y procesamiento de gas, después de iniciada la explotación del petróleo crudo, ocasionó que se quemara a la atmósfera una parte de este recurso.

La progresiva absorción por el mercado interno de los tradicionales

[43] Véase el siguiente inciso.
[44] Véase Pemex, *Anuario estadístico 1983, op. cit.*, pp. 94-95.

excedentes de producción de combustóleo determinó que, en términos globales, el ritmo de crecimiento de la demanda nacional de petrolíferos fuera superior al de la oferta (cuadros III.5 y III.6). Sin embargo, al analizar la evolución de cada producto, se observa que en los casos del gas licuado, gasolinas, kerosinas, diesel, lubricantes y parafinas se produjo la situación inversa: la producción aumentó proporcionalmente más que el consumo.

Aun teniendo en cuenta el volumen de destilados ligeros e intermedios obtenido del procesamiento de crudo mexicano en el extranjero, el grado de autosuficiencia alcanzado en la industria de refinación mexicana en 1976 fue elevado para la mayoría de los productos (cuadro III.7). En términos globales Pemex logró satisfacer 91% de los requerimientos internos y, al excluir el caso del gas licuado, esta proporción se acercaba a 95%. Subsistían importaciones fronterizas y las de algunos artículos de alta especialización y limitada demanda interna; en tanto que los productos obtenidos de la maquila evidenciaban un ligero déficit de producción interna en gasolinas y diesel. Las esperanzas de principios del sexenio de reducir las compras externas de gas licuado mediante el mejor aprovechamiento del gas natural se vieron frustradas principalmente de-

CUADRO III.7

GRADO DE AUTOSUFICIENCIA ALCANZADO EN LA INDUSTRIA DE REFINACIÓN EN 1976

Productos	*CNA*[a] *[1]* *MBD*	*Importaciones* *[2]* *MBD*	*Participación* *[2] en [1]* *(%)*	*Maquila*[b] *[3]* *(%)*	*Grado de autosuficiencia*[c] *(%)*
Gas licuado	82.7	27.0	32.6	—	67.4
Gasolinas	221.4	7.0	3.2	5.5	94.4
Kerosinas	54.5	0.7	1.3	—	98.7
Diesel	175.3	3.3	1.9	9.7	92.6
Combustóleo y res.	214.3	3.8	1.8	11.0[d]	93.1
Asfaltos	12.4	0.3	2.4	—	97.6
Lubricantes	8.8	0.5	5.7	—	94.3
Grasas y parafinas	2.2	0.3	13.6	—	86.4
Otros	27.0	0.0	—	—	—
Total	798.5	42.9	5.4	26.2	91.4

[a] Consumo nacional aparente = producción + importaciones de Pemex y particulares —exportaciones + saldo del intercambio de productos con el exterior + productos obtenidos de la maquila de crudo mexicano.
[b] Volumen de petrolíferos obtenidos del procesamiento externo de crudo mexicano.
[c] 100% —porcentaje de participación de las importaciones y la maquila en el CNA.
[d] Únicamente residuales.

FUENTE: elaborado a partir del cuadro 19 del anexo 1.

bido al mencionado retraso en la instalación de plantas para el procesamiento de este último recurso. Por lo tanto, en 1976 las importaciones de gas licuado seguían representando casi 33 por ciento del CNA de este producto.

El relativo respiro que experimentó en 1976 el sistema de refinación en su carrera tras la demanda —teniendo en cuenta las obras próximas a concluirse— se dio después de un periodo particularmente difícil. En los primeros años del sexenio se resintieron agudamente las consecuencias de las condiciones financieras en las que operaba Pemex y que habían restringido los recursos aplicables al oportuno descubrimiento de hidrocarburos y la ampliación del sistema de refinación. El consumo de petrolíferos superó ampliamente a la producción, en proporciones que alcanzaron más de 13 y 14% en 1971 y 1973, respectivamente. A la tradicional deficiencia del aparato productivo para satisfacer la demanda de gas licuado, se aunó la saturación de la capacidad de elaboración de diversos productos, en particular gasolinas y diesel. El volumen total de importaciones de refinados (incluyendo las de particulares) casi se duplicó de 1970 a 1973.[45] La dependencia del exterior para los destilados ligeros e intermedios hubiera sido incluso más pronunciada de no haberse iniciado en 1971 la importación de crudo. Pemex estimó que la sustitución de una parte de las importaciones de petrolíferos por crudo le representó un ahorro neto de 9.4 millones de pesos (752 mil dólares en 1971-1972).[46]

La fuerte alza de los precios de los productos petroleros en el mercado internacional en estos años significó que el incremento de las compras externas resultase particularmente marcado en términos monetarios. Mientras que el volumen de refinados importados por Pemex creció 48% de 1972 a 1973, en precio el aumento fue de 179 por ciento.[47]

Al disminuir simultáneamente las exportaciones de productos pesados, el déficit en el comercio exterior de refinados se amplió de 44.5 millones de pesos en 1970 (3.5 millones de dólares) a 1 794.5 millones en 1973 (143.6 millones de dólares),[48] acentuándose la situación de desequilibrio de la balanza comercial de Pemex, causada por las compras externas de crudo.[49] A partir de fines de 1974, la situación de la industria

[45] Véase el cuadro 20 del anexo 1.

[46] Véase Pemex, *Memoria de labores 1971 y 1972*, México, Pemex, 1972 y 1973, p. 15 y p. 15, respectivamente.

[47] Véanse los cuadros 23 y 24 del anexo 1. En los últimos meses de 1973 y los primeros de 1974, Pemex consideró la conveniencia y posibilidad práctica de imponer medidas restrictivas al consumo de energéticos, en tanto que el país no recuperara la autosuficiencia petrolera. Sin embargo, esta alternativa fue finalmente descartada, al tenerse la seguridad de eliminar las importaciones de crudo a partir del segundo semestre de 1974. Véase Pemex, *Memoria de labores 1974*, México, Pemex, 1975, p. 25.

[48] Véase el cuadro 24 del anexo 1.

[49] La balanza comercial de Pemex registró un saldo negativo de 3 156 millones de

petrolera mejoró a consecuencia de los cambios y medidas mencionados anteriormente. En 1976 las exportaciones de combustóleo y asfaltos prácticamente desaparecieron, pero el valor de las restringidas importaciones de refinados que subsistían fue ampliamente compensado por las crecientes ventas externas de crudo.

A fines del sexenio considerado, Pemex se encargaba de las compras externas de todos los petrolíferos, con excepción del gas licuado.[50] Al nacionalizarse la industria petrolera se había dejado en manos de distribuidores particulares la importación de este producto dada la prácticamente inexistente producción nacional. Esta práctica se mantuvo con el tiempo en vista de las dificultades asociadas a su distribución en el norte del país y el elevado costo que representaba para Pemex la comercialización de las importaciones. En efecto, una de las políticas de Pemex, por disposición del gobierno, consistía en vender los productos que importaba a los mismos bajos precios vigentes para su propia producción, dentro del marco del fomento a la industrialización del país. Aunque, de manera general, esta política era aplicada efectivamente, en el caso del gas licuado (y gas natural) Pemex dejó que particulares efectuaran una parte de las importaciones y las revendieran a un precio que cubriera el costo de su adquisición.

La participación de Pemex en el volumen total de importaciones fue así de 60% en 1976, comparado con 54% en 1970, aunque alcanzó 73% en 1973 debido principalmente al fuerte aumento de las compras externas de gasolinas, a cargo de Pemex.[51]

Tanto a principios como a fines del sexenio, el transporte fue el principal sector de destino de los petrolíferos, y absorbió un poco más de la mitad del consumo final global de estos productos (cuadro III.8). La industria participó, en 1976, con alrededor de una quinta parte en dicho consumo, en tanto que los otros sectores contribuyeron con 17%. Los usos no energéticos de los refinados absorbieron el resto (8 por ciento).

En cuanto a la contribución de los petrolíferos al consumo final de energía de la economía, ésta se elevó de 67 a 72% en el sexenio 1970-1976 (cuadro III.9). Este aumento fue acompañado de una disminución de la participación relativa del gas natural, de suerte que la economía siguió dependiendo en cerca de 90% de los hidrocarburos. En el transporte, la dependencia de los petrolíferos como fuente energética era casi

---

pesos (253 millones de dólares) en 1973, que representó 14.3 por ciento del déficit total de la balanza comercial del país. Véase Snoeck, *El comercio exterior de hidrocarburos...*, *op. cit.*, pp. 183-184.

[50] Los volúmenes de kerosinas, asfaltos, grasas y parafinas importados por particulares fueron insignificantes, pues sumaron menos de 0.5 MBD. Véase el cuadro 20 en el anexo 1.

[51] *Ibidem.*

CUADRO III.8
ESTRUCTURA DEL CONSUMO FINAL DE PETROLÍFEROS POR SECTOR DE DESTINO, 1970-1985 *(años seleccionados)* (%)

Sectores	*1970*	*1976*	*1982*	*1985*
Industria	17.2	21.3	13.4	16.1
Transporte	57.0	53.8	57.5	51.7
Comercial, residencial y otros[1]	18.2	17.0	18.6	17.5
Usos no energéticos	7.6	7.9	10.5	14.7
Total	100.0	100.0	100.0	100.0

[1] Incluye los sectores público y agropecuario.

FUENTES: "México: balances de energía, 1970 y 1975-1980", en Secretariado Técnico de la Comisión de Energéticos, *boletín informativo del sector energético*, año 5, núm. 11, México, Sepafin/STCE, noviembre de 1981; "México: balance y flujos de energía, 1981", en Secretariado Técnico de la Comisión de Energéticos, *Energéticos...*, *op. cit.*, año 6, núm. 11, noviembre de 1982; SEMIP, *Balance nacional de energía*, 1985, México, SEMIP, 1986.

total, mientras que en los demás sectores, sin dejar de ser predominante, alcanzaba proporciones menores.

Pemex consume una parte de la producción de petrolíferos, junto con el gas natural, como combustibles para llevar a cabo el proceso productivo, generar vapor, producir electricidad, operar equipos de perforación, distribuir productos, etc. El gas licuado, gasolinas, kerosinas, diesel y combustóleo son utilizados todos como energéticos por la empresa, aunque los dos últimos conforman el grueso de su consumo de refinados.[52] Algunos productos se usan para fines no-energéticos (lubricantes, asfaltos, grasas) y también como energéticos o materia prima en el área de petroquímica básica. En los años considerados, el autoconsumo de refinados por Pemex (junto con la variación anual de inventarios) equivalió a alrededor de 10% del consumo nacional aparente de dichos productos (cuadro III.10).

Por su parte, las ventas de petrolíferos de la empresa en el mercado interno se elevaron de 387 MBD en 1970 a 701 MBD en 1976, registrando una tasa anual de crecimiento de 10.5%. Este ritmo de crecimiento mayor que el del CNA (9.3%) se debe a la elevación de la participación relativa de las ventas internas de la empresa en el consumo (cuadro III.10).

[52] Véanse Oscar M. Guzmán, Antonio Yúnez-Naude y Miguel S. Wionczek, *Uso eficiente y conservación de la energía en México: diagnóstico y perspectivas*, México, El Colegio de México, 1985, pp. 91-97.

CUADRO III.9
ESTRUCTURA DEL CONSUMO FINAL DE ENERGÍA POR FUENTE
Y SECTOR DE DESTINO FINAL, 1970-1985
(años seleccionados) (%)

	1970	*1976*	*1982*	*1985*
Consumo final	100.0	100.0	100.0	100.0
Combustibles sólidos	4.3	3.5	2.3	2.6
Petrolíferos	67.0	72.2	66.0	67.0
Gas natural	21.8	16.7	24.4	22.4
Electricidad	6.9	7.6	7.3	8.0
Industria	100.0	100.0	100.0	100.0
Combustibles sólidos	11.3	9.9	6.3	7.1
Petrolíferos	31.2	43.3	24.5	29.6
Gas natural	49.5	37.0	57.8	50.4
Electricidad	8.0	9.8	11.4	12.9
Transporte	100.0	100.0	100.0	100.0
Petrolíferos	99.8	99.8	99.9	99.8
Electricidad	0.2	0.2	0.1	0.2
Comercial, residencial y otros[1]	100.0	100.0	100.0	100.0
Petrolíferos	71.5	71.2	75.7	73.6
Gas natural	7.0	5.9	4.8	5.9
Electricidad	21.5	22.9	19.5	20.5
Usos no energéticos	100.0	100.0	100.0	100.0
Petrolíferos	74.4	69.8	71.4	77.7
Gas natural	25.6	30.2	28.6	22.3

[1] Incluye los sectores público y agropecuario.
FUENTE: "México: balances de energía, 1970 y 1975-1980", *op. cit.*; y SEMIP, *Balance nacional de energía*, 1985, *op. cit.*.

Esto, a su vez, se explica esencialmente por la disminución de la contribución de las importaciones de particulares (que también se venden en el mercado interno). En particular, en el caso del gas licuado, la TMCA de las ventas de Pemex fue mucho más elevada que la del consumo nacional aparente (10.6%, comparado con 5.3%), precisamente debido a que la empresa se hizo cargo progresivamente de una mayor proporción de las importaciones de este producto.[53] Adicionalmente, las variaciones de inventarios de cada producto (que no han podido tomarse en cuenta en la determinación del CNA por no disponerse de la información) pue-

[53] Véase el cuadro 20 en el anexo 1.

CUADRO III.10

PARTICIPACIÓN DEL AUTOCONSUMO Y VENTAS INTERNAS DE PETROLÍFEROS EN EL CONSUMO NACIONAL APARENTE, 1970 Y 1976

Años	*Consumo nacional aparente (MBD) [1]*	*Ventas internas Pemex (MBD) [2]*	*Ventas particulares[a] (MBD) [3]*	*Autoconsumo Pemex y variación inventarios (MBD) [1-2-3=4]*	*Participación [2] en [1] (%)*	*Participación [4] en [1] (%)*
1970	467.2	387.1	22.0	58.1	85.9	12.4
1976	798.5	701.4	17.2	79.9	87.8	10.0

[a] Corresponde a las importaciones por particulares, que se venden en el mercado interno sin ser contabilizadas en las ventas de Pemex.

FUENTE: Véanse los cuadros 19 y 26 del anexo I.

den también producir algunas discrepancias entre los incrementos anuales de las ventas y del consumo.

Los ingresos de Pemex por concepto de ventas internas de petrolíferos aumentaron de 10 822 millones de pesos en 1970 a 30 881 millones en 1976 (cuadro III.11).[54] Este crecimiento fue el resultado de los mayo-

CUADRO III.11

VOLUMEN Y VALOR DE LAS VENTAS INTERNAS DE PETROLÍFEROS, 1970 Y 1976

	Volumen			*Valor*		
Productos	*1970 (MBD)*	*1976 (MBD)*	*IMCA 1970-1976 (%)*	*1970 (MM$)*	*1976 (MM$)*	*IMCA 1970-1976 (%)*
Gas licuado	34.6	63.2	10.6	590	3 064	31.6
Gasolinas	142.8	207.5	6.5	6 563	16 705	16.8
Kerosinas	30.4	34.0	1.9	403	699	9.6
Turbosinas	8.6	17.3	12.3	205	1 331	36.6
Diesel	78.1	163.5	13.2	1 535	4 581	20.0
Combustóleo y res.	78.5	195.1	16.4	617	2 416	25.5
Asfaltos	8.6	11.2	4.6	71	97	5.3
Lubricantes	4.3	7.6	10.0	712	1 686	15.5
Grasas	0.1	0.3	9.8	38	83	13.9
Parafinas	1.1	1.7	7.7	88	219	16.4
Total	387.1	701.4	10.5	10 822	30 881	19.1

FUENTE: Pemex, *Anuario estadístico 1983*, *op. cit.*, pp. 94-98.

[54] Corresponde a 865.8 millones de dólares para 1970 y 1 981.3 millones de dólares

res volúmenes vendidos y de algunas alzas de los precios, como se analizará a continuación. Para 1976, los petrolíferos representaban 81% de los ingresos totales de Pemex por ventas internas.

Precios internos

La principal característica de las prácticas de precios de las empresas estatales en México ha sido su subordinación a las políticas, generales y específicas, del gobierno. Hasta principios de los ochenta las directrices de precios de este último respondieron invariablemente a tres objetivos principales: promoción del desarrollo económico, estabilidad de precios y distribución del ingreso. En cambio, fueron desatendidas las consideraciones sobre eficiencia en cuanto a la estructura y operación de dichas empresas. El papel secundario de los costos en la determinación de los precios se evidencia en la ausencia de información sistemática y detallada sobre los mismos.[55]

Si bien en los decenios anteriores a 1970 la política de mantener prácticamente inalterables los precios de venta de los bienes y servicios producidos por el sector paraestatal contribuyó posiblemente al logro de algunos de los objetivos perseguidos, también originó efectos adversos. Por una parte, dicha práctica provocó una continua postergación de proyectos de inversión (principalmente en las ramas del petróleo, la electricidad, el acero y la infraestructura de transportes e hidroagrícola), que se tornó en cuellos de botella para la expansión de la economía dando lugar a soluciones apresuradas y de corto plazo. Por otra, las empresas públicas se vieron obligadas a recurrir a una política de endeudamiento que, a la postre, las colocó en una situación de insolvencia financiera.[56]

Desde un principio, los precios de venta al público de los productos de Pemex —empresa que ha constituido un caso típico dentro del esquema general esbozado— fueron fijados por el Ejecutivo. Los decretos, firmados por el Presidente de la República, se elaboraban principalmente por funcionarios de las secretarías de Comercio (Secom) y de Hacienda y Crédito Público (SHCP), con intervención de las autoridades de las Se-

para 1976 (tomando como tipo de cambio la tasa promedio para 1976; la devaluación del peso mexicano en septiembre de 1976 dificulta la estimación exacta del valor en dólares para este último año).

[55] Véase Francisco Javier Alejo, "El gobierno y las estrategias de precios de las empresas de propiedad estatal", en *Investigación económica*, núm. 172, México, UNAM, abril-junio de 1985, pp. 289-330.

[56] Manuel Aguilera G., "La crisis mexicana: un ensayo de interpretación económica y financiera", en *Investigación económica*, núm. 169, México, UNAM, julio-septiembre de 1984, p. 220. Para 1970, la deuda pública externa equivalía a 20% del PIB, comparado con 10% en 1960. Véase Alejo, *op. cit.*, p. 289.

cretarías de la Presidencia (SP) y del Patrimonio Nacional (Sepanal). La aprobación de propuestas de modificaciones de precios presentadas por Pemex se subordinaba así a consideraciones de tipo macroeconómico que rebasaban el marco de operación de la empresa. En varias ocasiones, las presiones de grupos industriales y de transportistas influyeron también en el mantenimiento de bajos precios para los hidrocarburos.

Ante la congelación de los precios de los principales combustibles de 1958 a 1973, Pemex registró un deterioro continuo en su generación de recursos propios, en términos reales. Para 1973, al rezago productivo y al déficit de la balanza comercial de la empresa, se agregaba su desequilibrio financiero, esencialmente como consecuencia de un ritmo de crecimiento de sus gastos de operación mayor que el de sus recursos financieros propios. Para superar esta situación, en diciembre del mismo año el gobierno de Luis Echeverría accedió finalmente a reestructurar los precios de los productos petroleros.[57] El rápido aumento de los precios del petróleo y sus derivados en el mercado internacional no fue ajeno a esta decisión, tanto porque encareció las importaciones de Pemex como porque hizo más apremiante aún la necesidad de disponer de mayores recursos de inversión para reducir la dependencia del exterior.

El incremento de precios de los petrolíferos fue selectivo, cuidando que no afectara a los consumidores de menores ingresos ni a actividades prioritarias para el desarrollo del país, como la agricultura (cuadro III.12). Se decidió así restringir el alza de precios de productos tales como el diáfano, el tractomex y el tractogás, que se consumen por grupos de la población de ingresos modestos, así como en el sector agrícola.[58] También se resolvió continuar la práctica de vender a precios especiales los petrolíferos que demandan determinadas agrupaciones agrícolas, cooperativas pesqueras y otras asociaciones populares de compras en común, con el propósito de alentar sus actividades mediante la disminución en sus costos de producción.[59]

[57] En su informe anual de 1974, el presidente manifestaría explícitamente: "La decisión de elevar los precios de los hidrocarburos obedeció, en lo fundamental, a la necesidad de abatir el déficit con el que Petróleos Mexicanos operaba desde hacía varios años, y que le impedía realizar las inversiones necesarias para satisfacer la creciente demanda nacional. La prolongada política de precios subsidiados, si bien durante algún tiempo favoreció a la industria, al comercio y al consumo en general, acabó por comprometer el desarrollo del país en su conjunto." Véase Luis Echeverría A., *Seis informes de gobierno*, México, SP, 1976, p. 99. También aumentaron las tarifas de venta de la energía eléctrica, que no se habían modificado en los últimos doce años.

[58] El tractomex es una kerosina para uso doméstico y en tractores, que se consume en la costa del Pacífico y representa alrededor de 10% de la producción total de kerosina. El tractogás es una mezcla muy particular de gasolinas y kerosinas, usada en ciertos tipos de tractores (con motores de bujía). Con el correr del tiempo estos productos fueron progresivamente desplazados por el diesel.

[59] Véase Pemex, *Memoria de labores 1973*, México, Pemex, 1974, pp. 26-27.

CUADRO III.12
PRECIOS DE VENTA AL PÚBLICO DE LOS PETROLÍFEROS Y DEL GAS NATURAL, 1938-1976
(pesos/unidad)

	Unidad	*1938*	*1948*	*1958*	*1968*	*1969*	*1970*	*1971*	*1972*	*1973*[a]	*1974*[a]	*1975*[a]	*1976*
Gas natural													
Industrial	m^3	—	—	0.09	0.12	0.12	0.12	0.12	0.14	0.14	0.18	0.18	0.18
Doméstico	m^3	—	—	0.09	0.12	0.12	0.12	0.12	0.14	0.14	0.70	0.70	0.70
Gas licuado	Kg	—	0.22	0.85	0.85	0.85	0.85	0.85	0.85	0.85	2.05	2.08	2.40
Gaisolinas													
Mexolina	lt	—	0.30	0.55	0.55	0.55	0.55	0.55	0.55	0.55	0.52	0.52	—
Supermexolina	lt	—	—	0.90	1.00	1.00	1.00	1.00	1.00	—	—	—	—
Gasolmex 90	lt	—	—	0.90	1.00	1.00	1.00	1.00	1.00	—	—	—	—
Pemex 100	lt	—	—	—	1.20	1.20	1.20	1.20	1.20	—	—	—	—
Nova	lt	—	—	—	—	—	—	—	—	1.40	1.40	2.10[b]	2.10
Extra	lt	—	—	—	—	—	—	—	—	2.00	2.00	3.00[b]	3.00
Gasolina incolora	lt	0.18	0.26	0.51	0.80	0.80	0.80	0.80	0.80	1.71	1.71	1.71	
Gasolvente	lt	—	0.40	0.68	0.88	0.88	0.88	0.88	0.88	0.88	1.76	1.76	1.76
Gas nafta	lt	—	0.30	0.60	0.80	0.80	0.80	0.80	0.80	0.80	1.76	1.76	1.76
Combustible de aviación													
Turbosina	lt	—	—	—	0.40	0.40	0.40	0.40	0.40	0.55	1.30	1.30	1.30
Gasavión 80	lt	—	0.37	0.66	0.76	0.76	0.76	0.76	0.76	1.25	1.46	1.46	1.46
Gasavión 91/98	lt	—	0.48	0.82	0.90	0.90	0.90	—	—	—	—	—	—
Gasavión 100/130	lt	—	0.50	0.92	1.00	1.00	1.00	1.00	1.00	1.00	1.86	1.86	1.86
Diáfano													
Industrial	lt	0.12	0.13	0.15	0.35	0.35	0.35	0.35	0.35	0.35	0.50	05.0	0.50
Doméstico	lt	0.12	0.13	0.15	0.20	0.20	0.20	0.20	0.25	0.35	0.35	0.35	0.55
Kerosina													
Faros	lt	0.13	0.14	0.26	0.65	0.65	0.65	0.65	0.65	0.65	0.95	0.95	0.95
Petróleo incoloro	lt	—	0.17	0.29	0.54	0.54	0.54	0.54	0.54	0.54	0.95	0.95	0.95

CUADRO III.12 (*continuación*)

	Unidad	*1938*	*1948*	*1958*	*1968*	*1969*	*1970*	*1971*	*1972*	*1973*[a]	*1974*[a]	*1975*[b]	*1976*
Aceite lámpara	lt	—	0.19	0.21	0.55	0.55	0.55	0.55	0.55	0.55	0.90	0.90	0.90
Tractogás	lt	—	—	—	0.35	0.35	0.35	0.35	0.35	0.35	0.38	0.38	—
Tractomex													
Industrial	lt	0.09	0.10	0.20	0.20	0.20	0.20	0.20	0.20	0.20	0.50	0.50	0.50
Doméstico	lt	0.09	0.10	0.20	0.20	0.20	0.20	0.20	0.20	0.20	0.35	0.35	0.35
Diesel	lt	0.08	0.11	0.16	0.32	0.32	0.32	0.32	0.32	0.32	0.50	0.50	0.50
Combustóleo													
Pesado	m^3	—	—	87.05	117.05	117.05	117.05	117.05	117.05	117.05	200.00	200.00	200.00
Ligero	m^3	—	—	105.90	135.90	135.90	135.90	135.90	135.90	135.90	230.00	230.00	230.00

[a] Para mayor parte de los productos, el alza de precios decretado en diciembre de 1973 quedó registrado en los precios correspondientes a 1974.
[b] Corresponde al incremento del impuesto al consumo, decretado a fines de 1974.
FUENTE: Pemex, *Anuario estadístico 1983, op. cit.*, p. 127-130.

En el caso del diesel, no se consideró conveniente elevar su precio a un nivel remunerativo en virtud de que en su consumo participan en proporción importante transportistas, agricultores, pescadores y empresas de servicio público, como los ferrocarriles y la CFE.[60]

En cambio, se aumentaron significativamente los precios de las gasolinas automotrices, considerando que una gran parte de las compras de este combustible se efectuaba por consumidores de ingresos medios y altos. Estos incrementos eran particularmente importantes para Pemex, ya que las gasolinas automotrices representaban alrededor de 50% de los ingresos de la empresa por ventas internas.[61] A fines de 1974, la SHCP elevó el impuesto al consumo de gasolinas, con lo cual los precios al público se incrementaron en 50% (cuadro III.12). Esta medida fiscal estuvo únicamente destinada a aumentar los ingresos del gobierno federal.

Las elevadas inversiones requeridas en estos años en obras de recolección y procesamiento de gas natural asociado se hubieran visto facilitadas mediante un incremento del precio de venta de este producto, proporcionalmente mayor al del combustóleo. Sin embargo, ante la presión de grandes grupos industriales, únicamente el precio del gas natural para uso residencial experimentó un notable aumento (400%). El aumento en el precio del gas utilizado en la industria se limitó a 29%, comparado con 70% en el caso del combustóleo. En consecuencia, el precio del gas natural (industrial) se redujo con respecto al del combustóleo y, en 1975-1976, los precios por unidad calorífica de estos dos productos fueron casi iguales, a pesar de las ventajas que ofrece el gas sobre el combustóleo en cuanto a manejo, utilización y contaminación ambiental.[62]

El incremento de precio aplicado al gas licuado en 1973-1974 fue de una magnitud suficiente para originar cierto encarecimiento de este producto, en términos caloríficos, con respecto a los combustibles a los que puede sustituir (gasolina Nova, diesel y gas natural) (gráfica III.2). Esta aparente medida de racionalización del consumo en función de la escasez relativa de los diferentes energéticos se limitó, sin embargo, al horizonte temporal del sexenio 1970-1976, ya que en la siguiente administración se produciría un profundo deterioro relativo del precio del gas licuado pese a la persistencia del déficit de producción de este producto.

60 *Ibidem.*

61 Aunque se remplazaron las gasolinas existentes por la Nova y la Extra, se decidió mantener temporalmente en el mercado (hasta 1975) la mexolina, subsidiada, con el fin de evitar alzas de tarifas en el transporte urbano en el Distrito Federal y los estados de Yucatán y Campeche. *Ibidem.*

62 En estos años los precios promedio por unidad calorífica ($\$/10^5$ kcal) del combustóleo y del gas natural industrial fueron de 19.96 pesos y 21.28 pesos, respectivamente. Véase Víctor M. Alcerreca, "Consumo del combustóleo por industrias", en *Programa Universitario de Energía, hidrocarburos y Socio-economía*, México, UNAM, 1985, p. 212.

GRÁFICA III.2
PRECIOS RELATIVOS DE LOS PRINCIPALES COMBUSTIBLES, POR PODER CALORÍFICO, 1960-1983
(pesos/millón de kilocalorías)

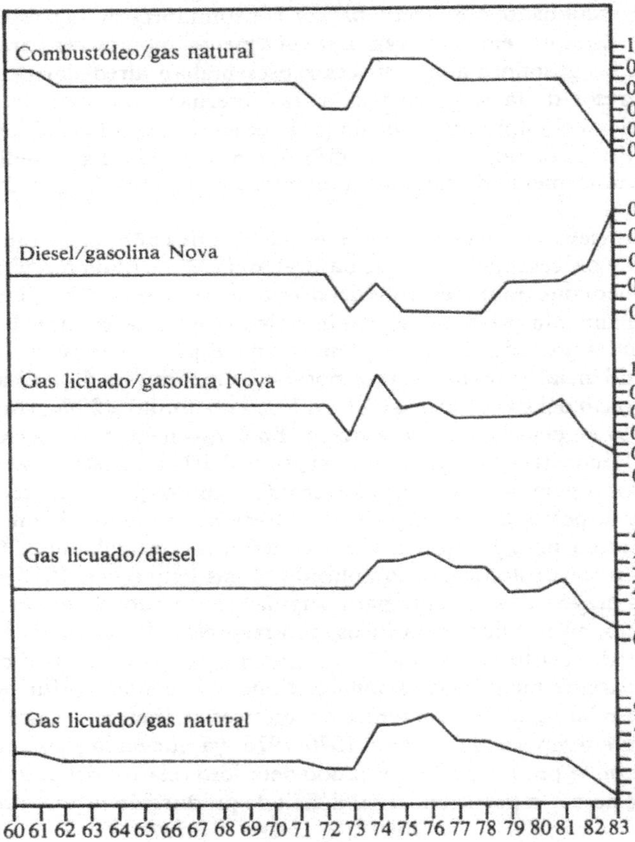

FUENTE: Jaime Willars A., *El petróleo en México: efectos macroeconómicos, elementos de política y perspectivas*, México, El Colegio de México, 1984, p. 49.

GRÁFICA III.3
ÍNDICES REALES DE LOS PRECIOS INTERNOS DE LOS PRINCIPALES COMBUSTIBLES, 1960-1983[a]
(*base 1975 = 100*)

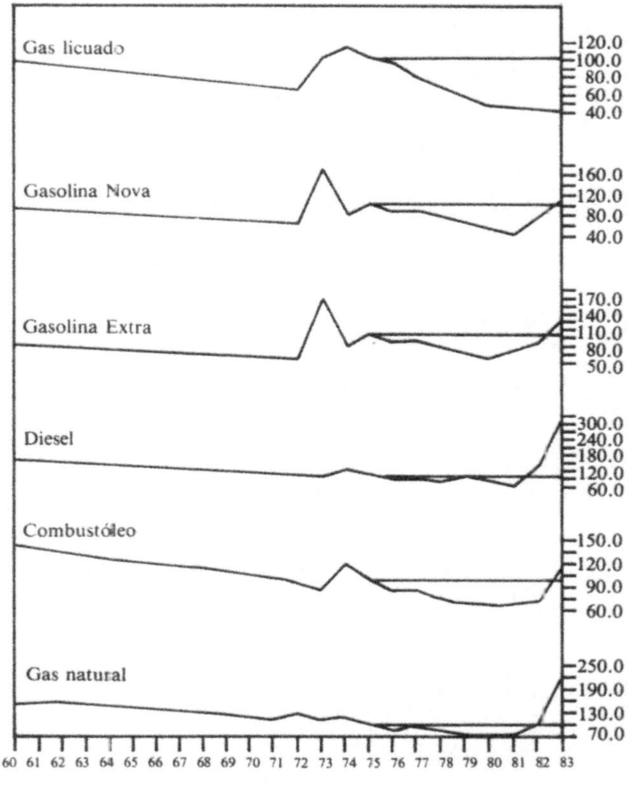

[a] Los índices en términos reales se obtuvieron deflactando los precios del gas licuado y de las gasolinas por el índice de precios al consumidor, mientras que para el resto de los productos se utilizó el deflactor de la producción bruta. Los precios de la Nova y de la Extra, antes de 1973, se refieren a los de la Supermexolina y Gasolmex, respectivamente.

FUENTE: Willars, *op. cit.*, p. 47.

El alza general de precios de alrededor de 30%, decretado en noviembre de 1976, tuvo como principal objeto compensar el encarecimiento de las importaciones de Pemex como consecuencia de la devaluación del peso mexicano. Con estos ajustes no se evitó la pérdida de valor, en términos reales, de la mayoría de los productos de la empresa (gráfica III.3). Al terminarse la gestión de Antonio Dovalí Jaime, los precios reales del diesel, combustóleo y gas natural se encontraban en un nivel inferior al prevaleciente en 1960, en tanto que las gasolinas y el gas licuado habían superado ligeramente dicho nivel.

IV. EL SEXENIO 1976-1982: PLANES Y REALIDADES

Poco después de asumir la presidencia, José López Portillo modificó radicalmente los lineamientos de la política petrolera mexicana. Desde la nacionalización se había aplicado el principio de limitar la producción de crudo esencialmente a la satisfacción del consumo interno y restringir las exportaciones a los requerimientos de divisas de Pemex. En cambio, el nuevo gobierno decidió explotar intensivamente la riqueza petrolera del país, asignando a la comercialización externa de los hidrocarburos un papel fundamental en el desarrollo económico nacional. Se pretendía aprovechar esta nueva fuente potencial de divisas para sacar al país de la crisis que había estallado a fines del sexenio anterior e iniciar un proceso de transformación estructural de la economía.[1] Dos factores favorecían la adopción de la nueva política de comercio exterior de hidrocarburos: *a*) el aumento considerable de las reservas probadas y la alta probabilidad de su crecimiento en un futuro cercano,[2] y *b*) las condiciones favorables en el mercado petrolero mundial, no sólo en términos de precios, sino también en cuanto a su permeabilidad a la entrada de nuevos vendedores.[3]

En este contexto, el recién nombrado director de Pemex, Jorge Díaz Serrano, presentó el más ambicioso programa de trabajo de la empresa en toda su historia. Con un presupuesto total de 900 mil millones de pesos (40.9 mil millones de dólares) de los cuales 310 mil millones (14.1 mil millones de dólares) se destinarían a inversión,[4] el plan sexenal de

[1] Para un análisis del papel del petróleo en la estrategia político-económica del nuevo gobierno, véase Isidro Morales, Cecilia Escalante y Rosío Vargas, *La formación de la política petrolera en México*. México, El Colegio de México, 1988.

[2] Debido parcialmente a nuevos métodos de cuantificación, en diciembre de 1976 el gobierno anunció que las reservas probadas de hidrocarburos se elevaban a 11 mil MMBPCE, lo cual representaba un incremento de 76%, respecto a la última cifra oficial presentada. En 1977 las reservas se incrementarían a 16 mil millones, aumentando progresivamente en los años siguientes hasta llegar a 72.0 mil millones de barriles a fines del sexenio 1976-1982. Para ese entonces México llegaría a ocupar el quinto lugar en el mundo con respecto a reservas probadas de crudo y el séptimo en gas natural. Véase Pemex, *Anuario estadístico 1983*, México, Pemex, 1984, p. 22.

[3] Véase Snoeck, *El comercio exterior de hidrocarburos*..., *op. cit.*, pp. 64-85.

[4] En el sexenio anterior el presupuesto total ejercido y la inversión fueron de 206 mil millones de pesos y 57.5 mil millones, respectivamente, a precios corrientes. Véase Héctor

Pemex para el periodo 1977-1982 tenía como principales metas: el incremento de la producción de crudo y condensado de 0.8 MMBD a 2.25 MMBD; el aumento de la producción de gas de 2 100 MMPCD a 3 600 MMPCD; la duplicación de la capacidad de refinación, y la triplicación de la planta petroquímica básica.

El programa sexenal en refinación

Desde el sexenio anterior Pemex había elaborado un plan de desarrollo a largo plazo para el área de refinación.[5] Sin embargo, era el nuevo programa de inversiones por 51.4 mil millones de pesos (2.3 mil millones de dólares) para el periodo 1977-1982 —16% de las inversiones globales de la empresa— lo que daba viabilidad a dicho plan y a su ampliación.[6] Garantizar el autoabastecimiento nacional de petrolíferos seguía siendo el objetivo fundamental, aunque el incremento de la capacidad de refinación se planeó tomando en cuenta la determinación de disponer de importantes excedentes exportables de productos de elevado valor comercial, principalmente gasolinas y diesel. Se pretendía así elevar la capacidad instalada de 865 MBD en 1977 a 1 670 MBD en 1982, de los cuales se estimaba que 72% se utilizaría para satisfacer el consumo interno y 13% para propósitos de exportación, quedando un margen prudencial para absorber las desviaciones que pudieran tener los pronósticos de la demanda y operar las instalaciones en un rango de alta eficiencia.

Conforme a la política de Pemex de eslabonamiento e integración de plantas de gran capacidad en un número reducido de centros de refinación, el programa concentraba los principales proyectos en tres refinerías que se ampliarían en varias etapas. En el transcurso del sexenio entrarían en operación la refinería de Salina Cruz, en sus dos primeras etapas (170 y 200 MBD, respectivamente), la primera de Cadereyta (235 MBD) y la segunda de Tula (200 MBD). Además se iniciarían la tercera etapa de Salina Cruz y la segunda de Cadereyta para agregar a cada una 200 MBD de capacidad de destilación primaria de crudo, con lo cual la capacidad total de refinación de Pemex se acercaría a 2 MMBD en 1985-1986 (cuadro IV.1 y gráfica IV.1). Hasta donde fuera económico, las nue-

Lara Sosa, "Exposición del plan sexenal de Petróleos Mexicanos para el desarrollo del sector de refinación", ponencia presentada en la sesión-cena del Instituto Mexicano de Ingenieros Químicos, Monterrey, 12 de enero de 1977, p. 2.

[5] Véase Enrique Vázquez Domínguez, "Planes de ampliación de capacidad en las refinerías del sistema", en IMIQ, México, IMIQ, marzo de 1976, pp. 82-89.

[6] De esta cantidad, 88% se destinaría a obras y adquisiciones, 4.7% a conservación y mantenimiento y 7% a ductos. Los datos que aparecen en el presente inciso provienen de Lara Sosa, *op. cit.*, y "Duplicarán capacidad de refinación", en *Petróleo internacional*, vol. 35, núm. 6, México, junio de 1977, pp. 28-31.

CUADRO IV.1
PROGRAMA SEXENAL DE REFINACIÓN, 1977-1982

A. Obras iniciadas en el sexenio anterior		*B. Obras a iniciarse y terminarse en el sexenio 1977-1982*		*C. Obras que se terminarán en el sexenio 1983-1988*	
Ubicación y programa	*Capacidad b/d.*	*Ubicación y programa*	*Capacidad b/d.*	*Ubicación y programa*	*Capacidad b/d.*
Unidades en refinerías existentes		Salamanca, Gto.		Salina Cruz, Oax.	
Madero, Tamps.		Lubricantes	2 000	Destilación primaria	200 000
Ampliación de FCC	28 000			Destilación al vacío	100 000
HDS de destilados		Salina Cruz, Oax.		Desintegración catalítica	40 000
intermedios	25 000	Destilación primaria	200 000	HDS de naftas	36 000
Desasfaltadora de		Destilación al vacío	100 000	Reformadora de naftas	25 000
residuos	35 000	Desintegración catalítica	40 000	HDS de destilados inter-	
Minatitlán, Ver.		HDS de naftas	36 000	medios	
HDS de naftas	25 000	Reformadora de naftas	25 000	(2 de 25 000 cada una)	50 000
Reformadora de naftas	20 000	HDS de destilados inter-		Tratamiento y fracciona-	
HDS de destilados in-		medios		miento	
termedios	25 000	(2 de 25.000 cada una)	50 000	Recuperadora de azufre	85 tons/d.
Recuperadora de azu-		Tratamiento y fracciona-		Cadereyta, N.L.	
fre	85 tons/d.	miento		Destilación primaria	200 000
Salamanca, Gto.		Recuperadora de azufre	85 tons/d.	Destilación al vacío	100 000
FCC	40 000			Desintegración catalítica	40 000
HDS de naftas	25 000	Tula, Hgo.		HDS de naftas	36 000
Reformadora de naftas	16 800	Destilación primaria	200 000	Reformadora de naftas	25 000
Nuevas refinerías		Destilación al vacío	100 000	HDS de destilados inter-	
Salina Cruz, Oax.		Desintegración catalítica	40 000	medios	
Destilación		HDS de naftas	36 000	(2 de 25 000 cada una)	50 000

CUADRO IV.1 (*continuación*)

A. Obras iniciadas en el sexenio anterior		*B. Obras a iniciarse y terminarse en el sexenio 1977-1982*		*C. Obras que se terminarán en el sexenio 1983-1988*	
Ubicación y programa	*Capacidad b/d*	*Ubicación y programa*	*Capacidad b/d*	*Ubicación y programa*	*Capacidad b/d*
primaria	170 000	Reformadora de naftas	25 000	Tratamiento y fraccionamiento	
Destilación al vacío	75 000	HDS de destilados intermedios (2 de 25 000 cada una)	50 000	Recuperación de azufre	85 tons/d.
FCC	40 000	Recuperadora de azufre	85 tons/d.	Tren completo para la elaboración de lubricantes	10 000
HDS de naftas	25 000				
Refomadora de naftas	20 000				
HDS de destilados intermedios	50 000				
Recuperadora de azufre	85 tons/d.				
Cadereyta, N.L.					
Destilación primaria	100 000				
Destilación al vacío	62 000				
Destilación combinada	135 000				
HDS de naftas	36 000				
Reformadora de naftas	20 000				
HDS de destilados intermedios	50 000				
Recuperadora de azufre	85 tons/d.				

FUENTE: "Duplicarán capacidad de refinación", en *Petróleo Internacional*, vol. 35, núm. 6, México, junio de 1977, pp. 28-31.

GRÁFICA IV.1
UTILIZACIÓN DE LA CAPACIDAD DE REFINACIÓN PROYECTADA, 1977-1982

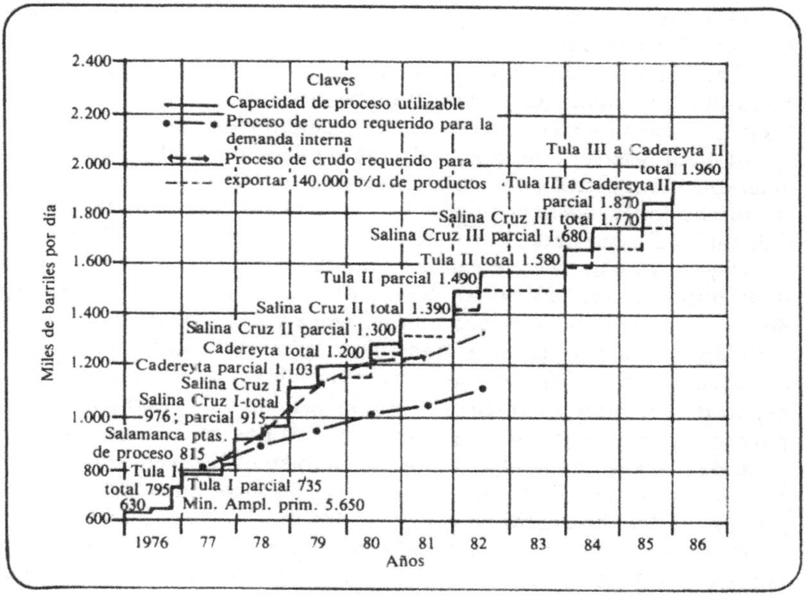

FUENTE: "Duplicarán capacidad de refinación", *op. cit.*

vas instalaciones se integrarían con módulos iguales con el fin de simplificar su diseño y construcción y lograr importantes economías en costos, tiempos de entrega, refaccionamiento, etcétera.

Pemex preveía que el fuerte aumento de la producción de gas natural permitiría sustituir importantes volúmenes de combustóleo, cuyo rendimiento tendría que reducirse a cambio de elevar el de gasolinas y el de destilados intermedios. Por lo tanto, nuevamente cobró particular importancia la instalación de unidades de conversión de residuales en destilados. La capacidad de destilación al vacío aumentaría en 108% y la de desintegración catalítica en 153%. Al igual que en el pasado, se procuraría mejorar la calidad de los productos, aunque esta vez también con miras a competir en condiciones favorables en el mercado internacional. Las capacidades de hidrodesulfuración de naftas y destilados intermedios y de reformación catalítica de naftas debía así incrementarse en más de 400 por ciento.

De acuerdo con las estimaciones de la empresa, a partir de 1979 la capacidad instalada sería suficiente para cubrir los incrementos del consumo interno, eliminar las importaciones de refinados e iniciar exportaciones de gas licuado, gasolinas y diesel, las que en su conjunto alcanzarían 212 MBD en 1982.

Tal como se señaló anteriormente, el plan global de expansión de Pemex fue presentado en un momento de verdadera euforia en los círculos gubernamentales con respecto a las posibilidades que parecía ofrecer la industria petrolera mexicana. En tanto que el propio Presidente consideraba que el petróleo se había convertido en "el más importante pilar de nuestra independencia económica y en el factor de compensación fundamental para nuestras críticas deficiencias",[7] el director de Pemex lanzó proyectos de gran envergadura simultáneamente en todas las áreas de la empresa. Así, si bien en una primera instancia era la exportación de crudo lo que debía proporcionar a Pemex y a la economía un importante flujo de divisas, en el mediano plazo se esperaba que la ampliación de la capacidad de transformación industrial de estos recursos permitiría exportar crecientes volúmenes de productos con valor agregado incorporado, es decir petrolíferos y petroquímicos básicos.[8] Sin embargo, a pesar de que este último objetivo estaría también incluido en subsiguientes planes y programas de desarrollo del sector público, funcionarios de Pemex (y del IMP) han manifestado que la exportación de petrolíferos a una escala importante no era considerada como económicamente rentable por la Gerencia de Refinación, en particular debido a la sobrecapacidad de refinación a nivel mundial. Más allá del discurso político, según el cual la sustitución de exportaciones de materia prima por exportaciones de productos manufacturados reflejaría un grado creciente de industrialización del país, el único criterio que habría prevalecido a nivel operativo

[7] José López Portillo "Primer informe presidencial", en *Comercio Exterior*, vol. XXVII, núm. 9, Banco Nacional de Comercio Exterior, septiembre de 1977, p. 1105.

[8] Véanse, por ejemplo, los siguientes extractos del programa sexenal de refinación de Pemex: "A la vez que se incremente la exportación de crudo, se incrementará también la exportación de gasolinas y destilados, con el propósito de estar permanentemente en el mercado internacional de crudo y destilados, así como en el de productos petroquímicos básicos, que también se producirán en volúmenes que hagan posible la exportación de cantidades sustanciales." (Lara Sosa, *op. cit*). "El impulso que le está dando Pemex a la industria de refinación obedece a dos razones: la meta de suprimir exportaciones de petróleo crudo y dar preferencia a las de productos refinados, y el propósito de afianzar y mantener por muchos años el autoabastecimiento del mercado interno" (*Petróleo internacional*, México, noviembre de 1976, p. 74). En su informe anual de 1978, el director de Pemex reiteraría: "Es política de la Institución que los porcientos de excedentes elaborados sean congruentes con la capacidad nacional de inversión y también con las posibilidades de venta al exterior. Petróleos Mexicanos programa exportar hacia 1982 el 16% de sus refinados..." (Jorge Díaz Serrano, *Informe del director general*, México, Pemex, 1978, p. 15.)

fue el de satisfacer el consumo interno. Colateralmente, la construcción de unidades de gran tamaño, con el fin de producir con economías de escala, permitiría disponer de excedentes temporales de producción, durante los primeros años de operación de las plantas.

Por otra parte, de la presentación efectuada por Pemex de su plan sexenal resalta que la posibilidad de llevarlo a cabo se apoyó en el crecimiento de las reservas probadas y la disponibilidad de amplios recursos financieros provenientes de la comercialización externa del crudo. Si bien estos factores eran esenciales, la dirección de la empresa parece haber soslayado las dificultades de coordinación y ejecución asociadas a la fuerte expansión de la capacidad productiva simultáneamente en las áreas primaria y de transformación industrial, en los tiempos especificados en el plan.[9] En realidad, la alta prioridad que se daría a lo largo del sexenio al cumplimiento, incluso con anticipación, de las metas de producción y exportación de crudo implicaría cierta subordinación de las demás actividades de Pemex. Asimismo, la falta de realismo con respecto a la capacidad de respuesta de las ramas industriales nacionales que debían proporcionar insumos a Pemex llevaría, por la premura, a recurrir preferentemente a la importación de materiales y equipos. Además de frenar los efectos multiplicadores del desarrollo de la industria petrolera sobre el resto de la economía e incrementar los costos, ello produciría cuellos de botella en la construcción de obras debido a dificultades inherentes a la adquisición de bienes de capital en el exterior. De manera general, aparentemente se sobreestimó el desarrollo tecnológico e industrial del país.

Capacidad instalada

De 1976 a 1982 la capacidad nominal de refinación (destilación primaria de crudo y fraccionamiento de líquidos del gas) mantuvo, e incluso superó ligeramente, el sostenido ritmo de crecimiento observado en el sexenio anterior: dicha capacidad se elevó a una TMCA de 9%, al pasar de 868.5 a 1 620.5 MBD. Se observan, sin embargo, algunas marcadas diferencias entre estos dos periodos. En tanto que durante la gestión de

[9] En una misión realizada en México en 1977, el Banco Mundial había cuestionado el programa de Pemex en los siguientes términos: "La principal duda respecto a la factibilidad 'física' del programa es si Pemex tendrá la capacidad de llevar a cabo el programa sin retrasos considerables en la construcción. Esta duda se refuerza por los retrasos que ya ocurrieron en 1977." (World Bank, *Special Study of the Mexican Economy: Major Policy Issues and Prospects, 1977-1982*, Washington, D.C., IBRD, 1977, p. 87.) En refinación, la íntegra realización del programa de desarrollo significaba la entrada en operación de una nueva planta cada mes y medio en promedio durante seis años, sin contar las obras que debían iniciarse en este lapso para que se terminaran en el periodo 1983-1988. Véase el cuadro IV.1.

Antonio Dovalí Jaime las tasas anuales de crecimiento fueron parecidas en la capacidad de destilación atmosférica de crudo (8.4%) y en la de fraccionamiento de líquidos del gas natural (9.7%), en la siguiente administración la TMCA fue mucho más pronunciada en este último tipo de proceso (22.5%) que en el primero (6.6%). La capacidad de fraccionamiento de líquidos del gas elevó así su participación en la capacidad global de refinación de 11% a cerca de 22% (cuadro IV.2).

Por otra parte, conforme al objetivo establecido por Pemex de aumentar el rendimiento de productos ligeros e intermedios y mejorar su calidad, se lograron importantes incrementos de la capacidad instalada en desintegración catalítica, hidrodesulfurización de naftas, gasolinas y destilados intermedios, así como en reformación catalítica de naftas. Si bien esta situación contrasta con la del sexenio anterior, donde la capacidad de dichos procesos no se modificó (con excepción de la desintegración catalítica), los resultados alcanzados en 1982 distaban notablemente de las metas fijadas en el programa sexenal para el área de refinación (cuadro IV.2).

Finalmente, al analizar la evolución de la capacidad de refinación de 1970 a 1982 destaca el hecho de que ésta se incrementó principalmente en las regiones de elevada demanda de productos y en mucho menor medida en las zonas cercanas a los campos petroleros (cuadro IV.3). Esta política de localización de las refinerías fue diseñada en función de un criterio fundamental de transporte y distribución: resulta menos costoso transportar el crudo de los campos petroleros a centros de refinación ubicados en las regiones donde se concentra el consumo, que distribuir los diferentes tipos de petrolíferos elaborados desde refinerías alejadas de estas últimas.[10]

Después de entrar en operación, en 1977, las siete plantas faltantes en la refinería de Tula,[11] las principales ampliaciones del sistema de refinación se concretaron entre 1979 y 1981 como resultado de la finalización de las primeras etapas de Cadereyta y Salina Cruz. Estos dos centros significaron un cambio en el criterio de selección de tamaño de plantas: la capacidad total de destilación atmosférica de Cadereyta (235 MBD, repartida en dos plantas) equivalía a una vez y media la de Tula y casi dos veces y media la de Azcapotzalco; en tanto que la capacidad primaria de Salina Cruz, aunque inferior a la de Cadereyta, se concen-

[10] Véase Prieto, *op. cit.*

[11] Éstas incluían: una planta hidrodesulfuradora de nafta de 36 MBD; una de reformación catalítica de nafta de 30 MBD; dos hidrodesulfuradoras de destilados intermedios de 25 MBD y una planta tratadora y fraccionadora de hidrocarburos con capacidad de 11 MBD de líquidos y 364 MMPCD de gases amargo; una planta de azufre de 160 TonD y una reductora de viscosidad de 41 MBD. Véase el diagrama de flujo de Tula en el capítulo anterior, p. 69.

CUADRO IV.2
CAPACIDAD DE REFINACIÓN POR CENTROS PRODUCTORES Y POR PROCESOS: METAS Y RESULTADOS, 1977 Y 1982
(MBD)

Procesos	*1977* *Situación (MBD)*	*1982* *Neta*[a] *(MBD)*	*Situación (MBD)*	*Cumplimiento de programa (%)*
Total capacidad nominal de refinación	973.5	—	1 620.5	—
Fraccionamiento de líquidos del gas	108.5	—	350.5	—
Cactus	—		11.0	
La Cangrejera	—		113.0[b]	
Cd. Madero	—		1.0	
Minatitlán	75.0		90.0	
Poza Rica	22.0		22.0	
Reynosa	11.5		11.5	
Destilación atmosférica	865.0	1 670.0	1 270	76.0
Azcapotzalco	105.0		105.0	
Cadereyta	—		235.0	
Cd. Madero	185.0		185.0	
Minatitlán	200.0		200.0	
Poza Rica	16.0		16.0	
Reynosa	9.0		9.0	
Salamanca	200.0		200.0	
Salina Cruz	—		170.0	
Tula	150.0		150.0	
Destilación al vacío	382.0	794.0	594.0	75.0
Desintegración catalítica	208.0	377.0	328.0	87.0
HDS de naftas	83.0	266.0	194.0	73.0
HDS de destilados intermedios	122.0	372.0	272.0	73.0
Reformación catalítica de naftas	65.0	191.0	105.0	55.0
Reducción de viscosidad	69.0	—	69.0	—
Cap. de producción de lubricantes[c]	8.0	—	7.0	—

[a] Meta establecida en 1977 para 1982.
[b] No inició operaciones en ese año.
[c] Se refiere a Salamanca, cuyo rendimiento bajó debido a la reducción del crudo de Poza Rica, adecuado para la elaboración de lubricantes.
FUENTE: Lara Sosa, *op. cit.*, p. 21; Pemex, *Memoria de labores 1977* y *1982*, *op. cit.*, y cuadro 16 del anexo 1.

traba en una sola planta de 170 MBD, la más grande de las que operaba Pemex.

Cadereyta, la primera refinería importante que Pemex instalaba tierra adentro en el norte del país,[12] fue inaugurada en 1979. En ese año y el

[12] Véase el mapa 1 del anexo 1.

CUADRO IV.3
EVOLUCIÓN DE LA LOCALIZACIÓN DE LAS REFINERÍAS, 1970, 1976 Y 1982

	1970		*1976*		*1982*	
	MBD	*%*	*MBD*	*%*	*MBD*	*%*
Refinerías cercanas a los campos petroleros (Minatitlán, Cd. Madero, Poza Rica, Reynosa)	333	62.5	410	47.4	410	32.3
Refinerías ubicadas en regiones de elevado consumo de petrolíferos (Azcapotzalco, Salamanca, Tula, Cadereyta y Salina Cruz)	200	37.5	455	52.6	860	67.7
Total	533	100.0	865	100.0	1 270	100.0

FUENTE: Pemex, *Memoria de labores 1970, 1976* y *1982, op. cit.*

siguiente entraron en operación las dos unidades de destilación atmosférica (100 y 135 MBD), junto con las plantas de destilación al vacío (62 y 75 MBD), y la unidad de desintegración catalítica FCC (40 MBD). En 1981 se terminaron las demás unidades previstas en la primera etapa de la refinería (gráfica IV.2). El costo total de la inversión fue de 12 035 millones de pesos,[13] distribuidos en la forma siguiente: 2% en ingeniería, 47% en equipos y materiales, 45% en construcción y 6% en administración.[14] El crudo provenía de los campos de Chiapas y Tabasco en el sureste, en tanto que el aprovisionamiento de gas natural se efectuaba mediante un ramal conectado al gasoducto Reynosa-Monterrey. El agua era extraída de pozos profundos de la región de la Sierra de los Ramones, de donde se enviaba a la refinería por un acueducto de 30 pulgadas de diámetro.

La producción de Cadereyta debía cubrir las necesidades de energéticos líquidos de Nuevo León, Coahuila, Chihuahua y, en forma parcial, Tamaulipas y Durango.[15] Anteriormente, era principalmente la refinería de Ciudad Madero la que abastecía a estos estados, enviándose los destilados por el poliducto Ciudad Madero-Monterrey-Torreón-Chihuahua y el combustóleo por el combustoleoducto Ciudad Madero-

[13] Equivalente a 527.6 millones de dólares tomando como referencia el tipo de cambio promedio de 1979.

[14] Véanse Pemex, *Cadereyta*, México, Pemex, 1980, p. 3, y "Cadereyta, el mayor centro procesador de México", en *Petróleo internacional*, vol. 37, núm. 6, México, junio de 1979, pp. 27-29.

[15] Véase el mapa 2 del anexo 1.

GRÁFICA IV.2

DIAGRAMA DE FLUJO DE LA REFINERÍA DE CADEREYTA

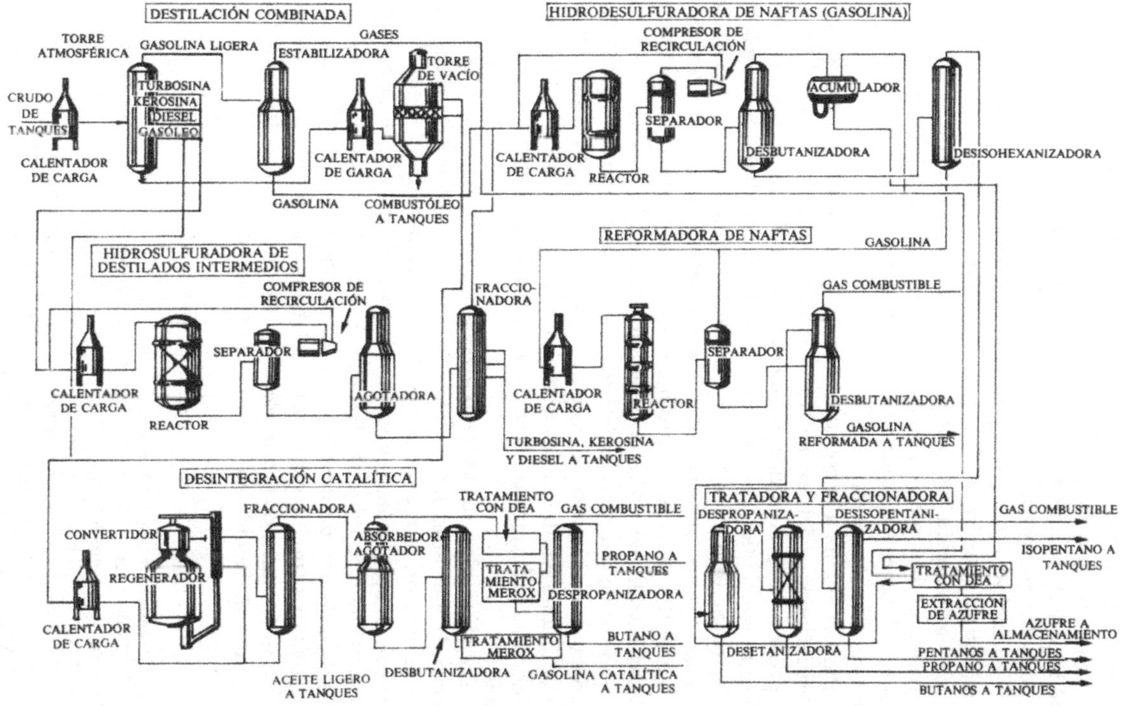

FUENTE: Pemex, *Cadereyta*, *op.cit.*, p. 6.

Cadereyta, desde donde era distribuido por equipo rodante (autotanques y carrotanques) a los clientes.

En cuanto a la refinería de Salina Cruz, la primera y única establecida en la costa del Pacífico,[16] ésta empezó a funcionar en 1980 con las plantas de destilación atmosférica (170 MBD), destilación al vacío (75 MBD) y desintegración catalítica FCC (40 MBD). El año siguiente se terminó la construcción de la reformadora de naftas (20 MBD) y de las tres hidrodesulfurizadoras. La inversión total alcanzó 7 053 millones de pesos.[17] Al incluir este centro algunas unidades idénticas a las de Cadereyta (desintegración catalítica, tratamiento de naftas y destilados intermedios, generación de energía eléctrica), se lograron sustanciales economías en ingeniería, tiempos de ejecución y precios de equipos. Al igual que Cadereyta, Salina Cruz procesaba crudo proveniente del sureste.

Paralelamente a la construcción de los dos centros mencionados, en los primeros años del sexenio 1977-1982 se integraron o ampliaron algunos procesos en refinerías en operación. En Ciudad Madero se incrementó la capacidad de desintegración catalítica de 23 a 51 MBD con el fin de lograr un mejor aprovechamiento de los gasóleos primario y de vacío; asimismo, se instalaron una hidrodesulfuradora de destilados intermedios (25 MBD) para producir diesel con bajo contenido de azufre y una desasfaltadora con propano (DEMEX) de 35 MBD para procesar residuos de vacío y recuperar de éstos una mayor cantidad de gasóleo, usado como carga en el proceso de desintegración catalítica. Junto con Cadereyta, Ciudad Madero abastecía al norte del país, utilizándose el puerto vecino para exportar los excedentes de productos o para importar los faltantes.

En Minatitlán se aumentó gradualmente la capacidad de fraccionamiento de gasolinas naturales, de 70 MBD en 1976 a 90 MBD en 1978, de acuerdo con la mayor disponibilidad de líquidos del gas.[18] En 1981 entraron en operación tres nuevas plantas, idénticas a las de Salina Cruz: una reformadora de nafta (20 MBD), una hidrodesulfuradora de nafta (25 MBD) y otra de destilados intermedios (25 MBD).[19] Esta refinería abastecía principalmente la zona del golfo, además de tener una participación importante en el suministro de las zonas del centro y del Pacífico, y contar con facilidades para la exportación.

[16] Véase el mapa 1 del anexo 1.

[17] Equivalente a 307.3 millones de dólares al tipo de cambio promedio de 1980. Véase "Reportaje petrolero. Continúa el desarrollo de Pemex", en *Nosotros los petroleros*, año 1, núm. 3, México, Pemex, octubre de 1979, pp. 27-28.

[18] En ese último año se pusieron también en marcha dos plantas criogénicas en Cactus, Chiapas, con lo cual aumentó la producción de gas licuado.

[19] Véase Pemex, *Memoria de labores 1981*, México, Pemex, 1982, p. 13.

También se integraron nuevos procesos en Salamanca: una planta de desintegración catalítica FCC, de 40 MBD,[20] y unas unidades de hidrodesulfuración y reformación de nafta, de 25 y 16.8 MBD, respectivamente. Por otra parte, se incrementó la capacidad de la desparafinadora de lubricantes de 5.5 a 7.5 MBD. Esta refinería —la única que incluía un tren de lubricantes, así como una unidad de desintegración de residuales con hidrógeno (H-Oil)— siguió abasteciendo el occidente del país y, en menor medida, el norte de la costa del Pacífico.

En cambio, no se modificaron las refinerías de Poza Rica, Reynosa y Azcapotzalco. En un principio, Pemex había esperado que la producción de Tula sería suficiente para cubrir la totalidad de la demanda de la zona central del país, lo que permitiría eliminar la refinería de Azcapotzalco. No sólo esta última incluía procesos que se habían vuelto obsoletos con el correr del tiempo, sino que su operación agravaba los problemas de contaminación e inseguridad en el Distrito Federal. Sin embargo, el fuerte y continuo crecimiento del consumo de refinados en el centro del país, junto con la postergación de la construcción de la segunda etapa de Tula, llevaría a posponer y finalmente cancelar el proyecto de desmantelamiento de la refinería de Azcapotzalco.

En 1981, con la finalización de todas las obras iniciadas en el sexenio anterior, apenas quedó concluida la primera parte del programa de Pemex en el área de refinación (cuadro IV.1 [A]). Dado que en el año siguiente no entró en operación ninguna nueva planta,[21] el sexenio 1976-1982 se terminó sin que se hubieran logrado avances significativos en las dos partes faltantes de dicho programa: de las obras que debían iniciarse y terminarse entre 1977 y 1982 (segundas etapas de Salina Cruz y Tula), sólo se había desarrollado la ingeniería de algunas plantas; en tanto que aquellas cuya terminación estaba prevista para el sexenio 1983-1988 (segunda etapa de Cadereyta y tercera de Salina Cruz) fueron pospuestas por un tiempo indefinido.

Diversos factores se combinaron para retrasar la ejecución del programa. Por una parte, como se mencionó previamente, la prioridad de Pemex recayó en el área de producción primaria, donde la consecución de las metas cuantitativas de producción y exportación era un requisito indispensable para satisfacer otras necesidades de orden nacional. Refiriéndose a los desequilibrios entre la oferta y la demanda que persistían en la industria de refinación a fines del sexenio, un funcionario de Pemex expresó:

[20] En vista de que este proceso sustituiría ampliamente al de desintegración catalítica de cama móvil (TCC), en 1984 se transformaría esta última unidad en una planta de destilación primaria de 55 MBD de capacidad.

[21] La fraccionadora de líquidos del gas en La Cangrejera, Veracruz, terminada en 1982, no empezó a funcionar en ese año.

Esta situación crítica refleja la baja prioridad que durante los últimos años se asignó a la inversión en refinerías frente a inversiones en producción primaria. Es muy revelador que la construcción de las plantas puestas en marcha durante el último quinquenio se inició antes de 1977, y que a partir de ese año no se ha iniciado la construcción de una sola planta importante en las refinerías del país.[22]

Por otra parte, surgieron cuellos de botella como consecuencia del elevado volumen de equipos y materiales que Pemex tenía que adquirir para llevar a cabo las obras.[23] Los talleres nacionales se encontraron saturados o incapacitados para proporcionar los insumos con la calidad y en los tiempos requeridos, en tanto que la burocracia y la complejidad de los trámites aduanales para la colocación de pedidos y compra de equipos en el extranjero provocaron demoras en las entregas.

También cabe recordar que algunos de los problemas internos de Pemex se acentuaron durante el auge petrolero mexicano, limitando el nivel general de eficiencia de la empresa. En una evaluación de dicha entidad, la Secretaría de Programación y Presupuesto observó, en particular,

> el anacronismo de las estructuras administrativas, la evidente falta de control adecuado de las operaciones, graves deficiencias del sistema de información, lo que no permite la toma de decisiones con los elementos de juicio suficientes y crea un ambiente propicio a la corrupción... Los problemas de esta índole han sido arrastrados por varias administraciones y, en la coyuntura económica que prevalecía a principios del actual régimen, su atención se tuvo que postergar ante la prioridad de incrementar rápidamente la producción...[24]

Finalmente, la crisis económica y financiera que estalló a mediados de 1981 en México y que resultaría de un alcance y profundidad sin pre-

[22] Antonio Souza Saldívar, "Requerimientos de flexibilidad y expansión de las refinerías en México", en IEPES, *Reunión popular para la planeación sobre energéticos y desarrollo nacional*, IV mesa de trabajo, México, IEPES, 1982.

[23] La limitada información disponible sobre la procedencia de los equipos y materiales para las obras de refinación dificulta el análisis de este tema. Según estimaciones del IMP (entrevistas personales) la industria nacional habría proporcionado entre 40 y 60% de dichos requerimientos. De acuerdo con una investigación realizada sobre una muestra de ocho proyectos de refinación, de 1971 a 1976 la participación de componentes nacionales en el costo de producción promedio de las refinerías fue de 35.2% en tanto que los componentes extranjeros contribuyeron con 64.8%. En el mismo estudio se estimaba que, en el periodo 1977-1986, 77% del programa de inversiones en materiales y equipos para las áreas de refinación y petroquímica, sería destinado a compras en el extranjero. Véase "Bienes de capital para la industria petrolera", en *Comercio Exterior*, vol. XXIX, núm. 8, México, Banco Nacional de Comercio Exterior, agosto de 1979, pp. 851-856. Para un análisis de la capacidad nacional en tecnología petrolera, véase Ruiz, *op. cit.*

[24] SPP, *Diagnóstico de Petróleos Mexicanos*, México, mimeo., s.f., p. 2.

cedente en la historia moderna del país rompió con el sueño de "la administración de la abundancia" que habían suscitado los descubrimientos de enormes reservas de hidrocarburos y su subsecuente explotación. Si bien las inversiones de Pemex se mantuvieron todavía en un elevado nivel en ese año, el deterioro de su situación financiera y, en general, de la del sector público obligaron a la empresa a restringir drásticamente su programa de desarrollo.[25] En 1982, las obras de refinación que seguían su curso se limitaban a la ampliación de Tula y Salina Cruz (cuadro IV.4).

Carga procesada

De 1976 a 1982, la producción de crudo en México se elevó de 801 a 2 748 MBD, lo que permitió satisfacer los crecientes requerimientos del sistema nacional de refinación, a la vez que incrementar las exportaciones de 94.4 a 1 492 MBD. Simultáneamente, los líquidos recuperados del gas natural aumentaron de 93.4 a 254.8 MBD, aunque cerca de la tercera parte de éstos consistían en etano, utilizado como insumo básico en petroquímica. La carga total procesada (crudo y líquidos del gas) registró así una TMCA de 8.4% en el sexenio considerado, al pasar de 740 a 1 199 MBD (cuadro IV.5). El aumento fue particularmente marcado de 1979 a 1980 (19%) como consecuencia de la entrada en operación, a pocos meses de intervalo, de las refinerías de Cadereyta y Salina Cruz, así como del funcionamiento a mayor capacidad de la criogénica de Cactus, Chiapas. En cambio, en el último año del sexenio se redujo el volumen total procesado, y por ende el grado de utilización de la capacidad nominal de refinación, debido a la necesidad de efectuar la reparación y mantenimiento de un número elevado de plantas. Fue entonces necesario recurrir al procesamiento externo de crudo (maquila) para poder atender la demanda nacional de petrolíferos, enviándose con ese fin un promedio de 104 MBD de crudo a refinerías de Estados Unidos y el Caribe.[26]

Por otra parte, en 1982 sólo se procesó 170 MBD de crudo en Cade-

[25] Para el análisis de la situación financiera de Pemex en 1982, en la cual la baja de los precios del crudo en el mercado internacional fue sólo uno de los factores que contribuyeron a su deterioro, véase Óscar M. Guzmán, "The Finances of Pemex", en Miguel, Wionczek, Óscar M. Guzmán y Roberto Gutiérrez (eds.), *op. cit.* Durante el sexenio considerado, los recursos que se canalizaron hacia las actividades de exploración y explotación para lograr la acelerada expansión de la producción petrolera se financiaron crecientemente a través de créditos, debido en parte a la política impositiva aplicada a Pemex, que limitaba su flujo de ingresos propios. Así, la deuda externa de la empresa, que en 1978 era de 4.3 mil millones de dólares, ascendió a 20.5 mil millones en 1982, una cuarta parte de la deuda externa del país.

[26] Véase el cuadro 25 del anexo 1.

CUADRO IV.4
REVISIÓN DEL PROGRAMA DE REFINACIÓN EN 1982[a]

Refinería	*Proceso*	*Capacidad (MBD)*	*Observaciones*
Salina Cruz	Destilación al vacío	80	en ingeniería
	Destilación atmosférica	150	en ingeniería
	Reductora de viscosidad	50	pospuesto
	Alto vacío (prep. de carga)	50	pospuesto
Tula	Destilación atmosférica	150	en ingeniería
	Destilación al vacío	80	en ingeniería
	Alto vacío (prep. de carga)	40	pospuesto
Cd. Madero	Destilación atmosférica	150	relocalizado en Salina Cruz
	Destilación al vacío	80	relocalizado en Salina Cruz
Azcapotzalco	Alto vacío (prep. de carga)	25	pospuesto
Cadereyta	Reductora de viscosidad	100	pospuesto
	Alto vacío (prep. de carga)	100	pospuesto
Minatitlán	Reductora de viscosidad	50	pospuesto
	Alto vacío (prep. de carga)	50	pospuesto
Nueva refinería [Lázaro Cárdenas (Michoacán)]	Destilación atmosférica	300	pospuesto
	Destilación al vacío	160	pospuesto
	Desintegración catalítica	40	pospuesto
	Reductora de viscosidad	50	pospuesto
	HDS de naftas	36	pospuesto
	HDS de destilados intermedios	50	pospuesto
	Reformadora de gasolina	30	pospuesto

[a] Corresponde a la revisión del programa vigente a principios de 1981.
FUENTE: Pemex, citado en "Mexico Trims Oil Expansion to Help Budget and Prop Economy", en *Oil and Gas Journal*, vol. 80, núm. 35, Tulsa, Oklahoma, Pennwell Publ. Co., 30 de agoto de 1982, p. 88.

reyta, comparado con una capacidad nominal de 235 MBD. En ese momento aún no se justificaba utilizar íntegramente la capacidad de este centro, ya que se hubieran presentado importantes excedentes de producción de combustóleo respecto a la demanda en esta zona, cuyo envío a regiones deficitarias de este producto era difícil y costoso. Incluso, las ventas de combustóleo elaborado en Cadereyta disminuyeron de 45.2 MBD en 1976 a 34.1 MBD en 1982,[27] en una primera instancia debido

[27] Véase Prieto, *op. cit.*

CUADRO IV.5
CARGA TOTAL PROCESADA Y UTILIZACIÓN DE LA CAPACIDAD INSTALADA
1977-1982

	1977	*1978*	*1979*	*1980*	*1981*	*1982*
Carga total procesada[a] (MBD)	835.6	881.8	964.8	1 148.9	1 271.9	1 199.0
Crudo (MBD)	750.6	789.7	847.3	996.3	1 106.9	1 029.0
Líquidos del gas (MBD)	85.0	91.1	117.5	152.6	165.0	170.0
Capacidad utilizada (%)	85.8	89.1	71.9	77.8	86.1	74.0
Destilación atmosférica (%)	86.8	91.3	74.7	78.5	87.2	80.6
Fraccionamiento líquidos del gas (%)	78.3	73.2	56.8	73.7	65.1	50.0
Grados API del crudo procesado (promedio)	31.3	31.2	31.1	29.6	29.5	29.5

[a] No incluye los reprocesos.

FUENTE: Cuadro 15 del anexo 1; Pemex, *Memoria de labores 1977-1983*, México, Pemex, 1978-1984, y Secretariado Técnico de la Comisión de Energéticos, *Energéticos, boletín informativo del sector energético*, año 6, núm. 4, STCE/Sepafin, abril de 1982, cuadro 6.

a su sustitución por gas natural en esa región y, en 1982, por la crisis económica que afectó profundamente la actividad industrial de Monterrey. Ante los consecuentes excedentes de producción de combustóleo en Cadereyta, resultó conveniente restringir momentáneamente la utilización de la capacidad de refinación de la refinería, especialmente teniendo en cuenta que los posibles faltantes de destilados ligeros e intermedios podían obtenerse de Ciudad Madero por el poliducto Ciudad Madero-Monterrey-Chihuahua.

Si bien —en contraste con el sexenio anterior— no se presentaron limitaciones con respecto al volumen de materia prima disponible para alimentar las refinerías, el sistema productivo tuvo que adaptarse a los diferentes tipos de crudo producidos. En la segunda mitad de los setenta, con la explotación de los nuevos campos de crudo ligero (Istmo, 34° API) en el sureste, la carga de las refinerías tuvo un mayor contenido de fracciones ligeras y la producción de combustóleo empezó a volverse insuficiente para cubrir la demanda (a pesar del rápido crecimiento del consumo de gas natural).[28] Como consecuencia del aumento de las importaciones netas de combustóleo en 1978-1979,[29] las recomendaciones de instalar procesos para disminuir la producción de residuales perdieron actualidad.

[28] Véase la gráfica I.3 en el capítulo I, p. 44.

[29] Véase el cuadro 19 del anexo 1.

Sin embargo, en 1979 Pemex decidió dar más énfasis a la explotación de yacimientos en la sonda de Campeche, productores de crudo pesado (Maya, 22° API), como una de las medidas orientadas a acelerar la consecución de la meta de producción de petróleo, fijada en 2.25 MMBD.[30] Si bien el fuerte desarrollo que se imprimió a los campos marinos en los años siguientes contribuyó a que la oferta total de crudo se elevara a 2.27 MMBD en 1982, el rápido incremento de la participación del Maya en la producción total planteó un serio problema a la empresa. En efecto, los pesados son crudos difíciles de tratar técnicamente. Mientras que los hidrocarburos ligeros y medios se deshidratan y transportan fácilmente por tubería, la alta viscosidad y peso específico de los pesados hacen necesario recurrir a sistemas de transporte costosos. Pero además, en el caso del Maya, que se caracteriza por su alta concentración de asfaltenos, carbón y otros contaminantes (azufre, níquel y vanadio),[31] se requiere de plantas con procesos especiales para su refinación, tales como: procesos térmicos (reducción de viscosidad o coquización), procesos de extracción de solventes selectivos o procesos específicos para eliminar compuestos indeseables como el carbón, azufre y metales.[32]

En México, como en gran parte del mundo, a fines de los setenta las refinerías se encontraban acondicionadas para procesar fundamentalmente crudos ligeros, y su reconversión hacia el tratamiento de mayores proporciones de pesados exigía cuantiosas erogaciones.[33] Por lo tanto, el mercado internacional estaba poco abierto a la absorción de crecientes volúmenes de Maya y se hizo imprescindible aumentar su procesamiento interno.

La política de corto plazo adoptada por Pemex para afrontar tal si-

[30] Véase Ana María Sordo, *Exploración, reservas y producción...*, *op. cit.*

[31] Si bien existen otros crudos más pesados aún que el Maya, este último contiene una cantidad considerable de contaminante. Así, el Bachaquero venezolano tiene una gravedad de 12.4 °API pero contiene sólo 8.8% de asfaltenos, comparado con 14.7% en el caso del Maya.

[32] Aquiles Cantarell, "El proceso IMPEX. Para aligerar a los pesados", en *Información científica y tecnológica*, vol. 5, núm. 85, México, CONACYT, agosto de 1983, p. 27.

[33] En la posguerra, el crecimiento del consumo de petrolíferos en Europa y Japón había incidido más que todo en el combustóleo al verse desestimulado el consumo de gasolinas, en contraste con la situación en Estados Unidos donde la expansión de la industria automotriz dependía de la disponibilidad de gasolina a bajo precio. En ese momento, los crudos del Medio Oriente correspondían globalmente a la estructura de la demanda de Europa occidental. Sin embargo, en los setenta las crecientes importaciones de petróleo (ligero) por parte de Estados Unidos, aunadas a la fuerte elevación del consumo de productos ligeros en las economías europea y japonesa (vinculada al desarrollo de los transportes y servicios, las políticas energéticas y medidas de protección ambiental adoptadas por los países industrializados y la recesión económica en Europa) orientaron la demanda mundial hacia los crudos ligeros y de bajo contenido de azufre con la consecuente disminución relativa del valor de los crudos pesados. Véase Fadhil J. Al-Chalabi, *La OPEP y el precio internacional del petróleo: el cambio estructural*, México, Siglo XXI Editores, 1984, pp. 112-114.

tuación y que sería reiterada en el Programa de Energía publicado en 1980,[34] consistía en elevar la carga total de crudo en las refinerías para poder cubrir el consumo interno de productos ligeros. Tanto Pemex como la Secretaría de Patrimonio y Fomento Industrial (Sepafin) consideraban que el consecuente incremento de la producción de combustóleo habría de encontrar un uso interno. Para Jorge Díaz Serrano, que desde mediados de 1977 propiciaba la exportación de gas natural, el consumo interno de los excedentes de combustóleo permitiría liberar importantes volúmenes de gas para su venta externa.[35] Sepafin, por su parte, estimaba inconveniente la exportación de combustóleo en vista de su elevado contenido de azufre que deprimía su valor en el mercado internacional y de las fuertes inversiones que implicaría su desulfuración. Por lo tanto, contrariamente a la medida indicada en el plan sexenal, se proponía sustituir al gas natural por combustóleo, en particular en la generación de electricidad y en la refinación.

En 1980, Pemex incrementó el procesamiento de Maya, programando la operación de las refinerías hacia una alta conversión de residuales en destilados. En Cadereyta, por ejemplo, se logró elevar la participación del crudo pesado en la carga de 18 a 43% sin que aumentara proporcionalmente la producción de residuales.[36] En promedio, la carga total procesada en 1980 fue de 29.6° API, comparado con 31.1° API en 1979 (cuadro IV.5).

Sin embargo, a partir de 1981, la operación de las refinerías con cargas compuestas en más de 25% de crudo pesado y sin proceso de desmetalización ocasionó severos daños en diversas plantas.[37] La carbonización y corrosión de los equipos de proceso, debido a las características del Maya, llevó a la necesidad de suspender la operación de las unidades mientras se efectuaban las reparaciones.[38]

Si bien lo anterior constituyó la respuesta inmediata al cambio en

[34] Véase Sepafin, *Programa de energía, metas a 1990 y proyecciones al año 2000 (resumen y conclusiones)*, México, Sepafin, 1980, p. 40.

[35] Aunque Pemex no había incluido metas de exportación de gas natural en su plan sexenal, a mediados de 1977 Jorge Díaz Serrano planteó la conveniencia de exportar este recurso a Estados Unidos, en cantidades que debían alcanzar 2 000 MMPCD a partir de 1979. Ante la elevada relación gas/aceite en los campos petroleros de Reforma en Chiapas y contrariamente a lo expresado unos meses antes, la dirección de la empresa estimó que el uso interno de los incrementos de producción de gas asociado requeriría de un cambio en los patrones de consumo (sustitución de combustóleo por gas natural) que, en el mejor de los casos, retrasaría el cumplimiento de las metas de producción de crudo. Véase Jorge Díaz Serrano, *Comparecencia del señor ingeniero Jorge Díaz Serrano, Director General de Petróleos Mexicanos, ante el H. Congreso de la Unión*, México, Pemex, octubre de 1977.

[36] Véase Pemex, *Memoria de labores 1980*, México, Pemex, 1981, p. 10.

[37] Posteriormente, se limitó la participación del Maya a alrededor de 25 por ciento.

[38] En el curso de ese mismo año Pemex reparó 206 plantas de proceso y 125 plantas auxiliares.

la mezcla de crudos procesados, se definieron también acciones para superar a mediano plazo la nueva tendencia del sistema de refinación a producir rendimientos menores de productos ligeros.[39] Pemex encomendó al IMP el diseño de una tecnología que permitiera obtener del crudo Maya rendimientos de productos ligeros similares a los obtenidos con petróleo de tipo menos pesado. Ello dio lugar al desarrollo del proceso IMPEX, que consiste fundamentalmente en eliminar el alto contenido de asfaltenos y metales presentes en los crudos pesados de tipo Maya. Al final de la destilación primaria, los residuos obtenidos se someten a un proceso de extracción selectiva; por medio de un solvente se eliminan de estos residuos los hidrocarburos de alto peso molecular o asfaltenos. Se obtiene así un producto de características similares a los residuos provenientes de un crudo ligero, y se eliminan además los contaminantes.[40] La instalación del IMPEX requiere de inversiones relativamente poco elevadas[41] y materiales de construcción no sofisticados, disponibles en el país. El solvente utilizado en la extracción, que debe vaporizarse y condensarse continuamente, puede obtenerse de las plantas de procesamiento de líquidos del gas natural. El uso de los asfaltenos, precipitados como residuos en el proceso, es un problema relativamente complejo. En economías que manejan elevadas cantidades de carbón, los asfaltenos pueden incorporarse a este último. También se han usado con éxito en hornos para producir cemento, mezclados con la carga de caliza. Pequeñas cantidades de asfaltenos pueden encontrar aplicaciones en la formulación de productos asfálticos para pavimentación, impermeabilización y otros usos industriales. Operando el proceso IMPEX adecuadamente, es posible obtener asfaltenos de consistencia aceptable para su almacenamiento y manejo como material sólido y seco. En 1983, Pemex instalaría en Ciudad Madero una planta IMPEX, cuya prueba despertaría cierto interés a nivel internacional.[42]

[39] La estrategia planteada en el Programa de Energía para superar a mediano plazo la inadecuación de la estructura de producción a los requerimientos de la demanda interna consistía en acelerar el ritmo de inversiones en el área de refinación para modificar la configuración de las refinerías de tal manera que, a partir de mediados de los ochenta, se elevaran los rendimientos de productos ligeros a pesar de la mezcla distinta de crudo. Empero, la crisis financiera de Pemex obligaría a contraer las inversiones en refinación.

[40] Cantarell, *op. cit.*, p. 27.

[41] En 1983, el IMP estimó la inversión en aproximadamente US$ 5 por barril, de suerte que la rentabilidad del proceso depende en gran medida de la diferencia de precios en el mercado internacional entre crudos ligeros y pesados.

[42] En 1979, Pemex ya había instalado en la misma refinería una planta DEMEX, otro de los procesos desarrollados por el IMP. Esta unidad permitía duplicar la capacidad de procesamiento de la planta de desintegración catalítica para la producción de gasolinas de alto octano. Ambos procesos contribuirían a que, a mediados de los ochenta, la carga de Ciudad Madero incluyera alrededor de 50% de crudo pesado (comparado con un máximo de 25% en las otras refinerías).

A fines del sexenio 1976-1982, ante la situación financiera adversa de Pemex, se tuvo que diferir el proyecto de construcción de una nueva refinería en la costa del Pacífico (Lázaro Cárdenas, Michoacán) concebida para procesar únicamente crudo Maya. Asimismo, cuando a principios de los ochenta se optó por incrementar la capacidad de viscorreducción del sistema de refinación para obtener mayores rendimientos de productos ligeros, los proyectos se encontraron frenados por razones financieras (cuadro IV.4, p. 110).[43]

Con las limitaciones expuestas, en 1982 el Maya representaba solamente una cuarta parte de la alimentación de las refinerías. En cambio, más de la mitad de los 1.5 MMBD de petróleo exportado por Pemex en ese mismo año consistía de crudo pesado.[44]

Producción, consumo y política de precios

En los años 1976-1982 la producción de petrolíferos se incrementó a una TMCA de 9.1% (comparada con 7.3% en el sexenio anterior), al pasar de 733 a 1 237 MBD (cuadro IV.6). El crecimiento fue particularmente elevado en los años 1977 (12.4%) y 1980 (18.9%) como resultado de la terminación de Tula, en el primer caso, y de la entrada en operación de Cadereyta y Salina cruz, en el segundo.[45] Por el contrario, en 1982 la producción disminuyó en 1.8% al encontrarse detenida la operación de varias instalaciones durante la primera parte del año, cuando se hizo impostergable efectuar el programa de reparación y mantenimiento antes referido.[46]

A fines del sexenio, Minatitlán seguía siendo la refinería con el mayor volumen de producción (cuadro IV.7). En ella, Cadereyta y Salamanca se elaboraba más de la mitad de la oferta interna global de petrolíferos, distribuyéndose el resto entre los otros seis centros procesadores. Las gasolinas, kerosinas, diesel, combustóleo y gas licuado eran producidos, en diferentes proporciones, en cada una de las refinerías, en función de las demandas regionales y de los procesos secundarios disponibles. La oferta de asfaltos se concentraba en Ciudad Madero y Salamanca, siendo este último centro el único productor importante de lubricantes.

[43] Las únicas refinerías que disponían de viscorreductoras eran las de Azcapotzalco, Ciudad Madero y Tula.

[44] Para modificar la composición de la mezcla exportada en favor de una mayor participación del crudo pesado, Pemex amplió las diferencias de precios entre el Istmo y el Maya, de acuerdo con las condiciones del mercado petrolero internacional. La participación del Maya en el volumen total de exportaciones de crudo se elevó de 20% a fines de 1979 a 45% en 1980, 56% en 1981 y 54% en 1982.

[45] Véase el cuadro 18 del anexo 1.

[46] Véase el inciso anterior.

CUADRO IV.6
ELABORACIÓN DE PETROLÍFEROS POR PRODUCTO, 1976, 1981 Y 1982

	1976		*1981*		*TMCA*	*1982*		*TMCA*
Productos	*Volumen (MBD)*	*Composición porcentual*	*Volumen (MBD)*	*Composición porcentual*	*1976-1981 (%)*	*Volumen (MBD)*	*Composición porcentual*	*1981-1982 (%)*
Gas licuado	55.7	7.6	135.9	10.8	19.5	150.8	12.2	11.0
Gasolinas	212.0	28.9	360.9	28.6	11.2	348.1	28.1	—3.6
Turbosina	36.9	5.0	41.3	3.3	2.3	45.4	3.7	9.9
Kerosinas	16.9	2.3	28.9	2.3	11.3	30.6	2.4	5.9
Diesel	162.6	22.2	269.9	21.4	10.7	230.8	18.7	—14.5
Combustóleo y res.	200.0	27.3	347.0	27.5	11.7	349.6	28.3	0.8
Asfaltos	11.8	1.6	18.2	1.4	9.1	20.0	1.6	9.9
Lubricantes	8.3	1.1	9.5	0.8	2.7	7.8	0.6	—17.9
Grasas y parafinas	1.9	0.3	2.0	0.2	1.0	2.1	0.2	5.0
Otros[1]	27.0	3.7	46.6	3.7	11.5	52.1	4.2	11.8
Total	733.1	100.0	1 260.3	100.0	11.5	1 237.4	100.0	—1.8

[1] Incluye coque, negro de humo y entregas netas a petroquímica.
FUENTE: Pemex, *Anuario estadístico 1983, op. cit.*, pp. 52-53.

CUADRO IV.7

VOLUMEN DE LA PRODUCCIÓN DE REFINADOS POR REFINERÍA Y POR PRODUCTO, 1981[a]

(miles de barriles)

Productos	Total del país	Refinería de: Ciudad Madero	Azcapotzalco	Salamanca	Minatitlán	Poza Rica	Reynosa	Tula	Cadereyta	Salina Cruz
Total de refinados										
Absolutos	425 861	58 595	31 794	64 333	94 295	10 233	3 108	46 643	63 395	47 965
Participación porcentual	100.0	13.8	7.5	15.1	22.1	2.4	0.7	10.9	16.2	11.3
Gasolinas										
Absolutos	124 022	14 780	11 074	18 331	24 921	3 026	1 154	11 953	21 305	17 479
Participación porcentual	100.0	11.9	8.9	14.8	20.1	2.4	0.9	9.7	17.2	14.1
Kerosinas										
Absolutos	682	—	—	272	98	312	—	—	—	—
Participación porcentual	100.0	—	—	39.9	14.4	45.7	—	—	—	—
Diesel										
Absolutos	97 158	13 613	5 691	14 600	21 707	1 120	54	12 574	19 359	8 441
Participación porcentual	100.0	14.0	5.8	15.0	22.3	1.2	0.1	13.0	19.9	8.7
Combustóleos										
Absolutos	125 466	18 883	8 922	16 647	23 236	2 789	35	15 423	20 499	19 031
Participación porcentual	100.0	15.1	7.1	13.3	18.5	2.2	n.s.	12.3	16.3	15.2
Asfaltos										
Absolutos	6 619	4 773	—	1 791	56	—	—	—	—	—

CUADRO IV.7 (*continuación*)

Productos	*Total del país*	*Refinería de* Ciudad Madero	*Azcapotzalco*	*Salamanca*	*Minatitlán*	*Poza Rica*	*Reynosa*	*Tula*	*Cadereyta*	*Salina Cruz*
Participación porcentual	100.0	72.1	—	27.1	0.8	—	—	—	—	—
Gas licuado										
Absolutos	23 467	569	199	1 177	14 864	1 674	1 588	646	924	1 306
Participación porcentual	100.0	2.4	0.9	5.0	63.4	7.1	6.8	2.8	3.9	7.7
Otros										
Absolutos	48 447	5 978	5 909	11 514	9 394	1 313	277	6 046	6 808	1 203
Participación porcentual	100.0	12.3	12.2	23.8	19.4	2.7	0.6	12.5	14.0	2.5

[a] Incluye gas licuado y naftas obtenidos del fraccionamiento de líquidos del gas natural en Reynosa, Poza Rica y Minatitlán. No incluye gas licuado y naftas obtenidos del fraccionamiento de líquidos del gas natural en complejos petroquímicos del SE (Cactus, La Cangrejera).

n.s. = no significativo.

FUENTE: Pemex, Gerencia de Refinación. Datos tomados de los reportes contables.

Aunque a mediados del sexenio considerado aumentó el rendimiento de destilados ligeros e intermedios y bajó el de residuales,[47] esta tendencia no persistió. En 1981, la estructura de la producción de petrolíferos fue similar a la existente en 1976, con dos excepciones (cuadro IV.6). La participación del gas licuado en la oferta total se elevó de 7.6 a 10.8%, mientras que la de las kerosinas disminuyó de 5.0 a 3.3%. El crecimiento de la producción de gas licuado a un ritmo anual promedio cercano a 20% en estos años fue posible principalmente gracias a la instalación de plantas criogénicas y, en menor medida, a la expansión de la capacidad de desintegración catalítica en las refinerías. A fines del sexenio 1976-1982, más de 80% de la producción de gas licuado se obtenía de las plantas de tratamiento de gas.[48] Por su parte, la disminución de la contribución relativa de la kerosina para uso doméstico (diáfano) al volumen global de producción de refinados fue la continuación de una tendencia que se manifestó desde fines de los años cincuenta, en función de: *a*) la progresiva sustitución de su consumo por el gas licuado (combustible más limpio), y *b*) la prioridad acordada a la producción de gasolinas y diesel ante la presión de la demanda.

En 1982, la reducción de la capacidad efectiva de refinación por la reparación de plantas significó principalmente una contracción de la elaboración de diesel. Así, el sexenio finalizó sin que se lograra aumentar el rendimiento de destilados ligeros e intermedios. Aunque en 1982 se añadieron motivos pasajeros, esta situación reflejaba esencialmente la mayor densidad del crudo procesado a partir de 1980, así como el rezago de varios proyectos, en particular de aquellos que hubieran permitido contrarrestar los efectos adversos del procesamiento interno del Maya.

A pesar de lo anterior, el objetivo primordial de alcanzar y mantener la autosuficiencia se logró para la mayoría de los petrolíferos. Las importaciones de Pemex representaron menos de 3% del consumo nacional aparente en todos los años del sexenio considerado, con excepción de 1978. El grado de autosuficiencia de la industria de refinación mexicana ascendió a 99% en 1981, pero bajó ligeramente el año siguiente si se tiene en cuenta el volumen de productos obtenidos del exterior mediante el procesamiento de crudo de origen mexicano (maquila) (cuadro IV.8).

En términos generales, la entrada en operación de las nuevas refinerías no sólo permitió satisfacer los incrementos del consumo, sino que

[47] En 1979, las gasolinas y el diesel representaron 54.2% del volumen total de producción, comparado con 51.1% en 1976; en tanto que la participación del combustóleo y los asfaltos disminuyó de 28.9 a 25.8% en el mismo periodo. Véase el cuadro 19 del anexo 1.

[48] Se estima que el gas licuado extraído de líquidos del gas ascendió, de 29 MBD en 1970, a 46 MBD en 1976 y 125 MBD en 1982, lo cual correspondió a 78, 82 y 83%, respectivamente, del volumen total de producción de este combustible.

CUADRO IV.8
GRADO DE AUTOSUFICIENCIA ALCANZADO EN LA INDUSTRIA DE REFINACIÓN
1977-1982

Años	*CNA*[a] *(1)* MBD	*Importaciones* *(2)* MBD	*Participación* *(2) en (1)* %	*Maquila*[b] *(3)* MBD	*Grado de autosuficiencias*[c] %
1977	843.4	24.4	2.9	—	97.1
1978	913.1	37.2	4.1	—	95.9
1979	976.4	27.5	2.8	—	97.2
1980	1 105.7	14.8	1.3	0.5	98.6
1981	1 198.4	10.1	0.8	0.7	99.1
1982	1 258.8	8.2	0.7	58.5	94.7

[a] Consumo nacional aparente: producción + importaciones - exportaciones + saldo del intercambio de productos + productos obtenidos de la maquila de crudo.
[b] Volumen de petrolíferos obtenido del procesamiento externo de crudo mexicano.
[c] 100% - porcentaje de participación de las importaciones (2) y la maquila (3) en el consumo nacional aparente (1).
FUENTE: Cuadros 19 y 25 del anexo 1.

originó también un cambio importante en el comercio exterior: mientras que en 1979 el volumen de importaciones de refinados casi triplicó al de las exportaciones, en 1980 la situación se invirtió (cuadro IV.9).

Sin embargo, el crecimiento de la demanda fue acompañado por una modificación de su estructura que no correspondía con la evolución de la oferta. En efecto, de 1978 a 1981 las ventas internas de gasolinas y gas licuado se elevaron aceleradamente, mientras que las de combustóleo lo hicieron a un ritmo considerablemente menor (cuadro IV.10). Por el contrario, como se observó anteriormente, estos productos mantuvieron una participación prácticamente constante en la oferta global de petrolíferos, con excepción del gas licuado que elevó ligeramente su contribución (cuadro IV.6, p. 116).

CUADRO IV.9
COMERCIO EXTERIOR DE PETROLÍFEROS,
1979-1981
(MBD)

Año	*Importaciones*	*Exportaciones*	*Saldo*
1978	37.2	1.8	—35.4
1979	27.5	10.1	—17.4
1980	14.8	47.9	33.1
1981	10.1	66.3	56.2

FUENTE: Cuadro 19 del anexo 1.

CUADRO IV.10

VENTAS INTERNAS DE PETROLÍFEROS POR PRODUCTO, 1976, 1978, 1981 Y 1982

Productos	*1976*		*1978*		*TMCA*	*1981*		*TMCA*	*1982*		*TMCA*
	Volumen (MBD)	*Composición porcentual*	*Volumen (MBD)*	*Composición porcentual*	*1976-1981 (%)*	*Volumen (MBD)*	*Composición porcentual*	*1976-1981 (%)*	*Volumen (MBD)*	*Composición porcentual*	*1981-1982 (%)*
Gas licuado	63.2	9.0	76.7	9.5	10.2	116.1	11.0	14.8	132.0	12.2	13.7
Gasolinas	207.5	29.6	238.1	29.4	7.1	357.8	33.9	14.5	360.9	33.4	0.9
Kerosinas	51.3	7.3	54.9	6.8	3.4	66.8	6.3	6.8	65.2	6.0	—2.4
Diesel	163.6	23.3	188.2	23.2	7.3	232.9	22.1	7.4	222.5	20.6	—4.5
Combustóleo y res.	195.1	27.8	229.1	28.3	8.4	249.6	23.7	2.9	269.2	24.9	7.9
Asfaltos	11.2	1.6	11.2	1.4	0.0	17.7	1.7	16.5	18.5	1.7	4.5
Lubricantes	7.6	1.1	9.1	1.1	9.4	11.3	1.1	7.5	11.1	1.0	—1.8
Grasas y parafinas	2.0	0.3	2.4	0.3	9.5	2.3	0.2	-1.4	2.3	0.2	0.0
Total	701.5	100.0	809.7	100.0	7.4	1 054.5	100.0	9.2	1 081.7	100.0	2.6

FUENTE: Cuadro 26 del anexo 1.

Las tendencias del consumo fueron el resultado de diversos factores, coyunturales y estructurales, que se manifestaron, por un lado, en la aceleración del ritmo de expansión de la demanda de combustibles (gasolinas, diesel e incluso gas licuado) en el sector transporte, y, por otro, en un intenso proceso de sustitución de combustóleo por gas natural, tanto en el sector industrial como en el energético, debido en gran parte a las políticas de abastecimiento y de precios adoptadas.[49] Con respecto a esto último, la aparente decisión de estimular el consumo de combustóleo para liberar importantes volúmenes de gas natural para la exportación no se concretó, no sólo debido a la falta de medidas eficaces para promover dicha sustitución sino porque a mediados del sexenio se decidió modificar el proyecto de exportación de gas. En efecto, en 1978, al no lograrse un acuerdo con el gobierno norteamericano para la venta de 2 000 MMPCD de gas, México decidió utilizar este recurso internamente, como sustituto del combustóleo en la industria nacional y en la generación de electricidad. El año siguiente las autoridades mexicanas reanudaron el diálogo con Washington, pero esta vez por un volumen de exportación de sólo 300 MMPCD. En el mercado interno, hasta 1982 los precios relativos del combustóleo y del gas natural favorecieron el uso de este último, especialmente teniendo en cuenta las ventajas que ofrece en términos de productividad, vida activa y mantenimiento de las instalaciones, y contaminación.

Desde principios de los ochenta, el elevado nivel de consumo de energía en México y la creciente dependencia de la economía con respecto a los hidrocarburos se había vuelto motivo de preocupación. La participación del petróleo y el gas natural en la producción nacional de energía primaria comercial se elevó de 87.8% en 1970, a 90.3% en 1975 y 95.6% en 1980; en tanto que la TMCA del consumo final de energía fue de 8.8% de 1975 a 1980, comparado con 7.9% en el quinquenio anterior.[50] El consumo de energía mostraba un crecimiento mayor al del producto interno bruto, tendencia que ya se observaba al inicio de los setenta pero que se reforzó en los últimos años de ese decenio.[51] Las altas tasas de

[49] El consumo aparente de gas natural, según los balances nacionales de energía, se elevó a una TMCA de 17.8% de 1978 a 1981, comparado con un promedio anual de 3% en los siete años anteriores. En el caso del combustóleo, la TMCA del consumo nacional fue de 2.9% en el periodo 1978-1981 y de 10.2% de 1970 a 1977. Véase SEMIP, *Balances nacionales de energía 1970-1981*, México, SEMIP, varios años; y SEMIP, *Balances nacionales de energía 1982-1984*, México, SEMIP, 1986.

[50] Véase Guzmán, Yúnez-Naude y Wionczek, *Uso eficiente y conservación de energía en México...*, *op. cit.*, pp. 31 y 35.

[51] Al comparar los quinquenios 1970-1975 y 1975-1980, se observa que la TMCA del consumo total de energía per cápita aumentó de 3.7 a 6.5%; la elasticidad-producto de dicho consumo se elevó de 1.3 a 1.7; y la TMCA del consumo de energía por unidad de producto interno bruto (PIB) se incrementó de 0.7 a 3.3%, *Ibid.*, p. 33.

crecimiento económico, especialmente de 1978 a 1981,[52] el acelerado proceso de urbanización y la mayor importancia de sectores de alta intensidad energética en la estructura industrial del país habían incidido en elevar el nivel de consumo de energía, tanto total como por unidad de producto; pero el bajo precio de los energéticos había favorecido la conformación de un patrón de consumo irracional desde el punto de vista económico y social, e incluso el derroche de recursos.

La política de bajos precios se había reafirmado durante los primeros años de la administración de José López Portillo.[53] Los ingresos provenientes de la comercialización externa del petróleo, junto con el endeudamiento, proporcionaban a Pemex los recursos que necesitaba para financiar sus programas de inversiones, sin que la estabilidad nominal de los precios internos constituyera un obstáculo financiero inmediato para la empresa. Por su parte, el gobierno pospuso la elevación del impuesto federal sobre las ventas internas de petrolíferos, ante su mayor captación de recursos de la industria petrolera mediante el impuesto a la exportación de crudo.[54] Así, de 1977 a fines de 1980 hubo un fuerte deterioro de los precios internos de los hidrocarburos, en términos reales (gráfica III.3, p. 93).

Los bajos precios relativos de los hidrocarburos, frente a los de las demás mercancías, no constituían el único factor responsable de la poca eficiencia en el consumo de energía, sino que reforzaban una tendencia derivada en gran parte de la estrategia de crecimiento promovida en Mé-

[52] De 1978 a 1981, el PIB creció, en términos reales, 8.5% anual en México, una de las mayores tasas de crecimiento en el mundo.

[53] Aunque las siguientes observaciones se limitan a los hidrocarburos, dicha política fue generalizada en el sector energético. En el caso de la electricidad, por ejemplo, el precio real promedio disminuyó en casi 50% entre 1970 y 1981.

[54] Unos años más tarde, el Banco de México manifestaría que "... mientras aumentaron los ingresos por las exportaciones de petróleo, las demás percepciones del sector público... se rezagaron notablemente. Así, de 1977 a 1981 los ingresos en términos reales del sector público por la exportación de Pemex aumentaron más de cinco veces. Pero, por su lado, los precios de los servicios públicos y de los bienes producidos por empresas del Estado para consumo interno sufrieron una caída importante. Considérese, por ejemplo, que de 1977 a 1981 los ingresos derivados de la venta interna de gasolina se redujeron casi 33% en términos reales... En parte, los rezagos mencionados se produjeron debido a que la magnitud de los ingresos por las ventas de petróleo permitía posponer decisiones de aumentos de precios y tarifas... Al evitar presiones inflacionarias de efecto inmediato, posponiendo el aumento de precios y tarifas, en realidad se estaba fomentando un mayor consumo presente —y menor inflación aparente— a costa de uno menor en el futuro —y mayor inflación posterior—, ya que se estaba difiriendo un ajuste acumulado en el nivel de precios. Esto fue factible en virtud de la utilización intensa de la deuda externa y de la base monetaria como fuentes de financiamiento. Por lo tanto, esta política propició una tendencia hacia un mayor desequilibrio estructural de las finanzas del sector público en el mediano plazo, que tendría severas repercusiones más adelante". Banco de México, "La economía mexicana en 1982", en *El mercado de valores*, año XLIII, núm. 13, México, Nafinsa, 28 de marzo de 1983, p. 316.

xico desde el decenio de los cuarenta. Al igual que en muchos países en América Latina, el sector transporte se desarrolló principalmente sobre la base del transporte automotriz. En la inversión pública siempre se destinó un componente importante a la infraestructura vial, en tanto que en el sector industrial al rama automotriz constituyó uno de los ejes dinámicos. La actuación del Estado se complementó así con el protagonismo de las empresas transnacionales en la industria automotriz.

En los últimos años de los setenta, varios factores se conjugaron para acentuar la distorsión del sector transporte, con el consecuente incremento de su ineficiencia desde el punto de vista energético. Entre ellos destacan los siguientes:[55].

— Un aumento significativo en la compra y uso de automóviles particulares, como consecuencia del súbito crecimiento del ingreso disponible de grupos sociales de ingresos altos y medios.[56]
— La falta de integración de las redes de transporte urbano, las deficiencias en la calidad del servicio público de transporte de pasajeros y, en general, su insuficiencia, que reforzaron la demanda de vehículos particulares.
— La disminución de la eficiencia del transporte urbano (km/l), particularmente en el valle de México. La creciente aglomeración hizo aumentar el tiempo de recorrido por viaje determinado y, por ende, el consumo de combustible.[57]
— La falta de progreso técnico en la eficiencia media de los automóviles vendidos en esos años.
— La saturación de los sistemas de autotransporte público federal y ferroviario, lo cual alentó el transporte interurbano de mercancías en vehículos más ligeros, que las empresas tuvieron que adquirir para garantizar el movimiento de materias primas y productos terminados. Este proceso de sustitución tendió a reducir la eficiencia en el uso del combustible.

Adicionalmente, la creciente diferencia entre los precios de las gasolinas en México y Estados Unidos dio origen a un crecimiento "anor-

[55] Véase Secretariado Técnico de la Comisión de Energéticos, "Ventas de gasolina y de diesel", en *Energéticos, boletín informativo del sector energético*, año 6, núm. 1, México, STCE/Sepafin, enero de 1982, pp. 9-10.

[56] Como resultado de la recuperación y auge de la economía mexicana, las ventas de automóviles aumentaron muy rápidamente a partir de 1978, logrando la industria automotriz una expansión sin precedentes. Dichas ventas crecieron a una tasa media anual de 15% de 1978 a 1981, alcanzando un incremento de 22% en ese último año.

[57] Según un estudio realizado por *Energy Detente*, en Francia cada vehículo automotor consume un promedio anual de 1 290 litros de combustible, mientras que en México este promedio se eleva a 5 501 litros. Véase "México: Energy Point Man?", en *Energy Detente*, vol. 3, núm. 2, California, febrero de 1982, p. 3.

mal'' del consumo de este combustible en la zona fronteriza. En 1979, el volumen de ventas de gasolinas de Pemex en la frontera norte se elevó en 30%, comparado con 14.5% en el resto del país (cuadro IV.11). Ello refleja la compra de gasolina mexicana por parte de vehículos con matrícula norteamericana, el contrabando de combustibles y la proliferación de vehículos importados, que resultan obsoletos en Estados Unidos dado su elevado consumo de gasolina.

CUADRO IV.11
VENTAS INTERNAS DE GASOLINAS AUTOMOTRICES, 1979-1982
(BD)

	1979	*1980*	*1981*	*1982*
Frontera norte[a]				
Nova	18 960.5	24 330.0	31 144.2	31 450.3
Extra	9 239.0	10 630.2	5 989.6	4 564.6
Total	28 199.5	34 960.2	37 133.8	36 014.9
Resto del país				
Nova	232 501.6	260 163.6	309 291.3	317 119.1
Extra	11 664.5	15 629.7	7 796.7	4 396.5
Total	244 166.1	275 793.3	317 088.0	321 515.6
Total				
Nova	251 462.1	284 493.6	340 435.5	348 569.4
Extra	20 903.5	26 259.9	13 786.3	8 961.1
Total	272 365.6	310 753.5	354 221.8	357 530.5

[a] Incluye las agencias de Cd. Juárez, Mexicali, Nogales, Reynosa y Rosarito.

FUENTE: Pemex, Gerencia de Ventas. Tomado de Jaime Mario Willars, *El petróleo en México: efectos macroeconómicos, elementos de política y perspectivas*, México, El Colegio de México, 1984, p. 53.

En el sector industrial, la caída de los precios reales de los energéticos alentó la adopción de tecnologías intensivas en el uso de energía —desarrolladas en los países industrializados durante la era de la energía barata—, distorsionando el proceso de selección y adopción de tecnologías. En general, la abundancia de recursos energéticos y el deseo de alcanzar nuevamente altas tasas de crecimiento y de convertir a México en un país industrializado hicieron prioritarios los objetivos para acelerar la actividad económica, relegando la preservación de los recursos no renovables del país.

El Plan Global de Desarrollo (1980-1982), dado a conocer a mediados de 1980, fue explícito en considerar que la estructura de precios y tarifas de los energéticos había contribuido a acentuar la problemática del sector.[58] Por lo tanto, se estimaba necesario modificar la política de precios para que pudiera cumplir con tres funciones: el financiamiento del desarrollo del sector, el fortalecimiento de las finanzas públicas y la racionalización del consumo. Para ello se proponía aproximar paulatinamente los precios internos a los internacionales, conservando siempre un margen a favor de la industria nacional, en particular en las regiones prioritarias de desarrollo.

El Plan Nacional de Desarrollo Industrial, publicado en 1979, ya había establecido un esquema de precios diferenciales basado en las prioridades regionales.[59] Se concedía así un descuento de 30% sobre los precios internos de referencia del gas natural, combustóleo y electricidad a las empresas que instalaban nuevas unidades de producción en los puertos industriales de Coatzacoalcos, Tampico, Salina Cruz y Lázaro Cárdenas, así como en los municipios de Tabasco y Chiapas.

La racionalización del consumo de energía fue también uno de los objetivos prioritarios del Programa de Energía, publicado a fines de 1980.[60] Para evitar el desperdicio de combustibles, elevar la eficiencia en el propio sector y ahorrar energía en sus distintos usos, principalmente en el transporte y la industria, se contemplaban diferentes medidas entre las cuales la política de precios ocupaba un lugar preferencial. Por lo que a los hidrocarburos concernía, el objetivo consistía en llegar a 70% de los precios externos de referencia de los combustibles industriales y el diesel, y a 100% para el resto de los petrolíferos, en el lapso de un decenio. Esto suponía incrementos considerables, dada la diferencia existente entre los precios internos y los externos (cuadro IV.12). La nueva política de precios debía permitir ser más selectivos

> otorgando los apoyos a ramas productivas prioritarias en lugar de concederlos indiscriminadamente a ciertas industrias por el solo hecho de ser intensivas en el uso de la energía. Por otra parte, un mayor precio de las gasolinas, además de su impacto sobre el consumo de estos combustibles, tiene efectos sobre la estructura económica en su conjunto al absorber ingresos de las capas medias-altas de la población y redistribuirlos a través del gasto público.[61]

[58] Véase Poder Ejecutivo Federal, *Plan global de desarrollo 1980-1982*, México, SPP, 1980.

[59] Véase Sepafin, *Plan Nacional de Desarrollo Industrial*, México, Sepafin, 1979.

[60] Véase Sepafin, "Programa de energía, metas a 1990 y proyecciones al año 2000, Resumen y conclusiones", en *El mercado de valores*, año XL, suplemento al núm. 47, México, Nafinsa, 24 de noviembre de 1980, p. 1166.

[61] *Ibid.*, p. 1171. De acuerdo con una encuesta de ingresos y gastos de hogares realizada en 1977 por la Secretaría de Programación y Presupuesto, 30% de los hogares de más alto ingreso en México consumía 93% de la gasolina vendida a particulares. En cambio, la mitad de los hogares de más bajo ingreso consumía menos de 2% del total de las ventas de gasolina. Véase Secretariado Técnico de la Comisión de Energéticos, "Inciden-

CUADRO IV.12
COMPARACIÓN DE PRECIOS INTERNOS AL PÚBLICO Y PRECIOS EXTERNOS DE COMBUSTIBLES SELECCIONADOS, JULIO DE 1980

Gas natural	
Precio interno	0.44 dls/MMBTU
Precio de exportación	4.47 dls/MMBTU
Exportación/interno	10.2 veces
Combustóleo pesado	
Precio interno	2.49 dls/B
Precio de exportación	18.55 dls/B
Exportación/interno	7.5 veces
Diesel	
Precio interno	0.164 dls/galón
Precio promedio E.U.	0.878 dls/galón
Precio E.U./precio México	5.4 veces
Gasolina regular	
Precio interno	0.461 dls/galón
Precio promedio E.U.	1.216 dls/galón
Precio E.U./precio México	2.6 veces
Gasolina extra	
Precio interno	0.658 dls/galón
Precio promedio E.U.	1.307 dls/galón
Precio E.U./precio México	2 veces
Gas L.P.	
Precio D.F.	0.111 dls/galón
Precio promedio E.U.	0.555 dls/galón
Precio E.U./precio México	5 veces

FUENTE: Secretariado Técnico de la Comisión de Energéticos, *Energéticos, boletín informativo del sector energético*, año 4, núm. 8, STCE/Sepafin, agosto de 1980, p. 26.

No obstante ciertas limitaciones de los planes mencionados, era la primera vez que el gobierno cuestionaba abierta y oficialmente la política de bajos precios aplicada desde la nacionalización de la industria petrolera, y proponía medidas de racionalización del consumo. Conforme a los nuevos lineamientos, en diciembre de 1980 se puso fin al estancamiento de los precios de los petrolíferos (cuadro IV.13). Los precios del combustóleo y el gas natural tendrían un aumento de 2.5% mensual, mientras que el del gas licuado se regularía en las diversas zonas del país hasta establecerse en 4.30 pesos por kilo al final de los 19 meses siguien-

cia de los aumentos de precios", en *Energéticos, boletín informativo del sector energético*, año 6, núm. 1, *op. cit.*, p. 12.

CUADRO IV.13

PRECIOS DE VENTA AL PÚBLICO DE LOS PRINCIPALES PETROLÍFEROS Y DEL GAS NATURAL

1977-1982

(peso/litro)

Años	Gasolina Nova	Gasolina Extra	Diesel	Diáfano doméstico	Turbosina	Gas licuado (pesos/kg)	Combustóleo pesado (pesos/m^3)	Gas natural industrial (pesos/m^3)	Gas natural doméstico (pesos/m^3)
1977	2.80	4.00	0.65	0.55	1.90	2.40	260.00	0.26	0.77
1978	2.80	4.00	0.65	0.55	1.90	2.40	260.00	0.26	0.77
1979	2.80	4.00	1.00	0.55	2.90	2.40	310.00	0.31	1.21
1980[a]	2.80	7.00	1.00	0.55	6.16	2.50	380.00	0.42	1.21
1981[b]	6.00	10.00	2.50	0.55	7.48	3.70[e]	510.00	0.56[e]	1.21
1982[c]	10.00	15.00	4.00	—	—	4.30	—	—	1.21
1982[d]	20.00	30.00	10.00	6.50	20.35	7.00	1 054.55	1.70	1.21

[a] Precios a partir del 21 de noviembre.
[b] Precios a partir del 21 de diciembre.
[c] Precios a partir del 1o. de agosto.
[d] Precios a partir del 2 de diciembre.
[e] Precio al 31 de diciembre, como resultado de los incrementos mensuales aplicados a estos productos.

FUENTE: Pemex, *Anuario estadístico 1983*, *op. cit.*, pp. 127-130.

tes.[62] En el caso de la gasolina Extra, el alza fue de 75%, con lo cual su precio se acercó al vigente en Estados Unidos (equivalente a 7.90 pesos por litro), y con ello se buscaba reducir el consumo de este tipo de combustible, en particular en la zona fronteriza con ese país. Las ventas de gasolina Extra cayeron efectivamente de 26.3 MBD en 1980 a 13.8 MBD en 1981 (cuadro IV.11, p. 125). Pero en términos generales, el incremento de precios fue demasiado selectivo como para lograr una drástica disminución en el ritmo de crecimiento de la demanda. El volumen total de ventas internas de refinados se elevó en 10.5% en 1981, alcanzando casi 20% en el caso de la gasolina Nova.

A fines de 1981 la Secretaría de Comercio (Secofin) autorizó una nueva alza de precios de los petrolíferos. Ante la presión particularmente fuerte de la demanda de gasolinas y diesel sobre el sistema de refinación —que, como se señaló anteriormente, tenía dificultades para ajustarse a la evolución de la estructura del consumo— los precios de estos combustibles registraron incrementos proporcionalmente mayores que los aplicados a los demás productos. Así, los precios nominales de la gasolina Nova y el diesel aumentaron en 114 y 150%, respectivamente; mientras que los incrementos mensuales aplicados al combustóleo y gas licuado situaron los precios nominales de estos productos a fines de 1981 en 34 y 48%, respectivamente, por encima de los niveles prevalecientes en diciembre del año anterior (cuadro IV.12)[63]. Se requeriría, sin embargo, de sucesivos y fuertes ajustes en 1982 y 1983 para que los principales combustibles (con excepción del gas licuado) recuperaran su valor real de 1975 y, en algunos casos, el de 1973 (gráfica III.3, p. 93).

Ante la devaluación del peso respecto al dólar norteamericano en 1982, la mayoría de los petrolíferos mexicanos seguían teniendo un precio muy bajo a nivel internacional. En un estudio reciente se observa que

[62] Hasta ese momento no existía un precio uniforme para el gas licuado, ya que en ciertas regiones del país (principalmente en el norte) se habían establecido concesiones para que empresas particulares importaran y distribuyeran este combustible, sin intervención de Pemex. En estos casos el precio al público se iba adaptando en función del precio de importación, de la competencia entre dichas empresas y, en menor medida, de las intervenciones directas del Ejecutivo (Secofin). El gas licuado que producía e importaba Pemex para distribuirlo en el resto del país tenía un precio inferior al que se le permitía fijar a las empresas importadoras del norte. Conforme aumentó la producción interna de gas licuado y se elevó el precio de importación, Pemex se fue responsabilizando de la casi totalidad de su distribución a los repartidores particulares. Para Pemex esta situación significó un incremento de los costos de distribución asociados al gas licuado, ya que el precio de venta que se le autorizaba era inferior al de importación. El proceso en el cual Pemex se hizo progresivamente cargo del abastecimiento de gas licuado en todo el territorio, junto con la uniformización de su precio, se inició a fines de 1980 y finalizó antes de 1983.

[63] Por otra parte, el gobierno federal dispuso otorgar, a través de la Secretaría de Hacienda y Crédito Público, un apoyo fiscal a las líneas de camiones de pasajeros que prestaban servicios urbanos, con objeto de contrarrestar las alzas de costos de operación derivadas del ajuste al precio de los combustibles, con tal de que no subieran los pasajes.

al mes de junio de 1983, el precio del gas licuado representó un 20% del prevaleciente en los Estados Unidos; los precios de las gasolinas Nova y Extra representaron el 50 y 70% de sus precios de referencia; es en los combustibles industriales donde se observa un diferencial mayor con relación a los precios de referencia, ya que el precio interno del combustóleo es menor a la décima parte del prevaleciente en el mercado internacional, mientras que el del gas natural representó cerca del 15% del precio que se cobra por las ventas al exterior de este combustible.[64]

Asimismo, al comparar los precios internos vigentes a mediados de 1983 para los principales combustibles en una veintena de países, con distintos grados de desarrollo, México destaca por tener uno de los niveles más bajos.[65]

Dentro del marco de la política de racionalización energética, la administración de José López Portillo emitió el "Decreto que establece rendimientos mínimos de combustible para automóviles", con la finalidad de propiciar que la industria automotriz utilizara los avances tecnológicos para producir automóviles de bajo consumo de gasolina.[66] Los puntos más importantes de dicho decreto eran los siguientes:

- Los automóviles, dependiendo de su peso vehicular y carga útil, debían alcanzar rendimientos mínimos de combustible; para 1982 el promedio tendría que ser de 7.5 km/l y para 1990 11 km/l.
- Las empresas, a su vez, debían alcanzar un promedio de rendimiento mínimo de combustible (PREMCE) en todos sus modelos de automóviles. De acuerdo con los valores fijados para el PREMCE de 1982 a 1990, México alcanzaría en 1987 el nivel de rendimiento mínimo exigido en Estados Unidos para 1985.
- Las empresas cuyo promedio de rendimiento de combustible superara en 1981 el valor de 11 km/l, no podrían disminuir dicho valor.
- A partir del año modelo 1985, no se podrían fabricar automóviles con motores de ocho cilindros.
- La Sepafin podría cancelar la fabricación de determinados modelos para asegurar el cumplimiento de los valores del PREMCE.

Si bien las alzas de precios se orientaban a frenar la demanda de combustibles, tenían también el propósito de generar nuevos ingresos para el gobierno federal, en el contexto del grave déficit financiero del sector público en 1981-1982.[67] En efecto, para los principales produc-

[64] Willars, *op. cit.*, p. 50.

[65] Véase el anexo 1, cuadros 30 a 35.

[66] Véase *Diario Oficial*, México, 21 de diciembre de 1981.

[67] Mientras que en 1970 el déficit financiero del sector público solamente representaba 3.8% del PIB, en 1981 y 1982 esta relación ascendió a 14.7 y 17.7%, respectivamen-

tos los aumentos de precios consistieron en la elevación del impuesto federal (y de las comisiones) o en la adición de nuevos impuestos de tal forma que la participación de Pemex en el precio al público no se incrementó e incluso llegó a disminuir en el caso de las gasolinas. A fines de 1982, Pemex percibía 1.49 pesos por cada litro vendido de gasolina Nova, comparado con 2.50 pesos en diciembre de 1976, cuando el precio de venta era de sólo 4 pesos/l. Asimismo, la participación de la empresa en el precio de venta de la gasolina Extra se redujo de 2.50 pesos/l a 2.23 pesos/l en el mismo periodo.[68] En un estudio efectuado por Pemex, se estimó que el margen de utilidad promedio de la empresa por barril de productos refinados se redujo (a precios constantes de 1983) de 65 pesos en 1977 a —792 pesos en 1982.[69] Por lo tanto, la política de precios internos para los hidrocarburos siguió desvinculada de la evolución de los costos de producción de la empresa, utilizándose más bien como herramienta para el logro de dos de los objetivos propuestos en el Plan Global de Desarrollo: el fortalecimiento de las finanzas públicas y la regulación de la demanda de energía.

El efecto de las modificaciones de la estructura de precios sobre el consumo fue significativo en 1982, conjugándose con las consecuencias de la crisis económica y financiera por la que atravesó el país en ese año.[70] El volumen total de ventas de refinados aumentó en menos de 3%, una de las tasas anuales de crecimiento más bajas en la historia reciente de la refinación mexicana. Las ventas de combustóleo y gas licuado crecieron a una tasa de 7.8 y 13.7%, respectivamente, pero las de gasolinas aumentaron en menos de 1% y las de diesel decrecieron en 4.5% (cuadro IV.10, p. 121).

El repunte en las ventas de combustóleo, que se prolongaría en los años siguientes, se dio ante las restricciones de la oferta interna de gas natural, debido a la declinación de la producción en Tabasco-Chiapas y la no conclusión de los sistemas para recuperar el gas asociado. En cambio, el elevado incremento del consumo de gas licuado era la continuación de una tendencia iniciada años atrás y que la nueva política de pre-

te. Véase Manuel Aguilera G., "La crisis mexicana: un ensayo de interpretación económica y financiera", en *Investigación económica*, núm. 169, México, UNAM, julio-septiembre de 1984, p. 248.

[68] Véase el cuadro 28 del anexo 1. El impuesto sobre el diesel registró un incremento proporcionalmente menor al de las gasolinas al pasar de 18 a 26% del precio de venta, de 1975 a 1982. Como consecuencia, los ingresos de Pemex por unidad de producto vendido eran dos veces superiores en el caso del diesel comparado con la gasolina, pese a que el precio de esta última era el doble del primero.

[69] Véase el cuadro 35 del anexo 1. Cabe señalar, sin embargo, que en el caso de algunos productos, como la turbosina, los precios han evolucionado de tal manera que cubrieron, con cierto margen, los costos de producción y los impuestos pagados por Pemex.

[70] En contraste con las elevadas tasas de crecimiento de la economía de 1978 a 1981, en 1982 el PIB disminuyó en 0.5% en términos reales.

cios no intentó contrarrestar. Así, la casi triplicación de la oferta interna de gas licuado en el sexenio considerado resultó insuficiente para eliminar las compras externas de este producto. Las ventas nacionales de gas licuado registraron un ritmo de crecimiento superior al de cualquier otro petrolífero en los años 1977-1982 (16.2% anual), además de elevarse los requerimientos internos de Pemex. El deterioro del precio real del gas licuado durante los primeros años del sexenio fue particularmente marcado (gráfica III.3, p. 93) y explica en parte el incremento acelerado de su consumo. Pero, además, cuando el gobierno elevó el precio de los energéticos en 1981-1982 el gas licuado fue el único combustible que siguió perdiendo valor en términos reales. Al acentuarse así el abatimiento de su precio con relación a la gasolina, en términos caloríficos (gráfica III.2, p. 92), se propició la utilización del gas licuado como carburante en motores de combustión interna. Esta situación se agravaría en los años siguientes, elevándose el uso de este combustible en el transporte de 1.9 a 11.5 billones de kilocalorías entre 1982 y 1985, con lo cual llegaría a significar 4.4% del consumo total de energéticos en este sector.[71] La conversión de automóviles particulares al uso de este carburante requiere de una adaptación relativamente sencilla y económica en términos de costo de la unidad y de los ahorros que se obtienen por gasto en combustibles. Existen también dos ciudades importantes (Guadalajara y Cd. Juárez) que utilizan gas licuado en los servicios municipales de transporte.

Sin embargo, en términos generales, el detenimiento del elevado ritmo de crecimiento de la demanda de petrolíferos significaba un nuevo respiro para la industria de refinación. El impacto de la caída de la producción en 1982 y del rezago general en la ejecución del programa sexenal se vio mitigado por los primeros intentos de racionalización del consumo.

Si bien la situación de autosuficiencia, lograda desde 1980 para la mayoría de los productos, ya no se veía amenazada por la progresión del consumo, tal como había sucedido en épocas anteriores, algunos problemas aún subsistían:

— La capacidad de procesamiento de crudo pesado era insuficiente, teniendo en cuenta las dificultades asociadas a su comercialización externa en elevadas proporciones y su importancia en las reservas probadas de hidrocarburos del país. El proyecto de refinería en el puerto de Lázaro Cárdenas-Las Truchas, Michoacán, que debía operar con una carga compuesta íntegramente

[71] Véase SEMIP, *Balances nacionales de energía 1982-1984* y *1985*, México, SEMIP, 1986, p. 24 y pp. 16-18, respectivamente; y Guzmán *et al.*, *op. cit.*, p. 175.

de crudo Maya, había sido pospuesto por limitaciones presupuestales.

— No todas las refinerías estaban completamente integradas con los procesos secundarios requeridos para la óptima producción de destilados. La capacidad de reducción de viscosidad de asfaltos de vacío era insuficiente en Minatitlán, Salamanca, Salina Cruz y Cadereyta, con la consecuente necesidad de utilizar elevados volúmenes de kerosina y diesel como diluentes para producir combustóleo dentro de las especificaciones.

— Aún no se había terminado la reparación o mantenimiento de las instalaciones que habían sido forzadas durante los últimos años para responder a la presión de la demanda de productos y a la nueva composición del crudo.

— La capacidad de almacenamiento de crudo y petrolíferos era limitada, lo cual restaba flexibilidad operativa al sistema de refinación y elevaba los costos de distribución. Algunas refinerías sólo contaban con cupo para la carga de crudo de dos días, lo que impedía homogeneizar la materia prima y dar el tiempo de reposo necesario para eliminar el agua salada que normalmente acompaña al crudo.[72]

— Respecto a la comercialización de los productos se afrontaban varias dificultades, tales como: medios de distribución insuficientes; mecanismos de cobranza lentos, complejos y manejados arbitrariamente; estaciones de servicio en mal estado, y fuerte centralismo en la organización administrativa.[73]

— A pesar de las modificaciones de la estructura de precios, subsistían incongruencias en términos de la disponibilidad relativa de los diferentes productos, en particular en el caso del gas licuado.

— Era necesario mejorar la eficiencia de los equipos para reducir el consumo de combustibles en las propias plantas de Pemex. En efecto, la eficiencia energética en el proceso de transformación industrial de los hidrocarburos disminuyó progresivamente de 86.0% en 1970 a 80.2% en 1981, lo cual no se explica únicamente por el aumento de la relación de productos altamente refinados a productos con bajo grado de refinamiento. También influyó el diseño de equipos y plantas de proceso energéticamente ineficientes, tanto por tomar como base precios bajos y amplia disponibilidad de materia prima, como por depender en forma

[72] Véase García Luna, "Requerimientos de flexibilidad y expansión de las refinerías en México", en *Energéticos*, año 6, núm. 6, México, Sepafin/Comisión de Energéticos, junio de 1982, p. 22.

[73] Véase Pemex, *Presentación al C. Presidente de la República, licenciado Miguel de la Madrid, de los avances y perspectivas de Petróleos Mexicanos en los dos primeros años de su administración*, México, Pemex, 1984, p. 67.

importante de tecnología y equipos estadunidenses, particularmente dispendiosos de energía.[74]

Comercio exterior

Si bien para la mayoría de los petrolíferos las importaciones efectuadas después de 1980 consistieron en faltantes temporales o importaciones fronterizas, dos productos siguieron experimentando un déficit de producción: los lubricantes y el gas licuado (cuadro IV.14).

La participación de las compras externas de gas licuado en el consumo nacional aparente se redujo, sin embargo, de cerca de 33% en 1976 a 2.4% en 1982.[75] A partir de 1979, Pemex recurrió también al intercambio de gas licuado con el exterior para facilitar el abastecimiento de ciertas regiones del país, alejadas de los centros productores.[76]

En cuanto a los lubricantes, si bien su producción siempre fue insuficiente para satisfacer la demanda, la situación se agravó a partir de 1978 cuando se triplicó el volumen de importaciones de estos productos respecto al año anterior. Ante las elevadas inversiones involucradas en la construcción de trenes de lubricantes y el requerimiento de una calidad muy específica de crudo, la ampliación de la capacidad de producción se fue rezagando y se limitó a modificaciones de la planta existente en la refinería de Salamanca. Con ello no se alcanzaron a cubrir las necesidades internas: en 1982, las compras externas representaron 27% del consumo nacional aparente.[77]

La antigua política de dejar que empresas privadas realizaran las mezclas o formulaciones a partir de lubricantes básicos y distribuyeran el producto terminado, nunca llegó a cambiarse. De esta manera, en el sexenio 1976-1982 Pemex elaboró y vendió sus propios lubricantes terminados, a la vez que proporcionó lubricantes básicos a los formuladores que distribuían el producto final bajo diferentes marcas (en general extranjeras) y a precios superiores a los de los productos de Pemex.

En su conjunto, el volumen de petrolíferos importados por Pemex se redujo de 25.4 MBD en 1976 a 8.2 MBD en 1982.[78] Sin embargo, en

[74] Véase Guzmán *et al.*, *op. cit.*, pp. 97-100. Según este estudio, la comparación de los consumos específicos de energía en las refinerías mexicanas con los patrones internacionales señala que podrían conseguirse mejoras que permitirían un ahorro de hasta 60% en el uso de combustibles.

[75] Véase el cuadro 21 de anexo 1.

[76] Una de las razones por las cuales Pemex recurrió al intercambio fue que este tipo de operaciones no llevaba impuestos, en contraste con las de importaciones y exportaciones, con lo cual la empresa lograba reducir ligeramente su pesada carga fiscal.

[77] Véase el cuadro 21 del anexo 1.

[78] Mientras que en 1976 las importaciones por particulares (principalmente de gas licuado y lubricantes) fueron de 17.5 MBD, en los años siguientes éstas fueron disminu-

CUADRO IV.14
IMPORTACIONES Y EXPORTACIONES DE PETROLÍFEROS EN 1982[a]

Productos	Importaciones			Exportaciones		
	Volumen (MBD)	*Estructura* (%)	*Participación en* CNA (%)	*Volumen* (MBD)	*Estructura* (%)	*Participación en producción* (%)
Gas licuado	3.6	43.9	2.4	1.2	2.9	0.8
Gasolinas	0.1	1.2	—	2.3	5.5	0.7
Kerosinas	1.2	14.6	1.6	0.5	1.2	0.7
Diesel	—	—	—	2.6	6.2	1.1
Combustóleo y res.	—	—	—	35.6	84.6	1.0
Asfaltos	—	—	—	—	—	—
Lubricantes	3.1	37.8	26.7	—	—	—
Grasas y parafinas	0.2	2.4	8.7	—	—	—
Total	8.2	100.0	0.7	42.1	100.0	3.4

[a] No incluye las importaciones por particulares; éstas fueron marginales en 1982.
FUENTE: Cuadros 19 a 22 del anexo 1.

valor, las importaciones se elevaron de 1 757 millones de pesos a 8 069 millones en el mismo periodo, a precios corrientes. Este considerable incremento es atribuible al alza de precios de los refinados en el mercado internacional, pero también a las devaluaciones del peso mexicano en este último año, como lo evidencia la evolución de las compras externas en dólares (126.3 millones en 1976 y 140.5 millones en 1982).[79] Al finalizar el sexenio, los petrolíferos representaban alrededor de 25% del valor total de las compras petroleras externas de Pemex, comparado con 51% en 1976. Este cambio en la estructura de las importaciones de la empresa se debió a la fuerte elevación de las compras externas de petroquímicos básicos.[80]

Los petrolíferos importados por la empresa fueron siempre vendidos en el mercado nacional al precio vigente para la producción interna. Debido al mantenimiento de los precios a un nivel muy inferior al prevaleciente en el mercado internacional y a la acentuación de la diferencia entre éstos a raíz de las devaluaciones de la moneda nacional en 1976 y 1982, el costo de comercialización de los petrolíferos importados ha sido una carga pesada para Pemex. Se estima que el subsidio otorgado de esta manera a los sectores consumidores se elevó de 4 702 millones de pesos en 1977 a 13 544 millones en 1982, a precios constantes.[81] A partir de este último año, la progresiva pérdida de valor del peso frente al dólar norteamericano haría cada vez más difícil acercar los precios internos a los precios externos de referencia.

A la vez que se redujo el volumen global y el número de productos importados en los últimos años del periodo 1976-1982, las exportaciones se fueron incrementando y diversificando.[82] Éstas comprendían principalmente combustóleo y excedentes marginales de producción de algunos otros petrolíferos; y el volumen total exportado no llegó a significar más de 3.4% de la producción en 1982 (cuadro IV.14), comparado con la meta de 15% establecida a principios del sexenio.

No obstante haberse elevado el valor de las exportaciones de petrolíferos de 199 millones de pesos en 1976 (15.7 millones de dólares) a 20 446 millones en 1982 (355.9 millones de dólares), su participación relativa en el total de ventas externas de Pemex fue marginal durante casi todo

yendo progresivamente hasta volverse marginales en 1981-1982. En vista de que Pemex absorbía la diferencia entre el costo de adquisición en el exterior de los petrolíferos y el precio interno autorizado para su reventa, los distribuidores particulares prefirieron dejar en manos de la empresa petrolera estatal la importación de los productos. Véase el cuadro 20 del anexo 1.

[79] Véase el cuadro 24 del anexo 1.

[80] Véase Pemex, *Memoria de labores 1977* y *1983*, México, Pemex, 1978 y 1984.

[81] En 1983, el subsidio ascendería a 23 905 millones de pesos. Estos datos fueron elaborados tomando como año base el de 1983. Pemex documentos internos.

[82] Véase el cuadro 22 del anexo 1.

este periodo (2% en 1982), en vista del acelerado crecimiento de las exportaciones de crudo.[83]

Como consecuencia de la disminución de las importaciones y el aumento de las exportaciones en la segunda mitad del sexenio, la balanza comercial de petrolíferos de Pemex —deficitaria en volumen y en valor de 1977 a 1979— registró un saldo positivo a partir de 1980 (gráficas IV.3 y IV.4). En valor, el superávit alcanzó 12 377 millones de pesos (215.4 millones de dólares) en 1982.[84]

El comercio exterior de petrolíferos tuvo lugar en forma predominante con Estados Unidos. En vista de que las exportaciones de refinados eran excedentes temporales de producción, la política de comercialización consistió básicamente en maximizar los ingresos, colocando los productos en el mercado más cercano y vinculándolos generalmente a la venta de crudo. Estados Unidos absorbió así la mayor parte de los volúmenes exportados (71% en 1981), aunque se logró cierta diversificación de los mercados de destino de 1978 a 1981 (cuadro IV.15). Las empresas norteamericanas compradoras de crudo mexicano fueron también la principal fuente externa de abastecimiento de refinados. El volumen de importaciones provenientes de Estados Unidos no varió significativamente en el transcurso del sexenio, con lo cual la participación relativa de este país en las importaciones totales de refinados se incrementó de 42% en 1978 a 89% en 1981, a medida que estas últimas se fueron contrayendo (cuadro IV.16).

[83] Véase Pemex, *Memoria de labores 1977* y *1983*, *op. cit.*
[84] Véase Pemex, *Memoria de labores 1983*, *op. cit.*

GRÁFICA IV.3
VOLUMEN DEL COMERCIO EXTERIOR DE PETROLÍFEROS DE PEMEX, 1977-1982
(MB/año)

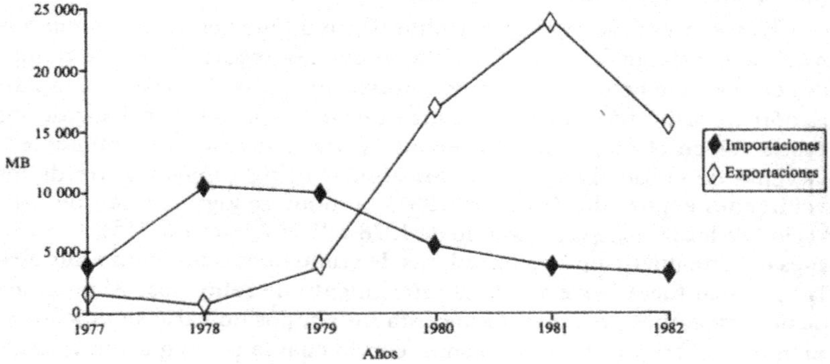

FUENTE: Cuadro 23 del anexo 1.

GRÁFICA IV.4
VALOR DEL COMERCIO EXTERIOR DE PETROLÍFEROS DE PEMEX, 1977-1982
(*millones de pesos/año*)

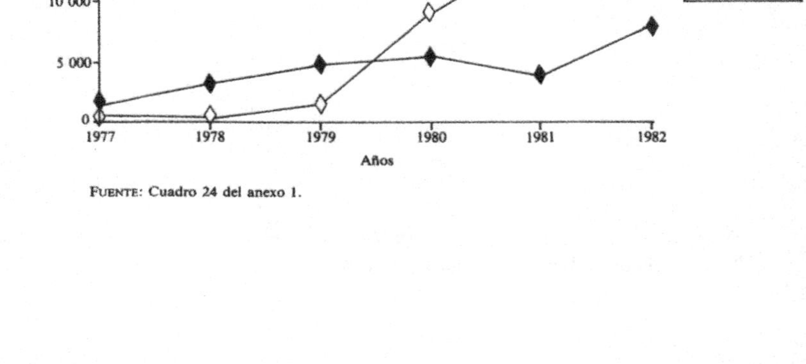

FUENTE: Cuadro 24 del anexo 1.

CUADRO IV.15
PAÍSES DE DESTINO DE LAS EXPORTACIONES DE PETROLÍFEROS, 1978 Y 1981

	1978		*1981*	
Países	*Volumen* (%)	*Valor* (%)	*Volumen* (%)	*Valor* (%)
Estados Unidos	56.3	51.5	70.9	63.9
Ecuador	42.5	47.3	2.3	3.6
Rep. Dominicana	0.1	0.2	—	—
Italia	—	—	8.7	9.1
España	—	—	7.1	10.4
Alemania	—	—	5.7	5.5
Brasil	—	—	3.5	5.2
Antillas Holandesas	—	—	1.3	1.5
Belice	—	—	0.4	0.7
Guatemala	—	—	0.1	0.1
Otros	1.1	1.0	—	—
Total	100.0	100.0	100.0	100.0

FUENTE: Pemex, Gerencia de Comercio Exterior, Carpetas de Comercio Exterior, en SPP/Pemex, *La industria petrolera en México, op. cit.*

CUADRO IV.16
PAÍSES DE ORIGEN DE LAS IMPORTACIONES DE PETROLÍFEROS DE PEMEX, 1978 Y 1981

	1978		*1981*	
Países	*Volumen* (%)	*Valor* (%)	*Volumen* (%)	*Valor* (%)
Estados Unidos	42.3	47.4	88.7	81.5
Venezuela	24.0	22.1	—	—
Antillas Holandesas	18.8	15.9	1.1	1.6
Ecuador	13.0	10.6	—	—
Gran Bretaña	1.2	2.5	—	—
España	0.5	0.9	3.7	6.1
Italia	0.2	0.6	—	—
Brasil	—	—	6.5	10.8
Total	100.0	100.0	100.0	100.0

FUENTE: Pemex, Gerencia de Comercio Exterior, Carpetas de Comercio Exterior, en SPP/Pemex, *La industria petrolera en México, op. cit.*

V. LOS CAMBIOS RECIENTES (1983-1985)

Políticas y programas

Desde el inicio del gobierno de Miguel de la Madrid, las líneas de acción de Pemex, y del sector energético en general, se definieron en el marco de la nueva política de reordenación económica y cambio estructural, diseñada para afrontar la profunda crisis por la que atravesaba el país.[1] El diagnóstico del sector energético, presentado en el Plan Nacional de Desarrollo (PND) 1983-1988 y reiterado en términos similares un año más tarde en el Programa Nacional de Energéticos (PNE) 1984-1988, fue severo.[2] Se reconocía que durante los últimos años el énfasis excesivo en el logro de metas cuantitativas en dicho sector se había traducido en la insuficiente atención a los aspectos cualitativos, en cierta desvinculación con los objetivos más generales de desarrollo y en el desaprovechamiento de su potencial como instrumento para avanzar en el desarrollo y la transformación estructural de la planta productiva nacional. El abaratamiento de los precios internos de los energéticos había propiciado el desperdicio y sobreconsumo de algunos productos, acentuándose así las distorsiones estructurales que caracterizaban a la planta industrial y al sistema de transporte del país. También se habían provocado desequilibrios de diversas índoles en las regiones donde se concentró la actividad petrolera.

Dentro del propio sector, la inusitada rapidez del crecimiento de la producción había originado presiones que se tradujeron en insuficiencias (*vb.* capacidad de almacenamiento de refinados y crudo), ineficiencias (*vb.* quema de gas a la atmósfera), y en la sobreexplotación de algunos yacimientos. Además, la venta de los productos en el mercado

[1] Los principales objetivos a corto plazo de la nueva administración consistían en reducir sustancialmente el déficit del sector público, lograr el equilibrio de la balanza de pagos y disminuir la tasa de inflación, mediante la implantación del Programa Inmediato de Reordenación Económica (PIRE), dado a conocer en diciembre de 1982. En el curso del siguiente año se publicó el Programa Nacional de Desarrollo 1983-1988, con el cual se pretendía contrarrestar las deficiencias estructurales de la economía. Véase Poder Ejecutivo Federal, *Plan nacional de desarrollo 1983-1988*, México, SPP, 1980.

[2] *Ibid.*, y Poder Ejecutivo Federal, *Programa nacional de energéticos 1984-1988*, México, SEMIP, 1984.

nacional por debajo de su costo había impedido a las empresas energéticas generar el ahorro interno suficiente para financiar su propia expansión, obligándolas a recurrir al endeudamiento, en particular al externo.[3]

La estrategia energética propuesta buscaba "aumentar la capacidad de respuesta del sector con un margen suficiente de maniobra para que en los plazos mediano y largo pueda satisfacer los crecientes requerimientos internos de energía, mantener una plataforma de exportación y ampliar su apoyo al resto de la economía".[4] Para ello la acción de cambio se concentraría en los siguientes factores:

1) *Productividad.* Las acciones para elevar el rendimiento de la capacidad de producción energética estarían orientadas a eliminar los desfases y estrangulamientos productivos, a desahogar y reforzar las actividades de apoyo como almacenamiento, transporte, distribución y mantenimiento, y a mejorar la calidad de productos y servicios ofrecidos. El cambio tecnológico se sustentaría en la consolidación y ampliación de las actividades de investigación y desarrollo. Se mantendrían como líneas de acción permanentes la austeridad y racionalidad en el gasto así como la política definida en materia de precios y tarifas. Finalmente, los ajustes en la estructura de refinación mundial y las características de la planta refinadora nacional obligaban a establecer una composición de la mezcla de crudos ligeros y pesados que permitiera, en el mercado externo, aprovechar las condiciones para aumentar el valor de las exportaciones y, en el ámbito interno, surtir de manera eficiente y oportuna la demanda de los diversos productos. Una implicación esencial del aumento de la productividad sería la disminución de las inversiones requeridas para igual volumen de demanda energética.

2) *Ahorro de energía.* Las primeras acciones se orientarían a eliminar el uso irracional y el desperdicio de energía, lo cual no implicaba inversiones significativas sino un esfuerzo por parte de los usuarios; posteriormente, se promovería el cambio tecnológico mediante la introducción de nuevos modos de producción que se estaban implantando en los países más avanzados. La política de precios y tarifas constituiría un instrumento importante en la estrategia de ahorro, aunque se aplicarían también medidas técnicas, financieras y de comunicación social. Se estimaba que, hacia el año 2000, el consumo de energía sería entre 18 y 22% mayor si no se incorporaban las medidas de racionalización, lo cual significaría un ahorro de 1.3 MMBD de petróleo equivalente. Ya para 1988 se esperaba obtener un ahorro de entre 7 y 9 por ciento.

3) *Diversificación.* La sustitución de fuentes primarias se llevaría a cabo en todos los subsectores, aunque el de electricidad realizaría las principales acciones en la materia.

[3] Poder Ejecutivo Federal, *Plan nacional de desarrollo 1983-1988*, *op. cit.*, pp. 338-339.
[4] Poder Ejecutivo Federal, *Programa nacional de energéticos*, *op. cit.*, p. 61.

4) *Vinculación intersectorial e interregional más eficiente.* Se afianzarían los encadenamientos hacia atrás y hacia adelante con el resto de la economía. En particular se mejoraría la programación de las adquisiciones de las empresas del sector, de modo que contribuyeran a estimular el diseño y fabricación nacional de bienes de capital.

5) *Participación activa y responsable en el mercado mundial de hidrocarburos.* Se mantendría la plataforma de exportación de crudo en 1.5 MMBD, aunque ésta podría modificarse en función de las circunstancias internacionales y en congruencia con los intereses del país; y se pugnaría por la disciplina de los productores y exportadores de petróleo.

Si bien desde un principio la administración de Miguel de la Madrid incrementó los precios y tarifas de los energéticos en forma periódica y significativa, sería en el Programa Nacional de Energéticos en el que se delinearían explícitamente los criterios seguidos.[5] Con respecto a los hidrocarburos, se tendría en cuenta la conveniencia de transferir al resto de la economía la ventaja comparativa que tenía México como poseedor de estos recursos, por lo cual se mantendrían los precios internos a un nivel inferior al prevaleciente en el exterior. Sin embargo, se eliminarían gradualmente los apoyos indiscriminados concedidos en el pasado a través de la estructura de precios[6] y, en el caso de los pretrolíferos importados, se suprimiría de inmediato el subsidio otorgado. Se corregiría la estructura de precios relativos considerando, para cada producto, la oferta y demanda, disponibilidad y posibilidades de sustitución, patrón de consumo que se pretendía estimular y beneficio relativo que se quería otorgar al sector consumidor (rural, doméstico, industrial, transporte). Así, el diáfano y tractogás, productos primordiales en el sector rural, tendrían un nivel de precios inferior (en términos de poder calorífico) a los de los demás combustibles. Asimismo, se favorecería el uso del diesel en vista de que su destino principal era el transporte colectivo y de mercancías; mientras que el precio de las gasolinas se acercaría a los niveles prevalecientes en el exterior, con el fin de desincentivar el uso del transporte individual.

La modificación de la política de precios concernía a todos los bienes y servicios del sector público y a tal efecto se creó la Comisión Intersecretarial de Precios y Tarifas de los Bienes y Servicios de la Administración Pública Federal, a fines de 1983.[7] Dicha Comisión debía analizar

[5] *Ibid.*, pp. 88-89. Véase también Pemex, *Petróleos Mexicanos y las modificaciones de los precios internos*, México, Pemex, mimeo., 1984.

[6] "...resulta inequitativo seguir transfiriendo recursos de una empresa nacional como Pemex —vía el subsidio indiscriminado— a actividades en las que no hay evidencia de que ese beneficio se transfiera al consumidor o se use para dar solución a los grandes problemas nacionales, como son el equilibrio de la balanza de comercio, la desconcentración, etc." *Ibid.*, p. 4.

[7] Integraban la Comisión los titulares de las Secretarías de Hacienda y Crédito Público, Programación y Presupuesto, Comercio, y Fomento Industrial, Gobernación, Tra-

las necesidades y los diversos factores a tomar en cuenta por la Secretaría de Hacienda y Crédito Público para la revisión de los precios.

Los lineamientos de estrategia definidos en el PND y PNE no cambiaban en lo fundamental los objetivos asignados a Pemex desde el inicio del auge petrolero mexicano, es decir: la satisfacción prioritaria de la demanda nacional de hidrocarburos y la incorporación de suficientes reservas nuevas para asegurar el abastecimiento a largo plazo; la aportación de recursos a la hacienda pública, así como la contribución a la balanza nacional de divisas mediante la exportación de crudo y productos, y el apoyo al desarrollo de la industria nacional por medio de la adquisición de bienes y servicios producidos en el país.[8] Sin embargo, a diferencia del sexenio anterior, la política de austeridad y racionalización del gasto del sector público, que se traducía en severos recortes presupuestales, limitaba el margen de maniobra de la empresa, a la vez que en el plano externo las condiciones de comercialización del crudo se hacían cada vez más difíciles. Por lo tanto el Plan de Pemex para el periodo 1984-1988,[9] en concordancia con las directrices del Ejecutivo federal, ponía particular énfasis en la necesidad de evitar el crecimiento desordenado, elevar el nivel de eficiencia organizacional y operacional y racionalizar los gastos, así como en una estricta priorización de las inversiones, buscando principalmente la consolidación de la infraestructura existente.

La inversión asignada al área de refinación para los años 1984-1988 se elevaba a 218 mil millones de pesos,[10] lo cual equivalía a sólo 8.6% de la inversión total de Pemex.[11] Los proyectos para incrementar la capacidad global de refinación se limitaban a la ampliación de las refinerías de Tula (150 MBD), incluyendo un nuevo tren de lubricantes, y de Salina Cruz (segunda y tercera etapas, 150 MBD cada una). Con estas obras la producción podría elevarse de 1 264 MBD en 1984 a 1 634 MBD

bajo y Previsión Social, Energía, Minas e Industria Paraestatal, y Contraloría General de la Federación. Véase "Acuerdo por el que se crea la Comisión Intersecretarial de Precios y Tarifas de los Bienes y Servicios de la Administración Pública Federal", en *El mercado de valores*, año XLIII, núm. 52, México, Nafinsa, 26 de diciembre de 1983.

[8] Véase Pemex, *Aspectos relevantes del plan 1984-1988*, México, Pemex, 1984, p. 2.

[9] En 1983-1984, la dirección de Pemex estableció un nuevo sistema de planeación que, en forma permanente, debía mantener actualizados los planes y programas de la empresa. Como parte de este proceso, Pemex elaboraría anualmente un plan quinquenal, tomando como referencia los principales aspectos de largo plazo (15 a 20 años) elaborados por la propia empresa, así como los lineamientos que establecía el Programa Nacional de Energéticos. *Ibid.*

[10] Precios de 1983; equivalente a 1.45 mil millones de dólares. En 1977 se había programado una inversión de 2.3 mil millones de dólares para el periodo 1977-1982, que representaba 16% de las inversiones globales de Pemex. Véase el capítulo IV, pp. 000.

[11] La perforación de pozos y las obras relacionadas con la producción primaria absorberían la mayor parte (61%) de la inversión presupuestada para este periodo. El incremento previsto del gasto de inversión global de Pemex era de 6.4% anual en términos reales.

a fines del sexenio, lo cual sería suficiente para atender los incrementos de la demanda interna (estimados en 6.6% anual) y disponer de un promedio anual de 70 MBD de excedentes para la exportación. Las importaciones se restringirían a pequeños volúmenes de lubricantes, parafinas y grasas, hasta desaparecer totalmente en 1988. A pesar de que desde 1983 la producción de crudo Maya aumentó proporcionalmente más que la del Istmo, el Plan no contemplaba la elevación de la proporción de crudo pesado en la carga a las refinerías. Ésta se mantendría en promedio en un poco menos de 25%, aunque se mencionaba que estaba preparándose la adaptación del proceso IMPEX al sistema nacional de refinación.

El derrumbe de los precios de exportación del crudo a fines de 1985-principios de 1986, obligó nuevamente a la empresa a restringir su programa de inversiones.[12] De 1983 a 1986, la Subdirección de Transformación Industrial de Pemex solamente pudo ejercer 75% del presupuesto inicialmente aprobado.[13] A principios de 1987, Pemex estimó que la planta de destilación combinada (atmosférica y al vacío) de Tula iniciaría operaciones en 1988, terminándose las demás instalaciones en este centro (con excepción del tren de lubricantes) en el transcurso del siguiente año. La entrada en operación de la segunda etapa de Salina Cruz se pospuso para 1991.[14] Mientras tanto, en esta última refinería se integraría una unidad despuntadora de crudo en 1987 (gráfica V.1). Así, en lo que quedaba del decenio en curso, los incrementos previstos en procesos secundarios (cuadro V.1) se concentrarían casi exclusivamente en Tula. La revisión del programa de refinación, si bien se originaba en las nuevas limitaciones presupuestales de Pemex, tenía en cuenta el lento crecimiento de la demanda nacional, inducido por la aplicación de fuertes alzas de precios a los petrolíferos desde 1982 y por la acentuación de la crisis económica del país.

La industria de refinación en 1985

Con las modificaciones a las refinerías de Salamanca y Poza Rica y, principalmente, con la instalación de una nueva unidad de fraccionamiento

[12] De fines de diciembre de 1985 a marzo de 1986, los precios de exportación del petróleo mexicano disminuyeron en 15 dls/b, estableciéndose el precio promedio del Istmo en 11.25 dls/b y el del Maya en 10.14 dls/b. A principios de marzo, el gobierno estimó la consecuente pérdida de ingresos en divisas para el año de 1986 en 6 a 7 mil millones de dólares, equivalente a 3-4% del producto interno bruto. Véase Snoeck, *El comercio exterior de hidrocarburos...*, *op. cit.*, p. 148 y *ss.*

[13] Pemex, Subdirección de Transformación Industrial, Presupuestos de Inversión 1983-1986 (aprobado y ejercido) y techos financieros para 1987-1991, documentos de discusión interna.

[14] A principios de 1987, seguían su curso las negociaciones para un financiamiento japonés de algunos proyectos mexicanos, que incluían la ampliación de Salina Cruz.

GRÁFICA V.1

CAPACIDAD ÚTIL Y PROCESO DE CRUDO, 1983-1991

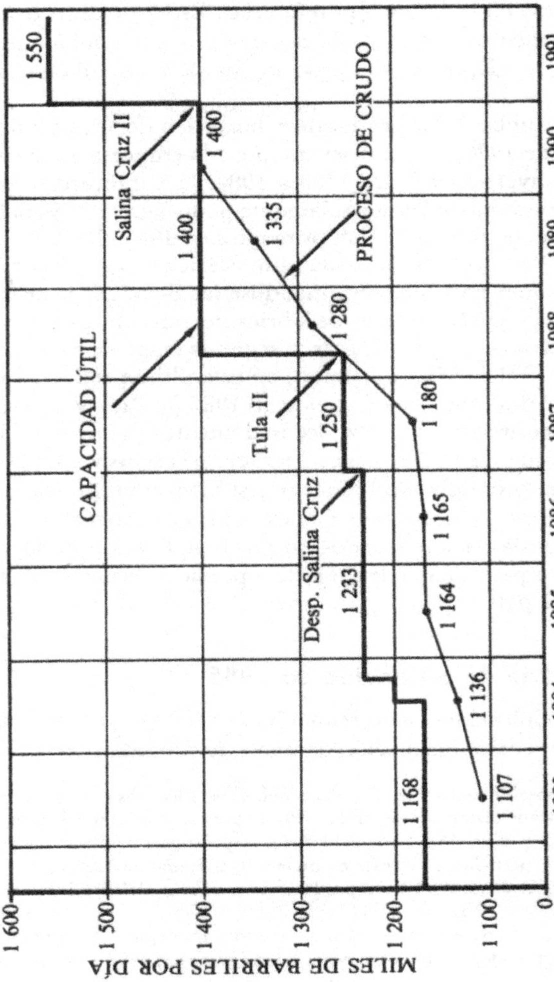

FUENTE: Pemex.

CUADRO V.1
CAPACIDAD INSTALADA Y ÚTIL DE LOS PRINCIPALES PROCESOS EN EL ÁREA DE REFINACIÓN
(*miles de barriles por día*)

	1986 Capacidad		*1987* Capacidad		*1988* Capacidad		*1989* Capacidad		*1990* Capacidad	
Proceso	*inst.*	*útil*	*inst.*	*útil*	*inst.*	*útil*	*inst.*	*útil*	*inst.*	*útil*
Destilación primaria	1 340	1 233	1 359	1 250	1 522	1 400	1 522	1 400	1 522	1 400
Destilación al vacío	594	546	594	546	674	620	674	620	674	620
Desint. catalítica	267	245	267	245	267	245	267	245	267	245
Reformación de naftas	158	145	158	145	188	173	188	173	188	173
Desulfuración de naftas	185	170	185	170	221	203	221	203	221	203
Desulfuración de dest. int.	272	250	272	250	322	296	322	296	322	296
Conversión de residuales	100	92	100	92	100	92	150	138	150	138
Lubricantes básicos	11	10	11	10	11	10	11	10	11	10
Fracc. de gasolina natural	440	404	550	506	550	506	550	506	550	506

FUENTE: Pemex

de líquidos del gas en Nuevo Pemex,[15] la capacidad nominal de destilación se elevó de 1 620.5 MBD en 1982 a 1 789.0 MBD en 1985, registrando una marcada desaceleración en su tasa anual de crecimiento, con respecto al decenio de los setenta.[16]

En 1985, el sistema nacional de refinación comprendía 111 plantas (comparado con 64 en 1970), repartidas en nueve refinerías (cuadro V.2). Así, desde 1970 no sólo se habían construido Tula, Cadereyta y Salina Cruz para facilitar el abastecimiento de petrolíferos en regiones de creciente consumo y alejadas de los centros productores, sino que en todas las refinerías se habían integrado nuevos procesos que permitían elevar el rendimiento de destilados ligeros e intermedios, de mayor demanda relativa, y mejorar la calidad de los productos obtenidos. Unicamente las refinerías de Azcapotzalco y Reynosa experimentaron pocos cambios en los setenta debido a la localización inconveniente de la primera y a la falta de materia prima (gas natural) en el área de Reynosa. Aunque la capacidad de producción de Azcapotzalco no se amplió, esta refinería fue objeto de mejoras y se le adicionaron elementos de protección más eficaces, con el fin de elevar el grado de seguridad en sus operaciones. En 1984, Pemex comunicó que se había decidido realizar una modificación paulatina de este centro, en coordinación con la expansión de otras refinerías y de los sistemas de distribución. Para 1988, el proceso de crudo en Azcapotzalco debía reducirse en 50% y se establecerían las bases para su transformación en complejo de usos múltiples, cuyas operaciones no implicaban riesgo.[17] Sin embargo, en los siguientes ejercicios de planeación de Pemex no apareció disminución del proceso de crudo. Las restricciones presupuestales llevaron probablemente a posponer una vez más el proceso de transformación de Azcapotzalco.

En términos globales, a mediados del sexenio 1982-1988 la capacidad nominal en los principales procesos era la siguiente:

	MBD	
	1985	*1970*
— fraccionamiento de líquidos del gas	441	60
— destilación atmosférica de crudo	1 349	533
— destilación al vacío	601	237

[15] Nuevo Pemex es un complejo petroquímico y de tratamiento de gas en el estado de Tabasco, cuyas primeras instalaciones entraron en operación a fines de 1984. La fraccionadora de líquidos del gas sólo empezaría a funcionar en 1987.

[16] En este periodo la TMCA fue de 3.4%, comparada con 9.0% de 1976 a 1982. Véase el cuadro 15 del anexo 1.

[17] Véase Mario Ramón Beteta, *Informe del director general*, México, Pemex, 1985, p. 7.

CUADRO V.2
PRINCIPALES PLANTAS DE REFINACIÓN EN OPERACIÓN EN 1985

	Capacidad nominal (barriles por día)
Azcapotzalco, D.F.	
Destilación primaria núm. 1	38 000
Destilación primaria núm. 2	67 000
Destilación al vacío (preparadora de carga)	48 000
Reductora de viscosidad	20 000
Desintegración catalítica FCC	24 000
Desulfuradora catalítica perco núm. 1	12 000
Desulfuradora catalítica perco núm. 2	12 000
Alquilación con ácido fluorhídrico	3 000*
Fraccionadora de gases y gasolina	6 000
Cadereyta, N.L.	
Destilación primaria núm. 1	100 000
Destilación primaria núm. 2	135 000
Destilación al vacío núm. 1	62 000
Destilación al vacío núm. 2	75 000
Desintegración catalítica	40 000
Hidrodesulfuradora de nafta U-400	36 000
Hidrodesulfuradora de destilados intermedios U-700	25 000
Hidrodesulfuradora de destilados intermedios U-800	25 000
Reformadora catalítica de naftas U-500	20 000
Fraccionadora de ligeros	10 000
Tratadora de gases	10.6 MMPCD
Cd. Madero, Tamps.	
Destilación primaria MA	65 000
Destilación primaria MB	65 000
Destilación primaria y secundaria BA	52 000
Destilación primaria y secundaria MF	13 000
Destilación secundaria (preparadora de carga) MI	50 000
Reductora de viscosidad	8 000
Fraccionadora de gases y gasolinas	20 000
Desintegradora catalítica FCC	43 000
Coquizadora	9 000
Hidrodesulfuradoras de gasolinas U-600	15 000
Hidrodesulfuradoras de destilados intermedios U-500	12 000
Hidrodesulfuradoras de destilados intermedios U-501	25 000
Desasfaltadora con propano DEMEX	35 000
Reformadora catalítica de gasolinas U-700	15 000
Alquilación de ácido fluorhídrico	3 000*
Generadora de hidrógeno	10 MMPCD
Mezclado de asfalto	6 000
Preparadora de carga de butadieno	43 MMPCD
Plantas de grasas	40 T/D
Plantas de polimerización	420

CUADRO V.2 (*continuación*)

	Capacidad nominal (barriles por día)
Minatitlán, Ver.	
Destilación primaria núm. 1	29 000
Destilación primaria núm. 2	29 000
Destilación primaria núm. 3	76 000
Destilación primaria y secundaria núm. 4	6 000
Destilación primaria y secundaria núm. 5	60 000
Destilación al vacío (preparadora de carga) núm. 1	28 000
Destilación secundaria (preparadora de carga) núm. 3	25 000
Fraccionadora de gasolina natural	70 000
Hidrodesulfuradora de gasolina U-700 HDG	15 000
Hidrodesulfuradora de querosenos U-1800 HDK	12 000
Hidrodesulfuradora de diesel U-1900 HDD	12 000
Reformadora catalítica de gasolina RNP-1	8 000
Desintegradora catalítica FCC	24 000
Desintegradora catalítica TCC	16 000
Polimerización catalítica	600*
Hidrodesulfuradora de naftas U-400	25 000
Hidrodesulfuradora de destilados intermedios U-100 HDI	25 000
Reformadoras de naftas pesadas U-500	20 000
Reformadora catalítica BTX	20 000
Tratadora y fraccionadora de hidrocarburos U-600	22 000
Poza Rica, Ver.	
Estabilizadora de crudo	77 000
Destilación primaria TC	16 000
Destilación primaria FA	34 000
Fraccionadora de líquidos de absorción	22 000
Desulfuradora catalítica	5 000
Reynosa, Tamps.	
Destilación primaria	9 000
Fraccionadora de líquidos de absorción	11 500
Salamanca, Gto.	
Destilación primaria núm. 1 SA	35 000
Destilación primaria núm. 2 RD	55 000
Destilación primaria y secundaria núm. 3 AS	90 000
Destilación primaria núm. 4 TCC	55 000
Destilación secundaria (preparadora de carga) núm. 1 RP	22 000
Desintegración catalítica FCC	40 000
Desintegración de residuales con hidrógeno	18 000
Reductora de viscosidad	4 000
Destilación secundaria (preparadora de lubricantes) -alto vacío núm. 1 LB	14 700
Destilación secundaria (preparadora de lubricantes) -alto vacío núm. 2 U-1	14 500

CUADRO V.2 (*continuación*)

	Capacidad nominal (barriles por día)
Tratadora de lubricantes con furfural núm. 1 LF	8 000
Tratadora de lubricantes con furfural núm. 2 U-3	10 000
Desasfaltadora con propano núm. 1 LD	7 500
Desasfaltadora con propano núm. 2 U-2	10 200
Desparafinadora de lubricantes con solventes núm. 1 LG	4 000
Desparafinadora de lubricantes con solventes núm. 2 U-5	7 000
Percoladora de parafinas LU	100T/D
Hidrodesulfuradora de gasolina HDS-1	8 000
Hidrodesulfuradora de naftas HDS-2	25 000
Reformadora de naftas RR-2	16 800
Hidrodesulfuradora de diesel U-8	12 000
Hidrodesulfuradora de querosenos U-7	14 000
Hidrodesulfuradora de lubricantes y destilados intermedios U-4	10 000
Reformadora catalítica de gasolinas RR-1	8 000
Generadora de hidrógeno núm. 1 U-6	10MMPCD*
Generadora de hidrógeno núm. 2 U-9	50MMPCD*
Mezclado y envasado de lubricantes LX	2 900
Mezclado de asfalto	3 000
Salina Cruz, Oax.	
Destilación primaria núm. 1	165 000
Destilación al vacío núm. 1	75 000
Desintegración catalítica	40 000
Hidrodesulfuradora de naftas U-400	25 000
Hidrodesulfuradora de destilados intermedios U-700	25 000
Hidrodesulfuradora de destilados intermedios U-800	25 000
Reformadora de naftas U-500	20 000
Tula, Hgo.	
Destilación primaria núm. 1	155 000
Destilación al vacío núm. 1	75 000
Desintegración catalítica	40 000
Reductora de viscosidad	41 000
Hidrodesulfuradora de naftas U-400	36 000
Hidrodesulfuradora de destilados intermedios U-700	25 000
Hidrodesulfuradora de destilados intermedios U-800	25 000
Reformadora catalítica de naftas U-500	30 000
Fraccionadora de ligeros	11 000

* Capacidad de producción.

FUENTE: Pemex, *Memoria de labores 1985*, *op. cit.*

— desintegración catalítica (y térmica)	294	118
— hidrodesulfuración de naftas y gasolinas	185	47
— hidrodesulfuración de destilados intermedios	272	72
— reformación catalítica de naftas y gasolinas	138	39
— reducción de viscosidad	73	28

El volumen total de crudo y líquidos del gas natural procesado en 1985 alcanzó 1 405 MBD (excluyendo los reprocesos), y el crudo representó 86% (cuadro V.3). Este último provenía principalmente de la zona sur, limitándose la contribución de los antiguos campos petroleros de las zonas norte y centro a 10% del total de crudo procesado. Con excepción de la refinería de Reynosa, que procesaba un volumen marginal de crudo (1 MBD), todos los demás centros se alimentaban en su mayor parte de crudo extraído en el sur. De esta zona, más específicamente de la Sonda de Campeche, provenía el crudo marino pesado (Maya), que en promedio representó 23% del volumen total de crudo refinado en 1985, aunque dicha relación era distinta en cada refinería. Los casos extremos eran por un lado Ciudad Madero, donde las instalaciones permitían tratar casi 40% de Maya, y por otro Salina Cruz, que sólo procesaba 2% de pesado.

El nivel de utilización de la capacidad nominal de destilación atmosférica fue muy elevado en 1985 ya que alcanzó casi 90%. Teniendo en cuenta que, en principio, la capacidad utilizable de las plantas es de 92% (correspondiendo a 336 días de operación efectiva al año), las refinerías de Ciudad Madero, Azcapotzalco y Salina Cruz habían llegado a un nivel de saturación (cuadro V.3).

En cambio, el aprovechamiento de la capacidad de fraccionamiento de líquidos del gas fue de sólo 44%, debido a una menor disponibilidad de gas natural que la prevista. En el periodo 1983-1985, la producción bruta de gas natural fue abatiéndose (—11%) debido a la reducida relación gas-aceite en los campos de la Sonda de Campeche y a la disminución tanto de la producción de crudo en otros campos como de la producción de gas no asociado, por agotamiento o reducción de presión en los yacimientos.

Dado el limitado incremento de la capacidad de refinación en la primera mitad del sexenio 1982-1988, la producción de petrolíferos creció a un ritmo relativamente lento (3.7% anual), alcanzando 1 381 MBD en 1985 (cuadro V.4). Una parte importante del aumento se debió a la elaboración de carga virgen (*virgin stock*-28) a partir de 1984. Este producto, obtenido una vez separada la nafta del crudo,[18] se destina a la exportación o a la mezcla de crudos que se envía a las refinerías.

[18] Esta nafta alimenta al complejo de producción de hidrocarburos aromáticos de La Cangrejera, Veracruz.

CUADRO V.3

PROCESAMIENTO DE CRUDOS Y LÍQUIDOS DEL GAS NATURAL Y UTILIZACIÓN DE LA CAPACIDAD INSTALADA, 1985

(MBD)

	Reynosa	*Cadereyta*	*Cd. Madero*	*Poza Rica*	*Azcapotzalco*	*Tula*	*Salamanca*	*Minatitlán*	*Salina Cruz*	*CPQ*[a]	*Total*
Crudos y líquidos del gas procesados	7.5	182.0	187.2	40.0	98.0	136.0	197.0	208.0	154.0	188.0	1 405.4
Crudos procesados	1.0	182.0	187.0	32.0	98.0	136.0	197.0	176.0	154.0	40.0[c]	1 203.0[b]
Zona norte y centro	1.0	16.8	30.5	6.7	—	—	65.0	—	—	—	120.0
Zona sur	1.0	165.2	156.5	25.3	98.0	136.0	132.0	176.0	154.0	40.0	1 083.0
ligero	—	114.0	83.7	16.6	72.1	96.1	91.4	142.2	150.6	40.0	806.7
pesado	—	51.2	72.8	8.7	25.9	39.9	40.6	33.8	3.4	—	276.3
Capacidad destilación atmosférica	9.0	235.0	195.0	50.0	105.0	155.0	235.0	200.0	165.0	—	1 349.0
Utilización capacidad (%)	11.1	77.5	95.9	64.0	93.3	87.7	83.8	88.0	93.3	—	89.7[d]
Líquidos del gas procesados	6.5	—	0.2	8.0	—	—	—	32.0	—	148.6	195.3
Capacidad fraccionamiento líquidos	11.5	—	1.0	22.0	—	—	—	70.0	—	336.0	440.5
Utilización capacidad (%)	56.5	—	20.0	36.4	—	—	—	45.7	—	44.2	44.3

[a] Complejos petroquímicos de Cactus, La Cangrejera y Nuevo Pemex, que incluyen plantas de fraccionamiento de líquidos del gas.

[b] Según Pemex, *Memoria de labores 1985, op. cit.* esta cifra fue de 1 210.1 MBD; en dicha fuente no se encuentra la información desagregada por refinerías.

[c] Fracción de crudo ligero para procesos petroquímicos.

[d] De acuerdo al volumen de crudo procesado según la *Memoria de labores 1985* (véase nota[b]

FUENTE: Pemex, Documentos internos.

CUADRO V.4
PRODUCCIÓN Y CONSUMO NACIONAL APARENTE DE PETROLÍFEROS EN 1985

Productos	*Producción* (MBD)	(%)	*CNA* (MBD)	(%)
Gas licuado	167.1	12.1	184.4	14.2
Destilados ligeros[a]	366.1	26.5	340.4	26.3
Destilados intermedios[b]	310.6	22.5	291.4	22.5
Combustóleo y asfaltos	420.9	30.5	406.2	31.4
Lubricantes	6.7	0.5	9.7	0.7
Grasas y parafinas	1.5	0.1	1.6	0.1
Virgin stock-28	46.5	3.4	—	—
Otros[c]	61.8	4.4	61.8	4.8
Total	1 381.2	100.0	1 295.6	100.0

[a] Gasolinas.
[b] Kerosinas y diesel.
[c] Incluye coque, gas seco, negro de humo y entregas netas a petroquímica.
FUENTE: Cuadro 19 del anexo 1.

Por otra parte, en un convenio de Pemex con la Secretaría de Desarrollo Urbano y Ecología se decidió reducir en alrededor de una tercera parte la concentración de azufre en el diesel especial destinado al consumo del área metropolitana, con el fin de limitar la emisión de contaminantes en la atmósfera. En 1985, la empresa logró mantener la proporción de azufre por abajo del límite establecido de 0.5% en peso. Asimismo, se restringió la presencia de tetraetilo de plomo en la gasolina distribuida en la ciudad de México, de aproximadamente 2.5 a 1.7 mililitros por galón.[19]

Destaca, en 1985, la correspondencia entre la estructura de la producción y la del consumo nacional aparente, manifestándose únicamente cierto desequilibrio en los casos del gas licuado y los lubricantes (cuadro V.4). Debido principalmente a la insuficiente disponibilidad de gas natural, que impedía utilizar plenamente la capacidad instalada en fraccionamiento de líquidos del gas, las importaciones netas de gas licuado volvieron a aumentar en la primera mitad del sexenio 1982-1988, elevándose a 18.9 MBD en 1985, o sea más de 10% del consumo nacional aparente de este producto. Por otra parte, los retrasos en la ampliación de Tula y, por ende, en la instalación del nuevo tren de lubricantes tu-

[19] Véanse Mario Ramón Beteta, *Informe del director general*, México, Pemex, 1984, p. 5; y "Reducción de plomo en las gasolinas y de azufre en el diesel, anuncia Pemex", en *Unomásuno*, México, 14 de mayo de 1984.

vieron como consecuencia que, de 1982 a 1985, las importaciones de estos últimos se mantuvieran en alrededor de 3 MBD, volumen equivalente a 30% del consumo nacional aparente de los mismos. Empero, en términos generales, en 1985 la industria nacional de refinación fue autosuficiente en 96 por ciento.

A nivel regional, el balance oferta-demanda de productos era radicalmente distinto de la situación existente en 1970, gracias a la integración de Tula, Salina Cruz y Cadereyta al sistema nacional de refinación (cuadro V.5; cuadro II.3, p. 53; y mapa II.1, p. 47). Juntas, las refinerías de Reynosa y Cadereyta satisfacían la demanda de destilados del noreste, enviándose incluso pequeños excedentes al altiplano (centro). La producción de destilados de Ciudad Madero seguía superando ampliamente a la demanda del este. Una parte de los excedentes se enviaba por vía marítima a Tuxpan y de allí al centro por poliducto; otra pequeña parte se enviaba al puerto de Campeche para consumo del sur, y el resto se exportaba.

A pesar del apoyo de Tula, el centro no llegó a ser totalmente autosuficiente en destilados. Los faltantes se recibían de Minatitlán (donde sobraba 30% de la producción), vía el poliducto Tuxpan-Altiplano. La refinería de Minatitlán contribuía también a abastecer la demanda del centro-norte y el Pacífico, aunque en ambas regiones la producción local satisfacía más de 90% de las ventas regionales.

En el caso del combustóleo, la demanda del noreste aumentó de 34 MBD en 1982 a 64 MBD en 1985, debido a la escasez de gas natural. Se alivió así el problema del manejo de excedentes en la refinería de Cadereyta.[20] El Pacífico, donde la producción de combustóleo de la refinería de Salina Cruz sólo equivalía a 46% de las ventas en esta región, se abastecía parcialmente con excedentes de producción de otras regiones (II, III, IV y V) y también con importaciones, que se reanudaron después de cinco años. Aunque se exportaba un volumen de combustóleo superior al de las compras externas, estas últimas tenían que hacerse a un precio mayor debido a la baja calidad del combustóleo nacional (densidad, azufre).

En los años considerados las ventas internas de petrolíferos tuvieron un comportamiento muy distinto al de su tendencia histórica. Las ventas de destilados ligeros e intermedios disminuyeron significativamente de 1982 a 1985, con lo cual el volumen global de ventas de refinados creció a un ritmo medio anual inferior a la tasa de alrededor de 9% registrada en el decenio de los setenta (cuadro V.6). En cambio, la demanda de combustóleo aumentó en 9% anual en la primera mitad del sexenio 1982-1988, debido al incremento en la capacidad nacional de generación termoeléctrica y al uso de combustóleo en lugar de gas natu-

[20] Véase el capítulo IV.

CUADRO V.5
OFERTA Y DEMANDA DE PETROLÍFEROS POR REGIÓN, 1985
(MBD)

Regiones[b]	*Destilados*[a]		*Combustóleo*		*Gas licuado*		*Lubricantes*	
(Refinerías)	*Producción*	*Ventas*[c]	*Producción*	*Ventas*[c]	*Producción*	*Ventas*[c]	*Producción*	*Ventas*[c]
I - Noreste (Cadereyta, Reynosa)	100.6	94.1	73.0	64.2	6.6	30.5	0.0	0.9
II - Este (Cd. Madero)	93.1	16.0	51.3	23.6	4.6	5.9	0.0	0.1
III - Centro (Poza Rica, Tula, Azcapotzalco)	159.8	169.1	96.8	56.3	14.3	57.6	0.0	3.5
IV - Centro Norte (Salamanca)	103.2	111.8	64.0	49.6	6.0	14.4	6.3	4.5
V - Sureste (Minatitlán)	98.4	69.7	67.2	30.8	28.4	27.3	0.4	0.6
VI - Pacífico (Salina Cruz)	100.3	109.9	45.7	99.9	2.8	22.7	0.0	0.6
Total	676.6[h]	575.8[e]	398.0	347.9[g]	167.1[i]	181.2[f]	6.7	10.3
Pérdidas y autoconsumo Pemex[d]	-33.8		-19.9		-8.4		-0.3	
Importación	1.3		11.6		37.1		3.0	
Exportación	-46.2		-24.6		-18.2		—	
Total disponible para ventas internas	597.9		365.1		177.6		9.4	

[a] Incluye gasolinas, diesel, kerosinas y turbosinas.
[b] Corresponde a la regionalización convencional del IMP y Pemex; **véase el mapa** II.1, p. 51.
[c] Efectuadas por las agencias de ventas correspondientes a cada región.
[d] Estimado, en forma aproximada, en 5% de la producción, aunque varía de 2 a 10% en realidad.
[e] Incluye 5.2 MBD vendidos principalmente en las regiones III-IV (centro).
[f] Incluye 22.8 MBD, vendidos principalmente en las regiones III.IV (centro)
[g] Incluye 23.5 MBD, vendidos principalmente en las regiones III.IV (centro)
[h] Incluye 21.2 MBD de naftas obtenidos en complejos petroquímicos.
[i] Incluye 14.4 MBD obtenidos en complejos petroquímicos.
FUENTE: Estimaciones a partir de: IMP, Informes internos; Pemex, Gerencia de Ventas, documentos internos, y Pemex, *Anuario estadístico 1985*, *op. cit.*

CUADRO V.6

VOLUMEN Y VALOR DE LAS VENTAS INTERNAS DE PETROLÍFEROS, 1982 Y 1985

(miles de barriles diarios, millones de pesos y porcentajes)

	1982				*1985*				*TMCA 1982-1985*	
	Volumen		*Valor*		*Volumen*		*Valor*		*volumen*	*valor*
Productos	*(MBD)*	(%)	*(MM$)*	(%)	*(MBD)*	(%)	*(MM$)*	(%)	(%)	(%)
Gas licuado	132.0	12.2	10 658	8.1	181.2	15.9	29 429	2.8	11.1	40.3
Gasolinas	360.9	33.4	33 338	25.2	324.0	28.4	423 387	40.4	-3.5	133.3
Kerosinas	65.2	6.0	22 606	17.1	50.3	4.4	124 317	11.9	-8.3	76.5
Diesel	222.5	20.6	40 555	30.7	201.4	17.7	175 113	16.7	-3.3	62.8
Combustóleo y res.	269.2	24.9	11 707	8.9	348.2	30.6	192 572	18.4	9.0	154.3
Asfaltos	18.5	1.7	582	0.4	22.1	1.9	19 515	1.9	6.1	222.5
Lubricantes	11.1	1.0	11 286	8.5	10.3	0.9	75 965	7.2	-2.6	88.8
Grasas y parafinas	2.3	0.2	1 419	1.1	1.8	0.1	7 196	0.7	-3.8	71.8
Total	1 087.7	100.0	132 151	100.0	1 139.3	100.0	1 047 495	100.0	1.6	99.4

FUENTE: Pemex, *Anuario estadístico 1985, op. cit.*; y Pemex, *Memoria de labores 1985, op. cit.*

ral. Esta sustitución fue promovida, mediante la modificación de los precios relativos, ante la escasez de gas.

Los cambios en la estructura de las ventas nacionales de refinados fueron esencialmente el resultado de la política de precios aplicada, aunque el bajo nivel de crecimiento de la actividad económica del país en estos años y el deterioro de los ingresos reales de la mayoría de la población[21] contribuyeron también a limitar el consumo de combustibles, en particular el de carburantes destinados al sector transporte. En 1983, cuando el consumo de gasolinas se redujo en 44 MBD, Pemex estimó en un análisis preliminar que aproximadamente la mitad de esta contracción se debía a un uso más racional del parque vehicular, una quinta parte a la sustitución por gas licuado y el resto (o sea una tercera parte) a la menor actividad económica. En el caso del diesel, la disminución de casi 30 MBD se atribuía en la mitad a un uso más eficiente del parque vehicular, una cuarta parte a la sustitución en la industria por combustibles más baratos, y únicamente la cuarta parte a la menor actividad económica.[22]

De acuerdo con los lineamientos establecidos por el Ejecutivo, los aumentos de precios se efectuaron de tal manera que el valor real de los refinados no se deteriorara con respecto al de los demás bienes y servicios (cuadro V.7).

A pesar del limitado aumento del volumen de ventas internas, las fuertes alzas de precios significaron que los ingresos de Pemex por este concepto se multiplicaron por ocho, al pasar de 132.2 mil millones de pesos (2 300.6 millones de dólares) en 1982 a 1 047.5 mil millones (3 960.3 millones de dólares) en 1985.

Por su parte, el volumen de exportaciones de petrolíferos alcanzó, en 1985, un nivel nunca alcanzado en el pasado. Los 135 MBD de refinados exportados, que representaron cerca de 10% de la producción, comprendieron 34% de carga virgen, 19% de gasolinas, 4% de kerosinas, 11% de diesel, 13% de gas licuado y 18% de combustóleo.[23] Sin embargo, en este último caso las exportaciones constituyeron sólo parcialmente excedentes de producción ya que se importó un volumen equivalente a cerca de la mitad de dichas ventas externas. Por su parte, las exportaciones de gas licuado fueron muy inferiores a las importaciones de este producto y se efectuaron también por razones logísticas.

[21] Las tasas anuales de crecimiento del producto interno bruto fueron de -5.2% en 1983, 3.5% en 1984 y 2.7% en 1985; en tanto que el índice promedio anual (1980 = 100) del salario mínimo en el D.F. se redujo de 101.9 en 1981 a 71.7 en 1985. Véase CEPAL, *Notas sobre la economía y el desarrollo*, núm. 438/439, Santiago de Chile, diciembre de 1986, pp. 14 y 17.

[22] Véase Mario Ramón Beteta, *Informe del director general*, México, Pemex, 1984, p. 7.

[23] Véase el cuadro 22 en el anexo 1.

Con la elevada proporción de destilados ligeros e intermedios en las exportaciones de petrolíferos de la empresa a partir de 1983 (a consecuencia de la drástica disminución del consumo interno de estos productos) y el sustancial descenso de las exportaciones netas de combustóleo, se interrumpió la tendencia histórica de la industria petrolera mexicana de tener excedentes de productos pesados y faltantes de ligeros.

En 1984, por primera vez Pemex firmó un contrato a plazo para la venta externa de destilados. La Corporación Estatal Petrolera Ecuatoriana (CEPE) convino adquirir 5 MBD de gasolina y 2 MBD de diesel de origen mexicano, durante un año. Anteriormente, el limitado volumen de excedentes de refinados y sus fluctuaciones dificultaban la realización de este tipo de contrato, de suerte que las exportaciones (esencialmente de combustóleo) se encaminaban hacia los compradores de crudo mexicano en Estados Unidos o se vendían esporádicamente en el mercado ocasional.[24]

CUADRO V.7

PRECIOS DE VENTA AL PÚBLICO DE LOS PRINCIPALES PETROLÍFEROS Y DEL GAS NATURAL, 1982 Y 1985

(*pesos por litro*)

Productos	*1982*	*1985*	*Incremento (%)*
Gasolina Nova	20.00	85.00	325
Gasolina Extra	30.00	105.00	250
Diesel	10.00	61.10	511
Kerosinas:			
diáfano	6.50	45.30	597
tractogás	10.00	61.10	511
tractomex	6.50	45.30	597
turbosina	20.35	61.10	200
Combustóleo industrial	1.05	17.97	1 611
Gas natural (pesos/m^3)	1.70	26.10	1 435
Gas licuado (pesos/kilo)	7.00	30.00	329

FUENTE: Pemex, *Anuario estadístico 1985, op. cit.*

[24] Véanse "Mexico to Double Its Modest Exports of Refined Products", en *Petroleum Intelligence Weekly*, Nueva York, PIW Inc., 8 de agosto de 1983, p. 4; "Mexico", en *Petroleum Intelligence Weekly, op. cit.*, 2 de abril de 1984, p. 7, y "Mexico Reevaluates its Oil and Gas Future", en *Ibid.* (suplemento), pp. 1-4.

Pese al incremento de las importaciones de 1982 a 1985, el saldo de la balanza comercial de petrolíferos fue de 82.3 MBD en este último año, comparado con 33.9 MBD en el primero.[25] En valor, el superávit fue de 754.2 millones de dólares en 1985,[26] compensando así ligeramente la merma en los ingresos en divisas de Pemex por la caída de los precios del crudo en el mercado internacional. La participación de las exportaciones de refinados en las ventas externas totales de la empresa se elevó de 2.1 por ciento en 1982 a 8.4 por ciento en 1985.[27]

[25] Véase el cuadro 23 del anexo 1.
[26] Véase el cuadro 24 del anexo 1.
[27] Véase Pemex, *Memoria de labores 1982 y 1985*, *op. cit.*

CONCLUSIONES Y PERSPECTIVAS

1. En los primeros decenios de este siglo, los intereses de las compañías petroleras extranjeras establecidas en México radicaban fundamentalmente en la extracción de crudos destinados a la exportación. En consecuencia, la industria de refinación tuvo un desarrollo limitado, construyéndose principalmente plantas de destilación primaria o despuntadoras de crudo. Si bien algunas de las refinerías diversificaron su producción de acuerdo con los requerimientos internos y fueron equipadas con procesos de desintegración térmica, casi todas se orientaban preferentemente hacia los mercados externos. Por lo tanto, con excepción de la refinería de Azcapotzalco (1932), las demás instalaciones se localizaron en la zona costera del golfo de México, a proximidad de los campos petroleros y de los puertos de embarque.

2. Al nacionalizarse la industria petrolera mexicana en 1938, el Estado estableció como objetivo básico lograr la autosuficiencia energética y apoyar la industrialización del país mediante el suministro de energía a precios bajos. A partir de ese momento, las acciones de Pemex se orientaron a adecuar la oferta de petrolíferos a los requerimientos del consumo interno. Aunque las operaciones iniciales de la nueva empresa estatal se vieron dificultadas por el boicot organizado por las compañías expropiadas (cierre de los mercados de exportación y de abastecimiento de equipo) y el restringido personal técnico nacional especializado, en el transcurso de los años cuarenta se adoptó una serie de pautas que llegarían a conformar la política general para el desarrollo, a corto y largo plazo, de la refinación. Éstas incluían: *a*) la ampliación de la capacidad global de producción conforme creciera la demanda interna; *b*) la localización de las refinerías de tal manera que se lograra un equilibrio regional entre los centros consumidores y de producción; *c*) la modificación de los rendimientos de las refinerías mediante la introducción de nuevos procesos que permitieran incrementar la elaboración de cortes ligeros e intermedios y mejorar la calidad de los productos, y *d*) el desarrollo de la red de alimentación de las refinerías y de distribución de los productos.

3. Como resultado del proceso de reestructuración iniciado después de la nacionalización, la industria de refinación se desarrolló rápidamente. De 1938 a 1970, la capacidad de destilación primaria de crudo y líquidos del gas natural se elevó de 102 a 592 MBD. Aún más significativo fue el crecimiento de la capacidad de desintegración y reducción de viscosidad, de 12 a 150 MBD, que permitió mejorar el rendimiento de productos destilados con relación a los residuales. La participación de las gasolinas, kerosinas y diesel en la oferta total se elevó progresivamente de 28.1% en 1940 a 54.6% en 1970, mientras que la de combustóleo y asfaltos disminuyó de 65.7 a 31.9%. Al mismo tiempo, la contribución del gas licuado aumentó de 0.1 a 7.5 por ciento.

4. La práctica de precios bajos en la venta de hidrocarburos, conforme al objetivo establecido para la industria petrolera de apoyar el desarrollo económico y social del país, facilitó la instalación de nuevas industrias, en el marco de la estrategia de sustitución de importaciones, y el desarrollo de los transportes; asimismo estimuló el uso de hidrocarburos en el sector residencial. Sin embargo, la inmovilidad de los precios nominales durante largos periodos, a pesar del aumento de los costos de producción de la empresa, restringió los ingresos propios de Pemex, obstaculizando el financiamiento de la inversión. Aunque el volumen global de exportaciones de refinados superó al de importaciones en la mayor parte del periodo 1938-1970, las modificaciones del aparato productivo fueron insuficientes para afrontar en forma satisfactoria la creciente orientación del consumo hacia los destilados ligeros e intermedios. Los excedentes de combustóleo y asfaltos evidenciaban la insuficiente capacidad de conversión de residuales en destilados, teniéndose que recurrir al mercado internacional para abastecer parte de la demanda de los productos de mayor valor comercial. Por otro lado, la lentitud de las actividades de exploración en los años sesenta, ante la prioridad acordada a las inversiones en distribución y transformación del crudo como respuesta al drástico aumento del consumo interno de derivados, originó una crisis de la oferta petrolera. A principios de los setenta las importaciones de hidrocarburos crecieron rápidamente hasta que el descubrimiento de importantes yacimientos (1972-1974) permitió nuevamente satisfacer los requerimientos de crudo de las refinerías y reiniciar las exportaciones de esta materia prima a fines de 1974.

5. El rezago productivo manifiesto al inicio de los setenta reflejó, en parte, dificultades derivadas de las condiciones particulares en que ha tenido que desenvolverse Pemex. Como única empresa petrolera del país, Pemex se ha caracterizado por su elevado nivel de integración, añadiéndose a sus actividades de exploración, explotación, refinación y comercialización el desarrollo de la petroquímica a partir de 1958. Al mismo tiempo, como empresa estatal, sus programas de desarrollo siempre han sido subordinados a los lineamientos económicos y políticos fijados a principios de cada sexenio por la administración gubernamental en turno. Así, el ejercicio de planeación y de distribución de recursos entre las diferentes áreas de la industria petrolera ha sido particularmente complejo en el marco de las restricciones financieras de Pemex. Aun durante el periodo de exportación de crecientes volúmenes de crudo (1977-1982) o una vez que el gobierno decidió frenar el ritmo de crecimiento del consumo interno de energéticos mediante fuertes alzas periódicas de precios (1980-hasta el presente), la política impositiva aplicada a la empresa y a sus productos limitó su disponibilidad de ingresos propios. Aunque Pemex recurrió en forma creciente al financiamiento externo en la segunda mitad de los setenta, sus actividades en algunas áreas estuvieron condicionadas por la necesidad de alcanzar rápidamente elevadas metas de exportación de crudo, como principal mecanismo de captación de recursos del gobierno para afrontar la crisis económica y financiera del país. En términos generales, la prioridad acordada a objetivos macroeconómicos obstaculizó en ciertas épocas el desarrollo armonioso y coherente de la industria petrolera en su conjunto, mientras que el énfasis en el logro de metas cuantitativas se tradujo a veces en insuficiente atención a los aspectos cualitativos.

6. A pesar de lo anterior, al analizar la evolución del sistema de refinación en el decenio de los setenta, se observa un claro elemento de continuidad tanto en los objetivos perseguidos como en las líneas de acción definidas para alcanzarlos. Las pautas establecidas a raíz de la nacionalización siguieron vigentes, en tanto que en los planes de desarrollo se recurrió sistemáticamente a una programación de las actividades en tres niveles que consistían en:

— la construcción de nuevos centros, en cuyo diseño se utilizó básicamente el mismo patrón para la estructura de producción;
— la instalación de nuevas plantas en refinerías existentes, dirigidas principalmente a ampliar la capacidad de conversión de residuales a productos ligeros y a mejorar la calidad de los productos mediante la introducción de diferentes procesos secundarios, y
— modificaciones a las unidades en operación, con inversiones limitadas, para mejorar su eficiencia y aprovechar capacidades marginales.

Este modo de ampliación de la capacidad productiva permitió: *a*) mantener un número reducido de centros refinadores con un elevado grado de integración de plantas de gran escala para beneficiarse al máximo de las economías de escala, y *b*) aprovechar al máximo los recursos de inversión, especialmente en periodos en que escasearon.

7. Las proyecciones de crecimiento de la demanda, a nivel nacional, constituyeron el principal criterio de Pemex para determinar la capacidad total de refinación a instalarse. En cambio, en su modulación regional, la demanda justificó la selección de la localización de las nuevas refinerías y los límites del área de abastecimiento de cada centro. Aunque en la selección final del sitio preciso dentro de cada región considerada intervinieron factores de diversas índoles, siempre se ha tenido en cuenta que la distribución de la diversidad de productos refinados a los consumidores es un proceso más complejo y oneroso que el transporte de crudo de los campos petroleros a los centros refinadores. Dicho de otra forma, las nuevas refinerías se instalaron lo más cerca posible del centro de gravedad de la media ponderada de los consumidores. La refinería de Tula (1976-1977) respondió así a la necesidad de cubrir los crecientes requerimientos de la zona central del país, donde se concentraba 30% de la demanda nacional. Habida cuenta de la inconveniencia de ampliar Azcapotzalco (ubicada en la capital federal), un factor determinante en la selección del nuevo sitio fue el proyecto de la Comisión Federal de Electricidad de instalar una central termoeléctrica de gran capacidad en Tula, cuya operación requería del suministro de combustóleo. Cadereyta (1979-1980) fue diseñada para abastecer la zona noreste del territorio nacional, que incluía el segundo centro industrial y urbano del país (Monterrey). En este caso influyó la presión de grupos industriales locales, determinados a conseguir mayor autonomía en el suministro de energía. Con una red de densidad creciente la industria de refinación cubrió así el México continental, urbanizado e industrializado, a medida que su desarrollo hacía inadaptado el aprovisionamiento desde los centros instalados en los distritos petroleros (en la costa del golfo). La instalación de una refinería en Salina Cruz (1979-1980) no encontró su justificación en la densidad de consumo de esta área en particular, sino en la facilidad de abastecimiento, por cabotaje, de una larga franja linear, a lo largo del litoral del Pacífico. Estos tres centros de trabajo constituían una nueva generación de refinerías en el país, tanto por su dimensión como por la planeación de su expansión en varias etapas. Cada una de estas etapas consistía en la adición de módulos similares y debidamente integrados, desde la destilación primaria hasta los procesos secundarios.

8. En los años 1977-1982 rindieron frutos los esfuerzos desplegados principalmente en el sexenio anterior en materia de planeación, cuando la creciente demanda de petrolíferos y la perspectiva de una segura disponibilidad de materia prima llevaron a ampliar el proyecto de desarrollo del sistema nacional de refinación. En particular, las tres únicas refinerías que se establecieron después de los años cincuenta fueron diseñadas en la primera mitad de los setenta. En cambio, fue la disponibilidad de mayores recursos para inversión a partir de 1977 lo que permitió acelerar la construcción de las instalaciones. Cabe señalar que, en la presentación del plan sexenal de Pemex en 1977, se expresó la intención de desarrollar una capacidad de refinación que excediera ampliamente los requerimientos internos con objeto de comercializar en los mercados externos productos de elevado valor (gasolinas, diesel, gas licuado). La progresiva sustitución de exportaciones de crudo y gas natural por derivados de mayor valor agregado (refinados y petroquímicos básicos) formaba parte de los objetivos de industrialización del país. Sin embargo, este proyecto no prosperó ante la combinación de una serie de factores, entre los cuales destacan: *a*) la sobrecapacidad de refinación a nivel mundial; *b*) el crecimiento del consumo interno de petrolíferos a un ritmo particularmente acelerado de 1978 a 1981, y *c*) la crisis financiera de Pemex, que estalló a mediados de 1981 y obligó a posponer todas las ampliaciones que no se dirigieran estrictamente al abastecimiento del mercado interno.

9. El único cambio radical en la política global de refinación se dio a principios de los ochenta. Por primera vez en la historia de esta industria, el gobierno decidió aplicar medidas drásticas orientadas a racionalizar la demanda de petrolíferos y aliviar las presiones sobre el aparato productivo. En 1973, la creación de la Comisión Nacional de Energéticos había significado un primer esfuerzo para formular lineamientos de política para el sector energético en su conjunto, ante: *a*) la presión del consumo de energéticos sobre la oferta de hidrocarburos, que representaba alrededor de 90% del suministro comercial de energía, y *b*) la coyuntura mundial, que hizo más evidente la conveniencia de reducir la dependencia del exterior en materia de energía. Sin embargo, hasta fines de los setenta, no se aplicaron medidas que aseguraran efectivamente un uso racional de los diferentes energéticos; los esfuerzos se orientaron a ampliar la oferta para adecuarla al ritmo probable de crecimiento del consumo. En particular, no se procedió a una revisión de fondo y explícita de los criterios utilizados en la fijación de los precios de los productos de Pemex. El abaratamiento en el precio real de los principales combustibles de 1976 a 1980 (que formó parte de la política antiinflacionaria del gobierno de limitar los aumentos de precios y tarifas de los bienes y servicios proporcionados por empresas públicas) propició el desperdicio y sobreconsumo de algunos productos, especialmente las gasolinas. En 1980, la preocupación por el impacto negativo de los bajos precios de venta internos, vigentes en general para todos los energéticos, rebasaba el ámbito del sector ya que contribuía a acentuar las distorsiones estructurales que caracterizaban la planta industrial y el sistema de transporte del país. Ante esta situación, el Poder Ejecutivo Federal asignó tres funciones a la política de precios de los energéticos: el autofinanciamiento del sector, el fortalecimiento de las finanzas públicas y la racionalización del consumo. En el caso específico de los hidrocarburos, el criterio más concreto que apareció en los planes de gobierno consistía en acercar a mediano plazo los precios internos a los precios externos de referencia (70% en el caso de los combustibles industriales y el diesel, y 100% en los demás productos). La práctica de una política indiscriminada de precios bajos y menores que los internacionales sería reemplazada por mecanismos más selectivos, que debían permitir alentar el desarrollo de aquellas ramas productivas consideradas como prioritarias.

A pesar del objetivo de saneamiento de las finanzas de Pemex, destaca la ausencia de referencia explícita a la fijación de los precios en función de los costos de producción. Tampoco se definieron criterios claros para la fijación de los precios relativos de los productos, en particular de aquellos complementarios o sustitutos, en función de su disponibilidad.

10. A pesar del énfasis que se puso en el programa sexenal 1977-1982 en el incremento de capacidad en procesos secundarios, el rendimiento de destilados ligeros e intermedios se redujo en este periodo, mientras que el del combustóleo se elevó ligeramente. Los magros resultados obtenidos en la modificación de los rendimientos de productos se debió, en parte, al rezago en el desarrollo de varios proyectos. La finalización de las refinerías de Tula, Cadereyta y Salina Cruz en un tiempo relativamente corto requirió de la concentración de los recursos del área de refinación en estas obras, en perjuicio del avance en las demás actividades programadas. A partir de 1981, la crisis financiera de Pemex limitó los recursos disponibles para inversión en el área de refinación, teniéndose que cancelar varios proyectos. Sin embargo, los atrasos experimentados en la segunda mitad de los setenta reflejó también cierta falta de realismo de Pemex en cuanto a los tiempos requeridos para la ejecución de las obras, particularmente al tener en cuenta la limitada capacidad de respuesta de otras ramas industriales involucradas en la construcción de las instalaciones y las dificultades inherentes a la adquisición de materiales y equipos en el exterior.

11. Por otra parte, los cambios experimentados en el área de producción primaria tuvieron un fuerte impacto sobre el desarrollo de la refinación. La explotación a gran escala de crudo pesado (Maya) a partir de 1980, las dificultades asociadas a su comercialización externa en esta época y la consecuente necesidad de utilizarlo internamente, provocaron desajustes en el sistema nacional de refinación, diseñado fundamentalmente para procesar crudos ligeros. En estas condiciones el incremento de la capacidad de conversión de residuales a productos ligeros resultó insuficiente. Asimismo, los planes para la producción y consumo de combustóleo se vieron subordinados a las expectativas en torno a la disponibilidad de gas natural para consumo interno, en vista del alto grado de sustitución entre estos dos productos. Sin embargo, el vaivén en la política de uso alternativo de gas natural y combustóleo no fue acompañado de medidas efectivas para lograr los objetivos perseguidos. Hasta 1982, los precios relativos de estos dos productos favorecieron el uso preferente del gas natural, independientemente de la política formulada.

12. La fuerte presión de la demanda de petrolíferos a partir de 1978, aunada a los intentos por superar las dificultades asociadas con el procesamiento de crudo pesado, llevaron a forzar la utilización de las instalaciones a principios de los ochenta, llegándose incluso a obtener productos de calidad deficiente. En 1982, se hizo impostergable efectuar un programa generalizado de reparación y mantenimiento de plantas. Al estar detenida la operación de varias instalaciones en ese año, se tuvo que recurrir al extranjero para maquilar 100 MBD de crudo y compensar así la reducción de la capacidad de producción, principalmente de gasolinas y diesel.

13. Pese a los diversos problemas encontrados, la situación de la industria de refinación en 1985 evidencia cambios radicales en comparación con 1970, tanto en términos cuantitativos como cualitativos. La capacidad de procesamiento de crudo y líquidos del gas se elevó de 592 a 1 790 MBD en este periodo; la capacidad de desintegración catalítica aumentó de 118 a 294 MBD, y los demás procesos registraron incrementos similares. El sistema nacional de refinación comprende más de cien plantas, que integran el conjunto de nueve refinerías. La estructura de refinación en México corresponde, básicamente, al esquema de conversión sencilla (destilación primaria y al vacío; desintegración catalítica FCC, y procesos de refinación de destilados, como hidrodesulfuración y reformación de naftas). Se cuenta además con algunos procesos que corresponden, convencionalmente, al esquema de alta conversión (planta coquizadora en Ciudad Madero, hidrodesintegradora de residuales en Salamanca). La capacidad de reformación catalítica aumentó de 53 a 120 MBD. Los procesos de hidrodesulfuración de nafta y destilados intermedios registraron incrementos proporcionalmente similares. No obstante el incremento del consumo nacional aparente de petrolíferos a una tasa media anual de 9% de 1970 a 1980, desde 1977 la industria de refinación ha alcanzado un elevado grado de autosuficiencia, superior a 95 por ciento.

14. El análisis de diferentes componentes de la economía permite sugerir algunas de las principales dificultades que afrontará la refinación en los próximos años:

a) En 1985, las importaciones netas de gas licuado representaron todavía 10% del consumo nacional aparente de este producto. Las compras externas de gas licuado constituyeron 70% de las importaciones totales de petrolíferos de Pemex y significaron una salida de divisas de 303 millones de dólares. La política de precios y la falta de líquidos del gas natural fueron los principales factores que dificultaron la consecución de la autosuficiencia, a pesar de incrementarse la producción a una TMCA de 13% en los años 1976-1985, tasa superior a la del consumo (9.3%). El mantenimiento de un bajo precio relativo para el gas licuado, hasta 1985, formó parte de la política general de limitar los incrementos de precios de los productos utilizados por los grupos sociales de bajos ingresos. En realidad, al predominar el uso del diáfano en estos grupos, el bajo precio del gas licuado favoreció su consumo en sustitución del gas natural en otros sectores, ya que en ciertos años el precio del primero por unidad calorífica resultó inferior al del segundo. Asimismo, en los ochenta se agravó la tendencia a sustituir la gasolina por gas licuado en el sector transporte. En 1986-1987, los incrementos de precios se orientaron a corregir estas incongruencias; pero el problema de fondo para abatir el déficit de gas licuado subsiste e, incluso, se agravará probablemente en los próximos años, dado que reside en la insuficiencia de gas natural. En el periodo 1983-1985, la producción bruta de gas natural fue abatiéndose (-11%) debido a la reducida relación gas-aceite en los campos de la Sonda de Campeche y a la disminución tanto de la producción de crudo en otros campos como de la producción de gas no asociado, por agotamiento o reducción de presión en los yacimientos. Actualmente, la falta de recursos financieros de Pemex obliga a restringir cada vez más las actividades de producción primaria, dificultándose así la obtención de un mayor volumen de gas asociado mediante el incremento de la producción de crudo. Por otra parte, desde 1985 el envío de gas asociado a la atmósfera (por falta de instalaciones de proceso) se ha reducido significativamente, de suerte que el incremento de producción que se obtendrá en el futuro, por la eliminación de la quema de gas, será muy limitada.

b) Las importaciones de combustóleo, suspendidas desde 1980, se reiniciaron en 1985. Si bien el volumen importado (12 MBD) fue ampliamente compensado por las exportaciones de este mismo producto (25 MBD), la necesidad de recurrir a los mercados externos no se originó únicamente en las dificultades de transporte interregional de este producto de elevada viscosidad, tal como fue el caso en años anteriores. En efecto, ante la insuficiencia de la producción interna de gas natural, las ventas de combustóleo han experimentado un fuerte dinamismo. Se estima que el consumo de este último se elevará a una TMCA de alrededor de 10% en los próximos años, comparado con 2-3% en el caso de los otros petrolíferos. Con los limitados aumentos de capacidad previstos para lo que queda del presente decenio, el déficit (neto) de producción de combustóleo ascendería a 63 MBD en 1989.[1] Estas proyecciones se basan en un crecimiento promedio del producto interno bruto de 2% anual. Estas condiciones parecen indicar la conveniencia de elevar la participación de crudo pesado Maya en la carga total de las refinerías; pero esto, a su vez, requiere de modificaciones importantes al sistema nacional de refinación. Aunque se sigue trabajando en la adaptación del proceso IMPEX, que permite eliminar los asfaltenos y metales presentes en

[1] Véase Pemex, Subdirección de Transformación Industrial, *Presupuestos de inversión...*, *op. cit.*

crudo pesado Maya, apenas está terminándose la primera planta semicomercial de este tipo en la refinería de Ciudad Madero.*

c) En 1985, el volumen de importaciones de lubricantes representó 30% del consumo nacional aparente de estos productos, y en valor, estas compras externas (por 58 millones de dólares) constituyeron 12% de las importaciones totales de petrolíferos. Desde mediados de los setenta, la situación se ha agravado al no concretarse las medidas diseñadas para reducir la dependencia del exterior. La construcción de un tren de lubricantes en Tula, prevista en el programa sexenal 1977-1982, ha sido continuamente pospuesta, y actualmente esta componente del programa de ampliación de Tula ha sido suspendida debido a los recortes presupuestales. Cabe precisar que el costo de un tren de lubricantes es casi equivalente al de una refinería completa. Por otra parte, de no aumentar la capacidad de producción de lubricantes, Pemex estima que las importaciones de estos productos significarán una salida anual de divisas del orden de 160 millones de dólares a partir de 1993. En cuanto a la disminución de la producción de lubricantes en los ochenta, ésta se atribuye a la declinación de los campos de pozóleo de Poza Rica, que constituye el crudo más adecuado para la elaboración de estos productos. Por lo tanto, es necesario complementar el pozóleo con uno de los crudos del Istmo (Huimanguillo-42° API; Istmo-34° API; Marino Ligero-28° API). En caso de que la materia prima no resulte adecuada, habrá que someterla a un tratamiento especial, como la hidrogenación, que constituye nuevamente un proceso costoso.

15. Desde que se inició el proceso de modernización del sistema nacional de refinación, y con más recursos a partir de mediados de los setenta, gran parte de las transformaciones han tenido como objeto mejorar la calidad de los petrolíferos. Sin embargo, el combustóleo, el diesel y la gasolina siguen presentando algunas deficiencias. En México, la mayor parte del combustóleo producido es más pesado que la norma internacional. Su elevada viscosidad ha dificultado su movilización por tubería, a la vez que el ferrocarril es extremadamente lento para desplazar grandes volúmenes de este producto. Debido a estas dificultades de transporte, hasta fines de los setenta Pemex optó por exportar parte de los excedentes de producción de combustóleo de las refinerías del golfo e importar, por Salina Cruz, los faltantes para satisfacer la demanda de la costa del Pacífico. Por la misma razón, en determinadas ocasiones, algunas refinerías han tenido que reducir su producción global, o reprogramarla, para no enfrentarse a excesivos excedentes de combustóleo.

* N. del E.: Entró en operación a fines de 1986.

Por otra parte, en México el combustóleo y gran parte del diesel tienen un alto contenido de azufre. En el plano internacional, esto ha significado que el precio de exportación del combustóleo mexicano estuviera castigado, en tanto que su uso en el mercado interno ha contribuido a agravar los problemas de contaminación ambiental. Ante las elevadas inversiones requeridas para la desulfuración del combustóleo, se intenta actualmente sustituirlo por gas natural en el Distrito Federal. En efecto, si bien se incrementará la capacidad de destilación de crudo en los próximos años, con la ampliación de Tula y de Salina Cruz, no se dispondrá de suficiente capacidad para el tratamiento de los productos. Asimismo se elevará también el contenido de impurezas en el combustóleo (azufre y metales), como resultado de la mayor participación de crudos pesados. En 1987, el gobierno emitió un decreto para mejorar las condiciones ambientales, según el cual las plantas termoeléctricas del valle de México y las industrias localizadas en las cercanías de la red de distribución de gas natural deberán usar este último producto en lugar de combustóleo. Asimismo, en vista de que el diesel elaborado en Tula es el de menor contenido de azufre (diesel especial: 0.5% de azufre), éste se utilizará en la red de autobuses del D.F.; en cambio, en la medida de lo posible, el diesel nacional sustituirá al combustóleo en las empresas y servicios públicos, hoteles, etcétera.

16. Con respecto a la calidad de la gasolina, se tiene como objetivo utilizar menos de 1.0 mililitro de tetraetilo de plomo por galón de gasolina. Sin embargo, con la reducción del contenido de plomo se tiene la amenaza de rebajar el número de octano de la gasolina y, por ende, la eficiencia de los motores. Para elevar el octanaje y, por tanto, la calidad de la gasolina Nova que actualmente tiene apenas 81 octanos, se requiere incrementar la capacidad de reformación en el sistema nacional de refinerías. En las ampliaciones de Tula y Salina Cruz se considera suficiente y adecuada la incorporación planeada de capacidad de reformación para elevar el octanaje de la gasolina producida en esas refinerías. Se estudia, asimismo, el aumento de la capacidad de reformación en otros centros industriales para satisfacer las posibles exigencias de los fabricantes de motores de automóviles que se producirán en los próximos años, y requerirán un octanaje mayor al de la gasolina Nova actual. En cuanto al diesel especial, difícilmente se podrá mantener su especificación de 0.5% de azufre en el valle de México si aumenta sensiblemente su demanda a partir de 1988.

ANEXO 1

Cuadros estadísticos y mapas

ÍNDICE

1938-1970

CUADROS

1938-1970

CUADRO 1

CAPACIDAD NOMINAL DE REFINACIÓN, 1938-1970 (*años seleccionados*[a])

	Destilación primaria de crudos y líquidos del gas		*Desintegración y reducción de viscosidad*	
Año	*MB*	*Variación anual (%)*	*MB*	*Variación anual (%)*
1938	102.0	—	12.0	—
1940	131.0	13.3	10.4	—6.9
1946	153.0	2.6	10.8	0.6
1952	226.0	6.7	26.8	16.4
1958	322.0	6.1	44.3	8.7
1964	504.0	7.8	114.8	17.2
1970	592.0	2.7	150.0	4.6

[a] Corresponde al último año de cada sexenio presidencial.

FUENTE: Pemex, *Anuario estadístico 1983*, México, Pemex, 1984, p. 49.

CUADRO 2

CAPACIDAD NOMINAL DE DESTILACIÓN PRIMARIA DE CRUDO Y FRACCIONAMIENTO DE LÍQUIDOS DEL GAS NATURAL, POR REFINERÍA, 1938-1970 (*años seleccionados*)

(MBD)

Refinerías	*1938*	*1940*	*1946*	*1952*	*1958*	*1964*	*1970*
Bella Vista[a]	1.5	2.0	—	—	—	—	—
Mata Redonda[b]	8.0	10.0	14.0	14.0	14.0	—	—
Árbol Grande[c]	11.5	17.0	23.0	23.0	26.0	—	—
Minatitlán	27.0	30.0	32.0	24.0	50.0	154.0	175.5
Cd. Madero	43.0	52.0	56.0	71.0	75.0	155.0	169.0
Azcapotzalco	11.0	15.0	23.0	54.0	100.0	90.0	100.0
Poza Rica[d]	—	5.0	5.0	6.0	7.0	15.0	27.0
Salamanca[e]	—	—	—	30.0	40.0	80.0	100.0
Reynosa	—	—	—	4.0	10.0	10.0	20.5
Total	102.0	131.0	153.0	226.0	322.0	504.0	592.0

[a] Fue desmantelada en 1946.

[b] Fue desmantelada en 1960.

[c] Fue desmantelada en 1961.

[d] Entró en operación en 1940.

[e] Entró en operación en 1951.

FUENTE: Pemex, *Anuario estadístico 1983, op. cit.* pp. 50-51.

CUADRO 3
RENDIMIENTO DE LOS PRINCIPALES PRODUCTOS OBTENIDOS DE LA REFINACIÓN,[a] 1938-1970 (*años seleccionados*)
(*% en volumen*)

Productos	*1938*	*1940*	*1946*	*1952*	*1958*	*1964*	*1970*
Gas licuado	0.20	0.70	0.12	1.17	2.41	5.31	7.21
Gasolinas	12.82	11.29	13.87	22.66	24.79	26.59	27.93
Kerosinas	1.38	3.24	6.34	9.01	10.19	8.91	6.19
Turbosina	—	—	—	—	—	0.75	1.68
Diesel	14.39	12.59	10.73	9.05	10.44	16.31	16.59
Combustóleo	56.71	61.01	53.60	54.00	46.80	31.51	26.00
Asfaltos	3.45	2.47	5.25	1.58	1.59	1.83	4.61
Lubricantes	1.00	0.80	0.47	0.32	0.93	0.96	1.05
Parafinas	0.30	0.30	0.24	0.13	0.33	0.29	0.23

[a] Incluye crudo, líquidos procesados y reprocesos.
FUENTE: Pemex, *Anuario estadístico 1983, op. cit.*, pp. 55-56.

CUADRO 4
PRODUCCIÓN DE PETROLÍFEROS POR PRODUCTO, 1938-1970
(*años seleccionados*)

Productos	*1938* MBD	*1938* (%)	*1940* MBD	*1940* (%)	*1946* MBD	*1946* (%)	*1952* MBD	*1952* (%)	*1958* MBD	*1958* (%)	*1964* MBD	*1964* (%)	*1970* MBD	*1970* (%)
Gas licuado	0.1	—	0.1	0.1	0.1	—	2.1	1.2	6.3	2.4	18.4	5.3	36.2	7.5
Gasolinas	12.4	13.5	10.3	11.7	17.0	14.1	40.1	22.6	64.7	25.1	92.3	26.6	140.2	29.1
Kerosinas[a]	1.3	1.4	2.9	3.3	7.8	6.5	16.0	9.0	26.6	10.3	33.5	9.7	39.6	8.2
Diesel	13.9	15.1	11.4	13.0	13.1	10.9	16.0	9.0	27.3	10.6	56.6	16.3	83.3	17.3
Combustóleo y res.	54.7	59.3	55.4	63.2	65.6	54.4	95.6	53.8	122.2	47.3	109.3	31.5	130.5	27.1
Asfaltos	3.3	3.6	2.2	2.6	6.4	5.3	2.8	1.6	4.2	1.6	6.4	1.9	23.2	4.8
Lubricantes	1.0	1.1	0.7	0.8	0.6	0.5	0.6	0.3	2.4	0.9	3.4	0.9	5.3	1.1
Grasas y parafina	0.3	0.3	0.3	0.3	0.4	0.3	0.3	0.1	0.9	0.4	1.1	0.3	1.3	0.3
Otros[b]	5.3	5.7	4.4	5.0	9.6	8.0	4.3	2.4	3.7	1.4	26.0	7.5	21.6	4.5
Total	92.2	100.0	87.7	100.0	120.6	100.0	177.8	100.0	258.3	100.0	346.9	100.0	481.1	100.0

[a] Incluye turbosina.
[b] Incluye gas seco, negro de humo, coque y entregas netas a petroquímica.
FUENTE: Pemex, *Anuario estadístico 1983, op. cit.*, pp. 52-53.

CUADRO 5
PRODUCCIÓN TOTAL DE PETROLÍFEROS POR REFINERÍA, 1938-1970
(años seleccionados)

	1938		*1940*		*1946*		*1952*		*1958*		*1964*		*1970*	
Refinerías	*MBD*	%	*MBD*	%	*MBD*	%	*MBD*	%	*MBD*	%	*MBD*	%	*MBD*	%
Bella Vista	1.6	1.7	1.4	1.6	1.9	1.6	—	—	—	—	—	—	—	—
Mata Redonda	8.7	9.4	9.5	10.9	9.3	7.8	6.8	3.9	6.7	2.6	—	—	—	—
Árbol Grande	9.5	10.3	10.8	12.4	16.9	14.1	14.6	8.4	8.0	3.1	—	—	—	—
Minatitlán	22.4	24.3	16.5	18.9	19.4	16.2	18.8	10.8	50.1	19.4	104.0	30.9	146.3	31.3
Cd. Madero	35.4	38.4	29.9	34.2	45.6	38.0	56.0	32.1	61.8	23.9	94.1	27.9	126.0	26.9
Azcapotzalco	14.6	15.8	13.4	15.3	23.4	19.5	48.4	27.7	81.7	31.6	81.3	24.1	87.5	18.7
Poza Rica	—	—	5.9	6.7	3.3	2.8	3.7	2.1	6.4	2.5	12.5	3.7	14.7	3.1
Salamanca	—	—	—	—	—	—	23.9	13.7	34.6	13.4	35.5	10.6	76.7	16.4
Reynosa	—	—	—	—	—	—	2.4	1.4	9.0	3.5	9.4	2.8	16.7	3.6
Total	92.2	100.0	87.3	100.0	119.8	100.0	174.6	100.0	258.3	100.0	336.8	100.0	467.9	100.0

FUENTE: Pemex, *Pemex en cifras 1965*, México, Pemex. Para 1970, IMP. *Plan de desarrollo de la industria petrolera y petroquímica básica, 1976-1985*, México, IMP. 1976.

CUADRO 6
IMPORTACIONES TOTALES DE PETROLÍFEROS (PEMEX Y PARTICULARES)
1938-1970
(*años seleccionados*) (MBD)

Productos	*1938*	*1940*	*1946*	*1952*	*1958*	*1964*	*1970*
Gas licuado							
Total	>0.1	0.2	1.1	2.6	6.1	14.4	24.3
Pemex	>0.1	>0.1	0.2	—	—	0.2	6.1
Particulares	>0.1	0.1	0.9	2.6	6.1	14.2	18.2
Gasolinas							
Total	0.6	1.2	4.1	8.2	12.0	1.3	6.6
Pemex	0.3	0.3	1.8	3.2	5.4	1.3	6.6
Particulares	0.3	0.9	2.3	5.0	6.6	—	—
Kerosinas							
Total	>0.1	0.1	0.4	0.3	1.9	0.9	0.8
Pemex	—	—	>0.1	0.2	1.9	0.5	0.6
Particulares	>0.1	0.1	0.4	0.1	—	0.4	0.2
Diesel							
Total	0.8	0.4	1.2	1.0	4.8	1.7	7.3
Pemex	—	—	>0.1	0.3	2.4	0.7	7.3
Particulares	0.8	0.4	1.1	0.7	2.4	1.0	—
Combustóleo							
Total	2.6	2.6	2.3	6.0	7.5	6.8	6.7
Pemex	—	—	0.4	4.4	6.2	4.1	4.1
Particulares	2.6	2.6	1.9	1.6	1.3	2.7	2.6
Asfaltos							
Total	>0.1	>0.1	0.1	0.4	0.9	0.3	0.4
Pemex	—	—	—	—	—	0.2	0.3
Particulares	>0.1	>0.1	0.1	0.4	0.9	0.1	0.1
Lubricantes							
Total	0.3	0.3	0.7	1.7	0.3	0.3	0.7
Pemex	>0.1	0.1	0.2	0.2	>0.1	0.2	0.6
Particulares	0.2	0.2	0.5	1.5	0.3	0.1	0.1
Grasa y parafinas							
Total	0.1	0.2	0.1	0.8	0.4	0.6	0.7
Pemex	—	—	—	—	—	—	—
Particulares	0.1	0.2	0.1	0.8	0.4	0.6	0.7
Total productos	4.6	4.9	9.9	21.1	34.0	26.2	47.5
Pemex	0.3	0.4	2.7	8.4	16.1	7.1	25.5
Particulares	4.3	4.5	7.2	12.7	17.9	19.1	22.0

FUENTE: Pemex, *Anuario estadístico 1979*, México, Pemex, 1980, pp. 127-129.

CUADRO 7
COMPOSICIÓN PORCENTUAL DE LAS IMPORTACIONES TOTALES DE PETROLÍFEROS, 1938-1970
(*años seleccionados*)
(%)

Productos	*1938*	*1940*	*1946*	*1952*	*1958*	*1964*	*1970*
Gas licuado	0.4	3.2	10.9	12.3	17.9	54.8	51.2
Gasolinas	6.9	24.7	41.4	39.0	35.3	4.9	13.8
Kerosinas	0.6	1.6	4.0	1.5	5.8	3.5	1.7
Diesel	9.0	7.5	12.3	4.8	14.3	6.5	15.4
Combustóleo	27.8	52.9	23.1	28.5	22.1	25.9	14.1
Asfaltos	0.9	0.1	0.6	2.0	2.6	1.2	0.9
Lubricantes	2.7	5.7	6.6	8.1	0.9	1.3	1.5
Grasas y parafinas	1.6	4.2	1.1	3.8	1.1	1.9	1.4
Total	100.0	100.0	100.0	100.0	100.0	100.0	100.0

FUENTE: cuadro 6.

CUADRO 8
EXPORTACIONES DE PETROLÍFEROS, 1938-1970
(*años seleccionados*)
(MBD)

Productos	*1938*	*1940*	*1946*	*1952*	*1958*	*1964*	*1970*
Gasolinas	3.3	—	—	0.4	—	—	—
Kerosinas	0.1	—	—	—	—	—	—
Diesel	4.9	6.1	4.3	2.2	—	—	—
Combustóleo	5.8	5.3	11.8	16.0	30.0	26.1	47.7
Asfaltos	0.1	0.2	0.1	—	—	—	13.7
Total	14.2	11.6	16.2	18.6	30.0	26.1	61.4

FUENTE: Pemex, *Anuario estadístico 1983, op. cit.*, pp. 115-116.

CUADRO 9
COMPOSICIÓN PORCENTUAL DE LAS EXPORTACIONES DE PETROLÍFEROS, 1938-1970
(*años seleccionados*)
(%)

Productos	*1938*	*1940*	*1946*	*1952*	*1958*	*1964*	*1970*
Gasolinas	23.2	—	—	2.2	—	—	—
Kerosinas	0.7	—	—	—	—	—	—
Diesel	34.5	52.6	26.5	11.8	—	—	—
Combustóleo	40.9	45.7	72.8	86.0	100.0	100.0	77.7
Asfaltos	0.7	1.7	0.6	—	—	—	22.3
Total	100.0	100.0	100.0	100.0	100.0	100.0	100.0

FUENTE: cuadro 8.

CUADRO 10
CONSUMO NACIONAL APARENTE DE PETROLÍFEROS.[a]
1938-1970
(*años seleccionados*)
(MBD)

Productos	*1938*	*1940*	*1946*	*1952*	*1958*	*1964*	*1970*
Gas licuado							
Producción	>0.1	>0.1	0.1	2.1	6.3	18.4	36.2
Importación	>0.1	0.2	1.1	2.6	6.1	14.4	24.3
Exportación	—	—	—	—	—	—	—
CNA	>0.1	0.2	1.2	4.7	12.4	32.8	60.5
Gasolinas							
Producción	12.4	10.2	17.0	40.1	64.7	92.3	140.2
Importación	0.6	1.2	4.1	8.2	12.0	1.3	6.6
Exportación	3.3	>0.1	>0.1	0.4	—	—	—
CNA	9.8	11.4	21.1	47.9	76.7	93.6	146.8
Kerosinas							
Producción	1.3	2.9	7.8	16.0	26.6	33.5	39.5
Importación	>0.1	>0.1	0.4	0.3	2.0	0.9	0.8
Exportación	0.1	>0.1	>0.1	>0.1	—	—	—
CNA	1.3	3.0	8.2	16.3	28.6	34.4	40.3
Diesel							
Producción	13.9	11.4	13.1	16.0	27.3	56.6	83.3
Importación	0.8	0.4	1.2	1.0	4.8	1.7	7.3
Exportación	4.9	6.0	4.3	2.3	—	—	—
CNA	9.8	5.7	10.1	14.8	32.1	58.3	90.6
Combustóleo							
Producción	54.7	55.4	65.6	95.6	122.2	109.3	130.5
Importación	2.6	2.6	2.3	6.0	7.5	6.8	6.7
Exportación	5.9	5.3	11.8	16.0	30.0	26.1	47.7
CNA	51.4	52.6	56.1	85.6	99.7	90.0	89.5
Asfaltos							
Producción	3.3	2.2	6.4	2.8	4.2	6.4	23.2
Importación	>0.1	>0.1	>0.1	0.4	0.9	0.3	0.4
Exportación	0.1	0.2	0.1	—	—	—	13.7
CNA	3.2	2.0	6.3	3.2	5.0	6.7	9.9
Lubricantes							
Producción	1.0	0.7	0.5	0.6	2.4	3.4	5.3
Importación	0.2	0.3	0.7	1.7	0.3	0.3	0.7
Exportación	—	—	—	—	—	—	—
CNA	1.2	1.0	1.2	2.3	2.7	3.7	6.0
Grasas y parafinas							
Producción	0.3	0.3	0.3	0.3	0.9	1.1	1.3
Importación	0.2	0.2	0.1	0.8	0.4	0.5	0.7
Exportación	—	—	—	—	—	—	—
CNA	0.5	0.5	0.4	1.1	1.3	1.6	2.0
Otros							
Producción	5.3	4.4	9.6	4.3	3.6	26.0	21.6

CUADRO 10 (*continuación*)

Productos	*1938*	*1940*	*1946*	*1952*	*1958*	*1964*	*1970*
Importación	—	—	—	—	—	—	—
Exportación	—	—	—	—	—	—	—
CNA	5.3	4.4	9.6	4.3	3.6	26.0	21.6
Total							
Producción	92.2	87.7	120.6	177.8	258.2	346.9	481.1
Importación	4.6	4.9	9.9	21.1	34.0	26.2	47.5
Exportación	14.2	11.7	16.2	18.6	30.0	26.1	61.4
CNA	82.6	80.9	114.3	180.3	262.2	347.0	467.2

[a] Producción + importaciones de Pemex y particulares — exportaciones. No incluye la variación de inventarios.

FUENTE: cuadros 4, 6 y 8.

CUADRO 11

PARTICIPACIÓN DE LAS IMPORTACIONES EN EL CONSUMO NACIONAL APARENTE, 1938-1970

(*años seleccionados*) (%)

Productos	*1938*	*1940*	*1946*	*1952*	*1958*	*1964*	*1970*
Gas licuado	64	69	88	56	49	44	40
Gasolinas	7	11	19	17	16	1	4
Kerosinas	5	3	5	2	7	3	2
Diesel	9	6	12	7	15	3	8
Combustóleo	5	10	4	7	7	8	7
Asfaltos	—	—	1	13	18	5	4
Lubricantes	21	28	53	75	11	9	12
Grasas y parafinas	32	41	23	73	29	32	34
Total	6	6	9	12	13	8	10

FUENTE: cuadro 10.

CUADRO 12

PARTICIPACIÓN DE LAS EXPORTACIONES EN LA PRODUCCIÓN, 1938-1970 (*años seleccionados*)

Productos	*1938*	*1940*	*1946*	*1952*	*1958*	*1964*	*1970*
Gasolinas	26	—	—	1	—	—	—
Kerosinas	8	1	—	—	—	—	—
Diesel	35	53	33	14	—	—	—
Combustóleo	11	10	18	17	13	24	37
Asfaltos	3	10	2	—	—	—	59
Total	15	13	13	10	12	8	13

FUENTE: Cuadro 10.

CUADRO 13
VOLUMEN DE LAS VENTAS INTERNAS DE PETROLÍFEROS, 1938-1970
(*años seleccionados*) (MBD)

Productos	*1938*	*1940*	*1946*	*1952*	*1958*	*1964*	*1970*
Gas licuado	>0.1	>0.1	0.1	2.2	8.3	19.7	34.6
Gasolinas	8.2	9.2	20.2	43.2	67.4	92.1	142.8
Kerosinas	2.2	2.7	7.3	16.2	26.2	30.1	30.4
Turbosina	—	—	—	—	—	2.5	8.6
Diesel	1.5	1.8	3.7	11.8	25.3	49.1	78.1
Combustóleo	33.3	35.9	57.8	65.2	69.2	55.2	78.5
Asfaltos	0.9	1.4	1.3	2.8	4.2	6.1	8.6
Lubricantes	0.4	0.4	0.5	0.7	2.2	3.2	4.3
Grasas	>0.1	>0.1	>0.1	0.1	0.1	0.1	0.1
Parafinas	0.5	0.3	0.3	0.2	0.9	1.0	1.1
Total	47.1	51.8	91.2	142.4	203.8	259.1	387.1

FUENTE: Pemex, *Anuario estadístico 1983, op. cit.*, pp. 94-95.

CUADRO 14
VALOR DE LAS VENTAS INTERNAS DE PETROLÍFEROS, 1938-1970
(*años seleccionados*) (*millones de pesos*)

Productos	*1938*	*1940*	*1946*	*1952*	*1958*	*1964*	*1970*
Gas licuado	—	1	4	26	114	299	590
Gasolinas	80	106	276	966	2 113	3 949	6 563
Kerosinas	16	51	140	246	397	403	699
Turbosina	—	—	—	—	—	81	205
Diesel	6	8	18	104	305	906	1 535
Combustóleo	31	34	99	248	431	516	617
Asfaltos	2	4	5	11	29	60	71
Lubricantes	9	12	23	70	243	454	712
Grasas	1	1	3	7	11	27	38
Parafinas	10	8	23	17	76	88	88
Total	155	225	591	1 695	3 719	6 783	11 118

FUENTE: Pemex, *Anuario estadístico 1983, op. cit.*, pp. 97-98.

CUADROS

1970-1985

CUADRO 15

CAPACIDAD NOMINAL DE DESTILACIÓN PRIMARIA DE CRUDO Y LÍQUIDOS DEL GAS, 1970-1985

	Destilación atmosférica de crudo		*Fraccionamiento de líquidos del gas*		*Total*	
Año	*MBD*	*Variación anual (%)*	*MBD*	*Variación anual (%)*	*MBD*	*Variación anual (%)*
1970	532.5	—	59.5	—	592.0	—
1971	532.5	0.0	59.5	0.0	592.0	0.0
1972	532.5	0.0	92.5	55.5	625.0	5.6
1973	667.5	25.4	92.5	0.0	760.0	21.6
1974	667.5	0.0	92.5	0.0	760.0	0.0
1975	692.5	3.7	92.5	0.0	785.0	3.3
1976	865.0	25.0	103.5	11.9	968.5	23.4
1977	865.0	0.0	108.5	4.8	973.5	0.5
1978	865.0	0.0	123.5	13.8	988.5	1.5
1979	1 135.0	31.2	206.0	66.8	1 341.0	35.7
1980	1 270.0	11.9	206.0	0.0	1 476.0	10.1
1981	1 270.0	0.0	253.5	23.1	1 523.5	3.8
1982	1 270.0	0.0	350.5	38.3	1 620.5	6.4
1983	1 300.0	2.4	330.5	—5.7	1 630.5	0.0
1984	1 349.0	3.8	330.5	0.0	1 679.5	3.0
1985	1 349.0	0.0	440.5	33.3	1 789.5	6.6
TMCA						
1970-1976		8.4		9.7		8.5
1976-1982		6.6		22.5		9.0
1982-1985		2		7.9		3.4

FUENTE: Pemex, *Anuario estadístico 1983*, *op. cit.*, y Pemex, *Memoria de labores 1970-1985*, *op. cit.*

CUADRO 16
CAPACIDAD DE DESTILACIÓN PRIMARIA Y PROCESO DE LÍQUIDOS DEL GAS, POR REFINERÍA, 1976-1982
(MBD)

	1976	*1977*	*1978*	*1979*	*1980*	*1981*	*1982*
Destilación primaria	865.0	865.0	865.0	1 135	1 270	1 270	1 270
Azcapotzalco	105.0	105.0	105.0	105.0	105.0	105.0	105.0
Cadereyta	—	—	—	100.0	235.0	235.0	235.0
Cd. Madero	185.0	185.0	185.0	185.0	185.0	185.0	185.0
Minatitlán	200.0	200.0	200.0	200.0	200.0	200.0	200.0
Poza Rica	16.0	16.0	16.0	16.0	16.0	16.0	16.0
Reynosa	9.0	9.0	9.0	9.0	9.0	9.0	9.0
Salamanca	200.0	200.0	200.0	200.0	200.0	200.0[a]	200.0
Salina Cruz	—	—	—	170.0	170.0	170.0	170.0
Tula	150.0	150.0	150.0	150.0	150.0	150.0	150.0
Líquidos del gas	103.5	108.5	124.5	207.0	207.0	253.5	350.5
Cactus	—	—	—	82.5	85.5	82.5[b]	113.0
La Cangrejera	—	—	—	—	—	46.5	113.0
Cd. Madero	—	—	1.0	1.0	1.0	1.0	1.0
Minatitlán	70.0	75.0	90.0	90.0	90.0	90.0	90.0
Poza Rica	22.0	22.0	22.0	22.0	22.0	22.0	22.0
Reynosa	11.5	11.5	11.5	11.5	11.5	11.5	11.5
Total	968.5	973.5	989.5	1 342.0	1 477.0	1 523.5	1 620.5

[a] Excluye la ampliación de 40 MBD que se debe a adaptaciones en la sección fraccionadora de la desintegradora térmica catalítica.

[b] No inició operaciones.

FUENTE: Secretariado Técnico de la Comisión de Energéticos, *Energéticos, boletín informativo del sector energético*, año 6, núm. 4, México STCE/Sepafin, abril de 1982.

CUADRO 17
CAPACIDAD NOMINAL DE DESTILACIÓN AL VACÍO, DESINTEGRACIÓN CATALÍTICA Y REDUCCIÓN DE VISCOSIDAD, 1970-1985
(MBD)

Año	*Destilación al vacío*	*Desintegración*[a]	*Reducción de viscosidad*
1970	237.2	122.0	28.0
1971	237.2	122.0	28.0
1972	237.2	140.0	28.0
1973	292.2	140.0	28.0
1974	282.0	140.0	28.0
1975	282.2	140.0	28.0
1976	382.2	180.0	28.0
1977	382.2	208.0	69.0

CUADRO 17 (*continuación*)

Año	*Destilación al vacío*	*Desintegración*[a]	*Reducción de viscosidad*
1978	382.2	248.0	69.0
1979	519.2	248.0	69.0
1980	594.2	328.0	69.0
1981	594.2	328.0	69.0
1982	594.2	328.0	69.0
1983	594.2	328.0	69.0
1984	600.7	294.0	73.0
1985	600.7	294.0	73.0
TMCA (%):			
1970-1976	8.3	6.7	0.0
1976-1982	7.6	10.5	16.2
1982-1985	0.2	—3.6	1.9

[a] Capacidad basada en carga fresca.

FUENTE: Pemex, *Memoria de labores 1970-1985*, *op. cit.*

CUADRO 18

EVOLUCIÓN ANUAL DE LA PRODUCCIÓN Y EL CONSUMO NACIONAL APARENTE DE PETROLÍFEROS, 1970-1985

	Producción		*Consumo nacional aparente*	
Año	*MBD*	*Variación anual (%)*	*MBD*	*Variación anual (%)*
1970	481.1	—	467.2	—
1971	486.9	1.2	508.2	8.8
1972	528.5	8.5	572.3	12.6
1973	564.7	6.8	631.7	10.4
1974	641.8	13.7	688.5	9.0
1975	660.0	13.7	733.6	6.6
1976	733.1	11.1	798.5	8.9
1977	823.7	12.4	843.4	5.6
1978	877.3	6.5	913.1	8.3
1979	958.7	9.3	976.4	6.9
1980	1 139.7	18.9	1 105.7	13.2
1981	1 260.3	10.6	1 198.4	8.4
1982	1 237.4	—1.8	1 258.8	5.0
1983	1 248.5	0.9	1 179.7	—6.3
1984	1 326.2	6.2	1 242.0	5.3
1985	1 381.2	4.2	1 295.6	4.3
TMCA:				
1970-1976		7.3		9.3
1976-1982		9.1		7.9
1982-1985		3.7		1.0

FUENTE: cuadro 19.

CUADRO 19
CONSUMO NACIONAL APARENTE DE PETROLÍFEROS,[a] 1970-1985
(MBD)

Productos	*1970*	*1971*	*1972*	*1973*	*1974*	*1975*	*1976*	*1977*	*1978*	*1979*	*1980*	*1981*	*1982*	*1983*	*1984*	*1985*
Gas licuado																
Producción	36.2	37.4	40.2	47.1	50.5	51.7	55.7	65.8	74.0	90.6	119.8	135.9	150.8	154.9	156.1	167.1
Importación	24.3	28.2	34.3	36.0	29.9	30.1	27.0	17.4	13.6	8.1	8.3	5.2	3.6	10.4	28.6	37.1
Exportación	0.0	0.0	0.0	0.0	0.0	0.3	0.0	0.0	0.0	5.9	14.6	2.6	1.2	4.4	7.9	18.2
CNA	60.5	65.6	74.5	83.1	80.4	81.5	82.7	83.2	87.6	92.8	113.5	138.5	153.2	160.9	176.8	186.0
CNA[c]										93.1	111.8	132.3	150.0	158.3	171.9	184.4
Gasolinas																
Producción	140.2	144.2	154.4	161.6	180.0	185.3	212.0	231.4	246.0	285.1	327.9	360.9	348.1	355.2	362.7	366.1
Importación	6.6	15.6	16.3	30.2	18.0	13.7	7.0	0.1	0.2	0.2	0.1	1.3	0.1	0.1	0.1	0.1
Exportación	0.0	0.0	0.0	0.8	1.5	1.7	2.6	3.2	1.7	0.0	2.6	2.5	2.3	21.7	36.1	25.8
CNA	146.8	159.8	170.7	191.0	196.5	200.1	221.4	228.3	244.5	285.3	325.4	359.7	345.9	333.6	326.7	340.4
CNA[c]								227.3	243.9		325.6	359.5	374.8			
Kerosinas[b]																
Producción	39.6	40.6	41.5	46.1	51.0	50.1	53.8	55.3	20.2	64.4	69.0	70.2	76.0	66.5	65.5	64.8
Importación	0.8	1.8	0.9	0.5	0.4	0.5	0.7	0.6	0.6	0.6	0.6	0.6	1.2	1.1	1.2	1.2
Exportación	0.0	0.0	0.0	0.4	0.0	0.0	0.0	0.1	0.1	0.0	0.4	0.4	0.5	3.2	4.7	5.3
CNA	40.4	42.4	42.4	46.2	51.4	50.6	54.5	55.8	58.7	65.0	69.2	70.[illegible]	76.7	64.4	62.0	60.7
Diesel																
Producción	83.3	82.7	94.3	104.9	137.6	151.1	162.6	182.4	198.5	215.3	244.2	269.9	230.8	223.0	232.9	245.8
Importación	7.3	10.9	6.1	12.1	8.4	7.1	3.3	1.4	2.6	0.0	0.9	0.3	0.0	0.0	0.0	0.0
Exportación	0.0	0.0	0.0	0.0	5.9	1.3	0.3	0.7	0.1	0.3	1.2	8.6	2.6	24.5	10.8	15.1
CNA	90.6	93.6	100.4	117.0	140.1	161.3	175.3	183.1	201.0	215.0	243.9	261.6	228.2	199.5	222.1	230.7
CNA[c]								183.4	201.2		244.1		253.8			
Combustóleo y res.																
Producción	130.5	125.9	142.4	150.0	170.7	178.7	200.0	233.2	243.7	237.5	308.5	347.0	349.6	350.2	374.9	398.0

Importación	6.7	10.6	10.4	10.5	6.7	15.1	3.8	3.8	17.8	15.3	0.0	0.0	0.0	0.0	0.0	11.6
Exportación	47.7	34.0	13.7	13.9	8.3	3.8	0.5	0.5	0.0	4.0	28.9	52.3	35.6	25.9	12.1	24.6
CNA	89.5	102.5	139.1	146.6	169.1	195.1	214.3	236.5	261.5	248.8	279.6	294.7	314.0	324.3	362.8	385.0
CNA[e]								237.0	262.1				317.3		361.4	383.3
Asfaltos																
Producción	23.2	24.5	23.6	21.1	13.0	11.3	11.8	12.1	13.2	14.8	16.8	18.2	20.0	17.0	22.7	22.9
Importación	0.4	0.4	0.6	0.7	0.6	0.3	0.3	0.1	0.1	0.0	0.0	0.0	0.0	0.0	0.0	0.0
Exportación	13.7	12.8	12.1	8.7	2.4	0.0	0.0	0.0	0.0	0.0	0.0	0.0	0.0	0.0	0.0	0.0
CNA	9.9	12.1	12.1	13.1	11.2	11.8	12.4	12.2	13.3	14.8	16.8	18.2	20.0	17.0	22.7	22.9
Lubricantes																
Producción	5.3	5.3	6.0	6.3	7.3	8.1	8.3	7.5	7.8	7.6	7.6	9.5	7.8	6.6	6.8	6.7
Importación	0.7	0.3	0.3	0.3	0.3	1.1	0.5	0.7	2.0	2.8	4.7	2.6	3.1	5.6	3.1	3.0
Exportación	0.0	0.0	0.0	0.0	0.0	0.0	0.0	0.0	0.0	0.0	0.3	0.0	0.0	0.2	0.0	0.0
CNA	6.0	5.6	6.3	6.6	7.6	9.2	8.8	8.2	9.8	10.4	12.0	12.1	10.9	12.0	9.9	9.7
CNA[e]									10.0		12.3	12.8	11.6	12.5	10.8	
Grasas y parafinas																
Producción	1.3	1.6	1.7	1.9	2.1	1.7	1.9	2.1	2.2	2.0	2.4	2.0	2.1	2.6	2.0	1.5
Importación	0.7	0.4	0.7	0.4	0.3	0.4	0.3	0.2	0.1	0.4	0.0	0.0	0.2	0.0	0.1	0.1
Exportación	0.0	0.0	0.0	0.1	0.0	0.0	0.0	0.0	0.0	0.0	0.0	0.0	0.0	0.0	0.0	0.0
CNA	2.0	2.0	2.4	2.2	2.4	2.1	2.2	2.3	2.3	2.4	2.4	2.0	2.3	2.6	2.1	1.6
CNA[e]														2.7		
Otros[c]																
Producción	21.6	24.8	24.3	25.9	29.7	22.1	27.0	33.9	33.6	40.6	43.5	46.6	52.1	71.6	102.7	108.3
Importación	0.0	0.0	0.0	0.0	0.0	0.0	0.0	0.0	0.0	0.0	0.0	0.0	0.0	0.0	0.0	0.0
Exportación[f]	0.0	0.0	0.0	0.0	0.0	0.0	0.0	0.0	0.0	0.0	0.0	0.0	0.0	4.5	40.3	46.5
CNA	21.6	24.8	24.3	25.9	29.7	22.1	27.0	33.9	33.6	40.6	43.5	46.6	52.1	67.1	62.4	61.8
Total[d]																
Producción	481.1	486.9	528.5	564.7	641.8	660.0	733.1	823.7	877.3	958.7	1 139.7	1 260.3	1 237.4	1 248.5	1 326.2	1 381.2
Importación	47.5	68.1	69.6	90.8	64.7	68.3	42.9	24.4	37.2	27.5	14.8	10.1	8.2	17.4	33.1	53.1

CUADRO 19 (*continuación*)

Productos	*1970*	*1971*	*1972*	*1973*	*1974*	*1975*	*1976*	*1977*	*1978*	*1979*	*1980*	*1981*	*1982*	*1983*	*1984*	*1985*
Exportación	61.4	46.8	25.8	23.8	18.0	7.0	3.3	4.5	1.8	10.1	47.9	66.3	42.1	84.3	111.9	135.4
CNA	467.2	508.2	572.3	631.7	688.5	733.6	798.5	843.6	912.7	976.1	1 106.6	1 204.1	1 203.5	1 181.4	1 247.4	1 298.9
CNA[e]								843.4	913.1	976.4	1 105.7	1 198.4	1 258.8	1 179.7	1 242	1 295.6

[a] Producción + importaciones de Pemex y particulares — exportaciones. No incluye la variación de inventarios.
[b] Incluye turbosina.
[c] Incluye gas seco, coque, negro de humo, entregas netas a petroquímica y Virgen Stock-28.
[d] Los totales pueden no coincidir debido a ajustes por redondeo.
[e] Incluye el volumen obtenido de la maquila del crudo y el saldo de los intercambios de productos.
[f] Principalmente Virgen Stock-28.

FUENTE: Elaborado con base en Pemex, *Anuario estadístico 1983*, *op. cit.*; Pemex, *Memoria de labores*, varios años; y otros cuadros del presente anexo.

CUADRO 20

COMPOSICIÓN DEL VOLUMEN TOTAL DE IMPORTACIONES DE PETROLÍFEROS (PEMEX Y PARTICULARES), 1970-1985

(MBD)

Productos	*1970*	*1971*	*1972*	*1973*	*1974*	*1975*	*1976*	*1977*	*1978*	*1979*	*1980*[a]	*1981*[a]	*1982*[a]	*1983*[a]	*1984*[a]	*1985*[a]
Gas licuado																
Total	24.3	28.1	34.3	36.0	29.9	30.1	27.0	17.4	13.6	8.1	8.3	5.2	3.6	10.4	28.6	37.1
Pemex	6.0	8.9	13.5	16.3	12.1	11.9	10.3	2.8	5.9	8.1	8.3	5.2	6.6	10.4	0.0	0.0
Particulares	18.3	19.2	20.8	19.7	17.8	18.2	16.7	14.6	7.7	0.0	0.0	0.0	0.0	0.0	0.0	0.0
Gasolinas																
Total	6.6	15.6	16.3	30.2	18.0	13.7	7.0	0.1	0.2	0.2	0.1	1.3	0.1	0.1	0.1	0.1
Pemex	6.6	15.6	16.3	30.2	18.0	13.7	7.0	0.1	0.1	0.1	0.1	1.3	0.1	0.1	0.1	0.1
Particulares	0.0	0.0	0.0	0.0	0.0	0.0	0.0	0.0	0.1	0.1	0.0	0.0	0.0	0.0	0.0	0.0
Kerosinas																
Total	0.8	1.8	0.9	0.5	0.4	0.5	0.7	0.6	0.6	0.6	0.6	0.6	1.2	1.1	1.2	1.2

Pemex	0.6	1.4	0.4	0.5	0.3	0.5	0.6	0.6	0.5	0.6	0.6	0.6	1.2	1.1	1.2	1.2
Particulares	0.2	0.4	0.5	n.s.	0.1	n.s.	0.1	0.0	0.1	0.0	0.0	0.0	0.0	0.0	0.0	0.0
Diesel																
Total	7.3	10.9	6.1	12.1	8.4	7.1	3.3	1.4	2.6	0.0	0.9	0.3	0.0	0.0	0.0	0.0
Pemex	7.3	10.8	6.0	12.1	8.4	7.1	3.3	1.4	2.6	0.0	0.9	0.3	0.0	0.0	0.0	0.0
Particulares	0.0	0.1	0.1	0.0	0.0	0.0	0.0	0.0	0.0	0.0	0.0	0.0	0.0	0.0	0.0	0.0
Combustóleo																
Total	6.7	10.6	10.4	10.5	6.7	15.1	3.8	3.8	17.8	15.3	0.0	0.0	0.0	0.0	0.0	11.6
Pemex	4.0	9.4	7.0	5.8	5.8	15.1	3.8	3.8	17.8	15.3	0.0	0.0	0.0	0.0	0.0	11.6
Particulares	2.7	1.2	3.4	4.7	0.9	0.0	0.0	0.0	0.0	0.0	0.0	0.0	0.0	0.0	0.0	0.0
Asfaltos																
Total	0.4	0.4	0.6	0.7	0.6	0.3	0.3	0.1	0.1	0.0	0.0	0.0	0.0	0.0	0.0	0.0
Pemex	0.3	0.3	0.4	0.7	0.5	0.3	0.2	0.0	0.0	0.0	0.0	0.0	0.0	0.0	0.0	0.0
Particulares	0.1	0.1	0.2	n.s.	0.1	n.s.	0.1	0.1	0.1	0.0	0.0	0.0	0.0	0.0	0.0	0.0
Lubricantes																
Total	0.7	0.3	0.3	0.3	0.3	1.1	0.5	0.7	2.0	2.8	4.7	2.6	3.1	5.6	3.1	3.0
Pemex	0.7	0.3	0.3	0.3	0.3	1.1	0.5	0.7	2.0	2.8	4.7	2.6	3.1	5.6	3.1	3.0
Particulares	0.0	0.0	n.s.	n.s.	n.s.	0.0	0.0	0.0	0.0	0.0	0.0	0.0	0.0	0.0	0.0	0.0
Grasa y paraf.																
Total	0.7	0.4	0.7	0.4	0.3	0.4	0.3	0.2	0.2	0.5	0.1	0.1	0.2	0.2	0.1	0.1
Pemex	n.s.	0.1	0.6	0.4	0.3	0.1	n.s.	0.0	0.1	0.1	0.1	0.1	0.2	0.2	0.1	0.1
Particulares	0.7	0.3	0.1	n.s.	n.s.	0.3	0.3	0.2	0.1	0.4	0.0	—	0.0	0.0	0.0	0.0
Otros																
Pemex	0.0	0.0	0.0	0.0	0.0	0.0	0.0	0.1	0.1	n.s.	n.s.	n.s.	n.s.	n.s.	0.0	0.0
Total	47.5	68.1	69.6	90.8	64.7	68.3	42.9	24.4	37.2	27.5	14.8	10.1	8.2	17.4	33.1	53.1
Pemex	25.5	46.8	44.5	66.2	44.4	49.7	25.4	9.5	29.1	27.0	14.8	10.1	8.2	17.4	33.1	53.1
Particulares	22.0	21.3	25.1	24.6	20.3	18.6	17.5	14.9	8.1	0.5	n.s.	n.s.	n.s.	n.s.	n.s.	n.s.

[a] No se dispone de los datos sobre las importaciones por particulares a partir de 1980; sin embargo, éstas fueron marginales.

FUENTE: Pemex, *Anuario estadístico 1979 y 1983*, *op. cit.*, Pemex, *Memoria de labores 1985*, *op. cit.*

CUADRO 21
PARTICIPACIÓN PORCENTUAL DE LAS IMPORTACIONES DE PETROLÍFEROS EN EL CONSUMO NACIONAL APARENTE, 1970-1985 (%)

Productos	*1970*	*1971*	*1972*	*1973*	*1974*	*1975*	*1976*	*1977*	*1978*	*1979*	*1980*	*1981*	*1982*	*1983*	*1984*	*1985*
Gas licuado	40.2	43.0	46.0	43.3	37.2	36.9	32.7	20.9	15.5	8.7	7.4	3.9	2.4	6.6	16.6	20.1
Gasolinas	4.5	9.8	9.6	15.8	9.2	6.9	3.2	—	0.1	0.1	—	0.4	—	—	—	—
Kerosinas	2.0	4.2	2.1	1.1	0.8	1.0	1.3	1.1	1.0	0.9	0.9	0.9	1.6	1.7	1.9	2.0
Diesel	8.1	11.6	6.1	10.3	6.0	4.4	1.9	0.8	1.3	—	0.4	0.1	—	—	—	—
Combustóleo	7.5	10.3	7.5	7.2	4.0	7.7	1.8	1.6	6.8	6.2	—	—	—	—	—	3.0
Asfaltos	4.0	3.3	5.0	5.3	5.4	2.5	2.4	0.8	0.8	—	—	—	—	—	—	—
Lubricantes	11.7	5.4	4.8	4.6	4.0	12.0	5.7	8.5	20.0	26.9	38.2	20.3	26.7	46.7	28.7	30.9
Grasas y parafinas	35.0	20.0	11.9	18.2	12.5	19.1	13.6	8.7	4.3	16.7	—	—	—	—	4.8	6.3
Total	10.2	13.4	12.2	14.4	9.4	9.3	5.4	2.9	4.1	2.8	1.3	0.8	0.7	1.5	2.7	4.1

FUENTE: cuadro 19.

CUADRO 22
COMPOSICIÓN DEL VOLUMEN DE EXPORTACIONES DE PETROLÍFEROS, 1970-1985
(MBD)

Productos	*1970*	*1971*	*1972*	*1973*	*1974*	*1975*	*1976*	*1977*	*1978*	*1979*	*1980*	*1981*	*1982*	*1983*	*1984*	*1985*
Gas licuado	—	—	—	—	—	0.3	—	—	—	5.9	14.6	2.6	1.2	4.4	7.9	18.2
Gasolinas[a]	—	—	—	0.8	1.5	1.7	2.6	3.2	1.7	—	2.6	2.5	2.3	21.7	36.1	25.8
Kerosinas[b]	—	—	—	0.4	—	—	—	0.1	0.1	—	0.4	0.4	0.5	3.2	4.7	5.3
Diesel	—	—	—	—	5.9	1.3	0.3	0.7	0.1	0.3	1.2	8.6	2.6	24.5	10.8	15.1
Combustóleo	47.7	34.0	13.7	13.9	8.3	3.8	0.5	0.5	—	4.0	28.9	52.3	35.6	25.9	12.1	24.6
Asfaltos	13.7	12.8	12.1	8.7	2.4	—	—	—	—	—	—	—	—	—	—	—
Lubricantes	—	—	—	—	—	—	—	—	—	—	0.3	—	—	0.2	—	—
Parafinas	—	0.6	0.1	0.1	—	—	—	—	—	—	—	—	—	—	—	—
Virgen Stock	—	—	—	—	—	—	—	—	—	—	—	—	—	4.5	39.9	46.5
Total[c]	61.4	47.4	25.9	23.9	18.1	7.1	3.4	4.5	1.8	10.1	47.9	66.3	42.1	84.3	111.9[d]	135.4

[a] Incluye naftas (1980-1983) y pentanos (1985).
[b] Incluye turbosina.
[c] Los totales pueden no coincidir debido a ajustes por redondeo.
[d] Incluye 0.4 MBD de gasóleo vacío.
FUENTE: Pemex, *Anuario estadístico 1983*, *op. cit.*, y Pemex, *Memoria de labores 1985*, *op. cit.*

CUADRO 23
BALANZA COMERCIAL DE PETROLÍFEROS (EN VOLUMEN), 1970-1985
(MB)

	Importaciones			*Saldo*	
Años	*Pemex*	*Total*[a]	*Exportaciones*	*Pemex*	*Total*
1970	9 312	17 346	22 413	13 101	5 067
1971	17 088	24 853	17 310	222	—7 543
1972	16 291	25 458	9 441	—6 850	—16 017
1973	24 156	33 159	8 699	—15 457	—24 460
1974	16 390	23 770	6 657	—9 733	—17 113
1975	18 152	25 006	2 568	—15 584	—22 438
1976	9 285	15 584	1 221	—8 064	—14 363
1977	3 466	8 885	1 651	—1 815	—7 234
1978	10 617	13 586	673	—9 944	—12 913
1979	9 875	10 061	3 701	—6 174	—6 360
1980	5 428	n.d.	17 063	11 635	n.d.
1981	3 704	n.d.	24 208	20 504	n.d.
1982	3 016	n.d.	15 358	12 342	n.d.
1983	6 347	n.d.	30 710	24 363	n.d.
1984	12 111	n.d.	40 944	28 833	n.d.
1985	19 376	n.d.	49 412	30 036	n.d.

[a] Incluye las importaciones por particulares. No se dispone de la información para los años 1980-1985; sin embargo, dichas importaciones fueron marginales a partir de 1980.

FUENTE: Pemex, *Memoria de labores 1970-1985, op. cit.*, y Pemex, *Anuario estadístico 1979, op. cit.*

CUADRO 24
BALANZA COMERCIAL DE PETROLÍFEROS (EN VALOR), 1970-1985
(*millones de dólares*)

Años	*Importaciones*[a]	*Exportaciones*	*Saldo*
1970	33.1	29.6	—3.5
1971	68.8	27.1	—41.7
1972	62.4	21.6	—40.8
1973	174.1	30.6	—1 143.5
1974	271.9	62.0	—209.9
1975	225.6	25.4	—200.2
1976	126.3	15.7	—110.6
1977	51.7	22.8	—28.9
1978	144.0	9.3	—134.7
1979	208.6	67.6	—141.0
1980	243.1	390.7	147.6
1981	159.1	589.0	430.0
1982	140.5	355.9	215.4
1983	255.4	866.0	610.6
1984	347.6	1 138.5	790.9
1985	479.1	1 233.3	754.2

[a] No incluye las importaciones por particulares.

FUENTE: Pemex, *Memoria de labores 1970-1985, op. cit.*, y Pemex, *Anuario estadístico 1979, op. cit.*

CUADRO 25

MAQUILA E INTERCAMBIO DE PRODUCTOS PETROLEROS, 1970-1985

(MBD)

Años	*Productos enviados al exterior para maquila (M) o intercambio (I)*			*Productos obtenidos de la maquila (M) o intercambio (I)*		
1970			—			—
1971			—			—
1972			—			—
1973			—			—
1974			—			—
1975	Crudo (M,I)		5 121	Gasolina (M)		1 138
	Gasolina (I)		130	Diesel (M)		1 606
				Residuales (M)		1 872
1976	Crudo (M,I)		9 675	Gasolina (M,I)		1 995
	Gasolina (I)		157	Diesel (M)		3 563
				Residuales (M)		4 034
1977	Gasolina (I)		675	Combustóleo (I)		180
				Diesel (I)		112
				Gasolina (I)		340
1978	Combustóleo (I)		198	Combustóleo (I)		219
	Gasolina (I)		79	Diesel (I)		90
				Gasolinas (I)		59
				Lubric. bás. (I)		56
1979	Gas licuado (I)	Ton	12 717	Gas licuado (I)	Ton	22 212
1980	Crudo (M)		2 463	Diesel (M)		74
	Diesel (I)		146	Lubric. bás. (M)		118
	Gas licuado (I)	Ton	306 121	Diesel (I)		146
				Gas licuado (I)	Ton	250 235
				Gasolina (I)		84
1981	Crudo (M)		5 467	Lubric. bás. (M)		252
	Gas licuado (M)	Ton	100 613	Gas licuado (I)	Ton	406 739
	Gasolina (I)		85			
	Gas licuado (I)	Ton	500 942			
1982	Crudo (M)		37 977	Parafinas (M)	Ton	1 525
	Gas licuado (I)	Ton	703 741	Diesel (M)		9 343
				Lubric. bás. (M)		257
				Gasolina (M)		10 535
				Combustóleo (M)		1 198
				Gas licuado (I)	Ton	602 702
1983	Crudo (M)		10 257	Gas licuado (I)		3 404
	Turbosina (M)		30			
	Gas licuado (I)		4 240			
1984	Gas licuado (M)		1 903	Combustóleo (I)		3 078
	Crudo (I)		366	Lubricantes (I)		314
	Combustóleo (I)		3 601			
1985	Gas licuado (M)		601	Combustóleo (I)		1 032
	Combustóleo (I)		1 649			
	Crudo (I)		292			

FUENTE: Pemex, *Memoria de labores 1970-1985*, *op. cit.*

CUADRO 26

COMPOSICIÓN DEL VOLUMEN DE VENTAS INTERNAS DE PETROLÍFEROS, 1970-1985

(MBD)

Productos	*1970*	*1971*	*1972*	*1973*	*1974*	*1975*	*1976*	*1977*	*1978*	*1979*	*1980*	*1981*	*1982*	*1983*	*1984*	*1985*
Gas licuado	34.6	35.6	35.6	37.8	43.5	58.2	63.2	62.3	76.7	87.4	102.6	116.1	132.0	143.1	169.5	181.2
Gasolinas	142.8	152.8	164.5	182.8	188.6	193.4	207.5	219.3	238.1	275.7	314.2	357.8	360.9	316.8	324.5	324.0
Kerosinas	30.4	29.2	29.3	30.0	31.1	32.9	34.0	35.3	34.8	36.5	37.9	38.0	36.9	28.3	28.5	29.8
Turbosina	8.6	9.1	10.4	12.2	16.2	15.8	17.3	19.3	20.1	24.6	27.5	28.8	28.3	27.6	25.0	20.5
Diesel	78.1	77.7	92.2	99.3	122.1	153.2	163.6	168.5	188.2	202.9	215.0	232.9	222.5	192.6	201.7	201.4
Combustóleo	78.5	90.8	106.0	109.2	141.9	164.1	195.1	195.9	229.1	222.3	243.1	249.6	269.2	295.3	318.0	348.2
Lubricantes	4.3	5.0	5.4	6.0	6.6	6.9	7.6	7.8	9.1	9.8	10.6	11.3	11.1	9.8	10.4	10.3
Asfaltos	8.6	9.6	12.0	10.6	9.5	11.0	11.2	10.6	11.2	13.9	16.1	17.7	18.5	16.2	20.9	22.1
Grasas	0.2	0.2	0.2	0.2	0.3	0.2	0.3	0.3	0.3	0.2	0.2	0.3	0.3	0.2	0.2	0.2
Parafinas	1.1	1.4	1.2	1.2	1.4	1.6	1.7	2.0	2.1	2.3	2.2	2.0	2.0	1.6	1.5	1.7
Total[a]	387.1	411.4	456.7	489.3	561.1	637.3	701.4	721.2	809.8	875.7	969.4	1 054.5	1 081.7	1 031.5	1 099.9	1 139.4

[a] Los totales pueden no coincidir debido a ajustes por redondeo.

FUENTE: Pemex, *Anuario estadístico 1985*, *op. cit.*, pp. 94-95.

CUADRO 27

COMPOSICIÓN DEL VALOR DE LAS VENTAS INTERNAS DE PETROLÍFEROS, 1970-1985

(*miles de millones de pesos*)

Productos	*1970*	*1971*	*1972*	*1973*	*1974*	*1975*	*1976*	*1977*	*1978*	*1979*	*1980*	*1981*	*1982*	*1983*	*1984*	*1985*
Gas licuado	0.6	0.7	0.7	0.9	2.6	2.8	3.1	3.4	4.2	4.6	5.8	7.4	10.7	20.1	27.2	29.4
Gasolinas	6.6	7.3	7.9	9.2	14.6	14.8	16.7	22.8	24.8	28.6	31.9	34.8	33.3	174.3	275.8	423.4
Kerosinas	0.4	0.4	0.4	0.4	0.6	0.6	0.7	1.0	1.1	1.1	1.2	1.1	3.2	12.2	21.4	30.4
Turbosina	0.2	0.2	0.2	0.3	0.9	1.2	1.3	2.0	2.2	3.7	7.5	10.1	19.4	59.0	67.7	93.9
Diesel	1.5	1.6	1.8	2.1	3.6	4.1	4.6	6.0	6.7	11.1	11.8	13.1	40.6	63.7	113.5	175.1
Combustóleo	0.6	0.8	0.8	0.9	1.8	2.0	2.4	3.1	3.7	4.3	5.6	7.5	11.7	36.3	106.7	192.6
Lubricantes	0.7	0.8	0.8	0.9	1.5	1.5	1.7	2.1	2.6	3.7	7.0	8.7	11.3	30.2	48.6	76.0
Asfaltos	0.1	0.1	0.1	0,1	0.2	0.1	0.1	0.2	0.2	0.2	0.3	0.3	0.6	2.2	7.1	19.5
Grasas	n.s.	n.s.	n.s.	0.1	0.1	0.1	0.1	0.1	0.1	0.2	0.2	0.2	0.4	0.9	1.4	2.1
Parafinas	0.1	0.1	0.2	0.1	0.2	0.2	0.2	0.3	0.4	0.5	0.6	0.7	1.1	2.4	3.5	5.1
Total[a]	10.8	11.9	13.1	15.0	26.0	27.3	30.9	41.0	46.0	58.0	71.9	84.1	132.2	401.4	673.0	1 047.5

[a] Los totales pueden no coincidir debido a ajustes por redondeo.

FUENTE: Pemex, *Anuario estadístico 1985*, *op. cit.*

CUADRO 28
ESTRUCTURA DE LOS PRECIOS DE LAS GASOLINAS NOVA Y EXTRA, AL 31 DE DICIEMBRE DE 1976, 1980 Y 1982[a]
(*pesos por litro*)

	1976	*1980*	*1982*
Nova			
Precio Pemex	1.73	1.66	1.4900
IVA[b]	—	—	0.1490
Fact. Pemex	—	—	1.6390
Comisión	0.14	0.21	0.3800
Impuesto[c]	0.93	0.93	—
IEPS[b]	—	—	16.3118
IVA	—	—	1.6692
Precio público	2.80	2.80	20.0000
Nova			
Precio Pemex	2.50	2.42	2.2300
IVA[b]	—	0.64	0.2230
Fact. Pemex	—	—	2.4530
Comisión	0.17	0.25	0.4400
Impuesto[c]	1.33	3.69	—
IEPS[b]	—	—	24.6027
IVA[b]	—	—	2.5043
Precio público	4.00	7.00	30.0000
Participación precio Pemex en precio al público (%)			
Nova	61.8	59.3	7.5
Extra	62.5	34.6	7.4

[a] Precio vigente en todo el país, con excepción de las zonas fronterizas noroeste, norte, noreste y Baja California Sur.
[b] Nuevos impuestos introducidos en 1982.
[c] Unico impuesto vigente antes de 1982.
FUENTE: Documentos internos de la Gerencia de Desarrollo Comercial de Pemex.

CUADRO 29
PERSONAL OCUPADO EN REFINACIÓN, 1970-1985
(*años seleccionados*)

Años	*Refinación [1]*	*Total Pemex [2]*	*Participación [1] en [2] (%)*
1970	15 224	71 878	21.2
1976	20 077	99 005	20.6
1980	26 035	134 181	19.4
1982	28 914	157 747	18.3
1985	32 457		

FUENTE: Pemex, Gerencia de Personal (documentos internos).

CUADRO 30
PRECIOS AL PÚBLICO DE GASOLINA NOVA EN MÉXICO Y PAÍSES SELECCIONADOS, JULIO DE 1983

Países	*Dólares/litro*
Italia	0.74
Irlanda	0.68
Japón	0.67
Noruega	0.65
Uruguay	0.63
Francia	0.59
Reino Unido	0.58
Austria	0.57
Panamá	0.57
Honduras	0.52
Alemania	0.52
Israel	0.50
Guatemala	0.50
Hungría	0.48
Chile	0.46
Canadá	0.33
Paraguay	0.32
Nigeria	0.32
Estados Unidos	0.32
Nicaragua	0.29
Argentina	0.27
Perú	0.26
Colombia	0.23
El Salvador	0.18
México	0.16[a]
Bolivia	0.12
Kuwait	0.11
Ecuador	0.10
Egipto	0.08
Venezuela	0.02

[a] Se utilizó el tipo de cambio libre promedio del mes de julio de 1983.
FUENTE: *Energy Détente 1983*. Tomado de Willars, *op. cit.*, p. 55.

CUADRO 31
PRECIOS AL PÚBLICO DE GASOLINA EXTRA EN MÉXICO Y PAÍSES SELECCIONADOS, JULIO DE 1983

Países	*Dólares/litro*
Haití	0.57
Canadá	0.35
Estados Unidos	0.34
Puerto Rico	0.33
México	0.24[a]

[a] Se utilizó el tipo de cambio libre del promedio del mes de julio de 1983.
FUENTE: *Energy Detente, 1983.* Tomado de Willars, *op. cit.*, p. 56.

CUADRO 32
PRECIOS AL PÚBLICO DEL DIESEL EN MÉXICO Y PAÍSES SELECCIONADOS, JULIO DE 1983

Países	*Dólares/litro*
Irlanda	0.59
Reino Unido	0.57
Austria	0.55
Alemania	0.49
Francia	0.48
Japón	0.46
Bélgica	0.44
Costa Rica	0.44
Holanda	0.39
Chile	0.38
Israel	0.38
Noruega	0.36
Panamá	0.35
Brasil	0.32
Guatemala	0.32
Estados Unidos	0.32
Honduras	0.32
Canadá	0.30
España	0.29
Colombia	0.23
Hungría	0.21
Perú	0.20
Nigeria	0.18
Cuba	0.17
Nicaragua	0.16

CUADRO 32 (*continuación*)

Países	*Dólares/litro*
Indonesia	0.15
Argentina	0.12
Bolivia	0.12
El Salvador	0.12
Kuwait	0.11
México	0.09
Egipto	0.09[a]
Venezuela	0.01

[a] Se utilizó el tipo de cambio libre promedio del mes de julio de 1983.
FUENTE: *Energy Détente 1983*. Tomado de Willars, *op. cit.*, p. 57.

CUADRO 33
PRECIOS AL PÚBLICO DEL COMBUSTÓLEO EN MÉXICO Y PAÍSES SELECCIONADOS, JULIO DE 1983

Países	*Dólares/m*^{3}
Canadá	242.23
Japón	234.36
Dinamarca	205.87
Bélgica	192.85
Perú	188.39
Holanda	187.25
Reino Unido	185.74
Irlanda	184.99
Israel	183.86
Noruega	176.75
Italia	174.04
Estados Unidos	173.48
Honduras	171.70
Francia	166.56
Argentina	160.33
Finlandia	160.14
Austria	157.63
Alemania	157.06
España	137.75
México	15.10[a]

[a] Se utilizó el tipo de cambio libre promedio del mes de julio de 1983.
FUENTE: *Energy Detente, 1983*. Tomado de Willars, *op. cit.*, p. 59.

CUADRO 34

PRECIOS AL PÚBLICO DEL GAS NATURAL EN MÉXICO Y PAÍSES SELECCIONADOS, JULIO DE 1983

Países	*Dólares/m*^{3}
Holanda	0.18
Brasil	0.18
Estados Unidos	0.18
Israel	0.15
Austria	0.14
Canadá	0.12
Colombia	0.04
Bolivia	0.04
México	0.03[a]
Venezuela	0.003

[a] Se utilizó el tipo de cambio libre promedio del mes de julio de 1983.
FUENTE: *Energy Detente, 1983*. Tomado de Willars, *op. cit.*, p. 58.

CUADRO 35

COSTOS UNITARIOS Y MÁRGENES DE UTILIDAD DE PRODUCTOS REFINADOS EN PESOS DE 1983

(*pesos por barril*)

Año	*Ingreso bruto*	*Costo unitario**	*Impuesto*	*Márgenes de utilidad*
1977	1 123.65	875.56	182.77	65.32
1978	953.80	788.22	162.15	3.43
1979	941.33	884.11	169.47	(112.25)
1980	833.37	908.79	225.03	(300.45)
1981	702.02	842.90	189.53	(330.41)
1982	676.47	929.67	182.64	(435.84)
1983	1 066.28	971.35	887.29	(792.36)

* Incluye la reserva para exploración y declinación de campos. Estimado con el promedio de años anteriores a 1983.
FUENTE: Pemex, documentos internos.

MAPA I
CENTRO DE REFINACIÓN EN OPERACIÓN EN 1985

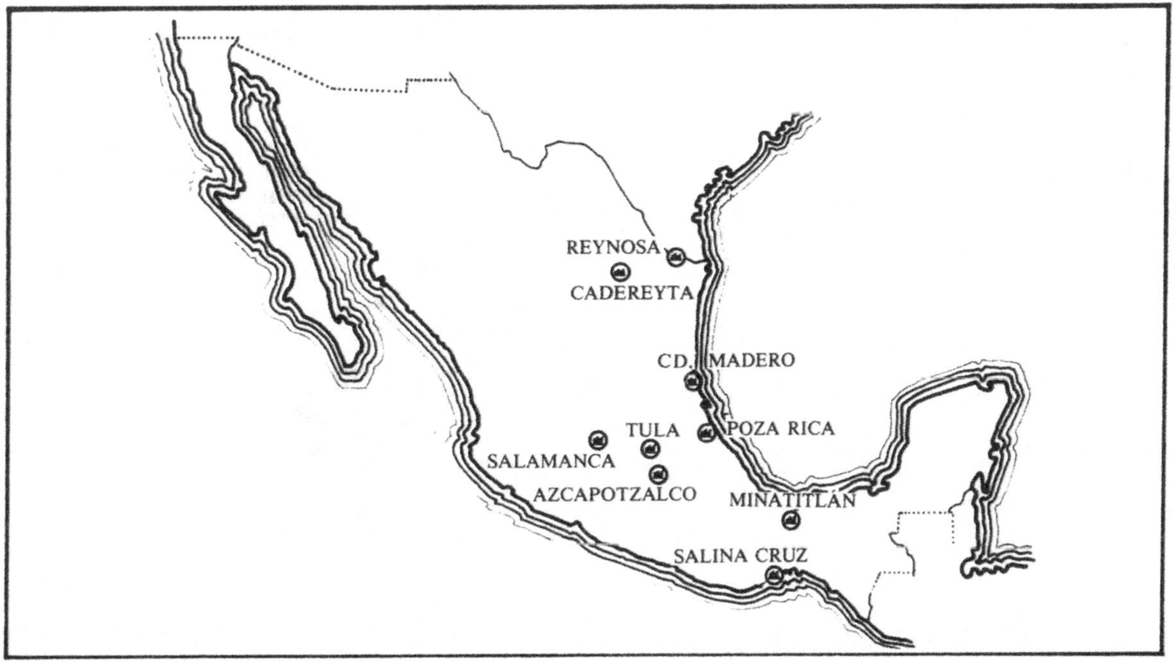

FUENTE: Pemex, *Memoria de labores 1985*, México. Pemex, 1986.

MAPA 2

ESTADOS DE LA REPÚBLICA DE MÉXICO

FUENTE: *Carta de México*, núm. 45, México, Presidencia de la República, 30 de noviembre de 1974, p. 7.

ANEXO 2

Notas técnicas

A. GLOSARIO DE LA INDUSTRIA DE REFINACIÓN[1]

Refinación: conjunto de procesos físicos y químicos (destilación, conversión, tratamiento) a los cuales son sometidos los hidrocarburos para obtener diferentes tipos de combustibles, productos especiales (lubricantes, parafinas, grasas, asfaltos) y materias primas para la industria petroquímica básica (diagrama 1).

Destilación: proceso físico mediante el cual se separa el petróleo crudo en fracciones en virtud de la diferencia de sus puntos de ebullición. El procedimiento consiste en calentar el crudo a una temperatura en que los componentes ligeros se evaporan, condensándose a continuación los hidrocarburos evaporados. La separación suele realizarse en dos etapas: en la primera se fracciona el crudo a presión atmosférica y, en la segunda, se utilizan los residuos de este primer proceso para alimentar una torre fraccionadora que opera al vacío.

Destilación atmosférica: primera fase de procesamiento del crudo (que define la capacidad de la refinería) en la cual éste es precalentado hasta 140°C, desalado (eliminación de los sedimentos, sales y exceso de agua) y precalentado a 200°C para, en estas condiciones, alimentar a la torre despuntadora en la que son separados los gases y la gasolina ligera a fin de mantener estable el crudo; el crudo despuntado es enviado a los calentadores a fuego directo para elevar su temperatura hasta 360-385°C e introducirlo en la torre fraccionadora de destilación atmosférica, de la que se obtienen gasolina, nafta, kerosina, gasóleo pesado y residuos.

Destilación al vacío: proceso que permite separar el residuo atmosféri-

[1] Elaborado con base en: Gary, James H. y Glenn E. Handwerk, *Petroleum Refining*, Nueva York, Marcel Dekker Inc., 1975, Juan Olivera, "Procesos que cambian el crudo en combustibles", en *Petróleo internacional*, México, junio de 1979, pp. 30-38; Pemex, *El petróleo*, *op. cit.*, pp. 74-78; José Luis Herce Vigil, "Desintegración catalítica", en IMIQ, México, Instituto Mexicano de Ingenieros Químicos, marzo-abril de 1977, pp. 42-48; Secretaría Técnica de la Comisión de Energéticos, "Glosario de la industria de refinación", en *Energéticos, boletín informativo del sector energético*, México, STCE/Sepafin, diciembre de 1981, p. 15.

DIAGRAMA 1

FLUJO SIMPLIFICADO DE UNA REFINERÍA

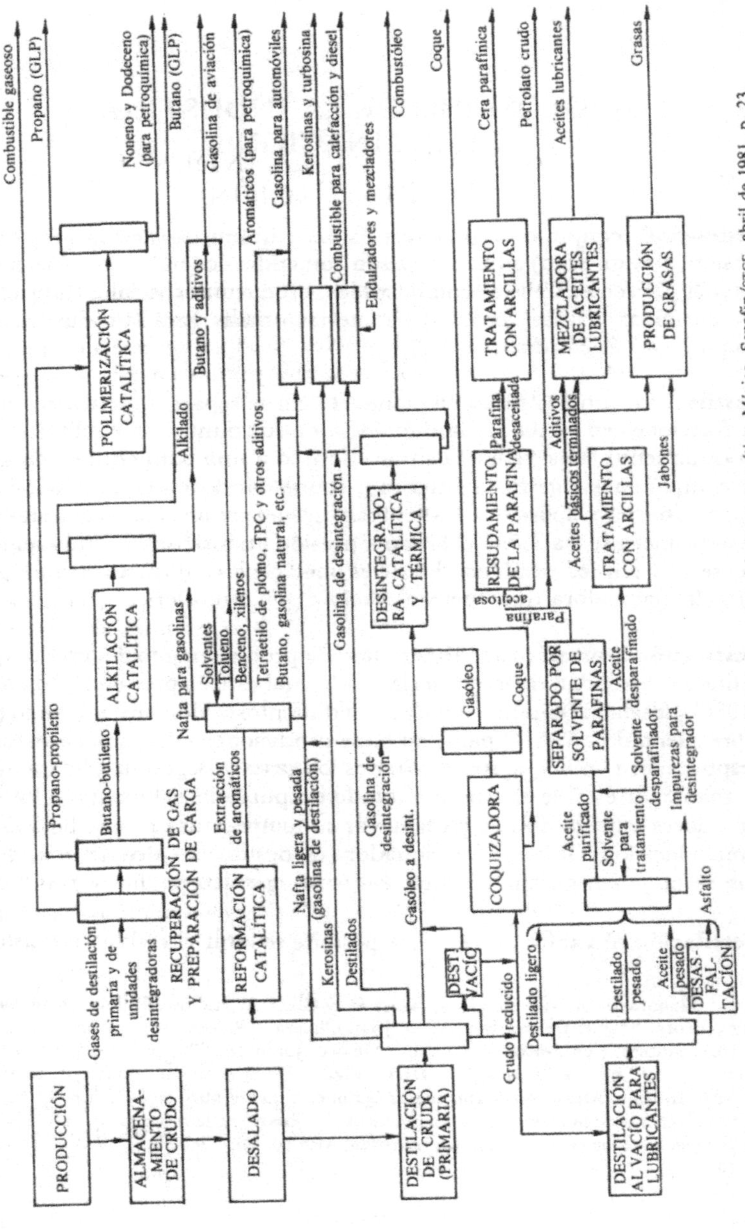

FUENTE: Secretaría Técnica de la Comisión de *Energéticos, boletín informativo del sector energético*, México, Sepafin/STCE, abril de 1981, p. 23.

co sin desintegrar las moléculas pesadas. Dicho residuo es precalentado en intercambiadores de calor e introducido en calentadores a fuego directo hasta alcanzar 400°C, para alimentar entonces la torre de destilación al vacío, de donde se obtienen gasóleos pesados (enviados a plantas de desintegración) y residuos (asfaltos o carga para plantas reductoras de viscosidad, coquizadoras o hidrodesintegradoras).

Destilación primaria combinada: incluye tanto la destilación atmosférica como la que se efectúa al vacío.

Fraccionamiento de líquidos del gas: destilación a temperaturas moderadas (menos de 180°C) de líquidos del gas natural, obteniéndose gas licuado (L.P.), gasolinas naturales y diesel (menos de 2%).

Desintegración (cracking): proceso que permite aumentar el rendimiento de las gasolinas a partir del crudo y que consiste principalmente en la descomposición de grandes moléculas del crudo en moléculas sencillas que posteriormente pueden reaccionar entre sí produciendo en algunos casos moléculas más grandes que las originales. Las moléculas más estables salen del proceso como gasolinas, mientras que las más reactivas polimerizan, dando como resultado aceite combustible o carbón (coque); los productos intermedios se mantienen en el proceso a alta presión hasta que se descomponen. La desintegración se originó como proceso térmico, pero el progreso alcanzado en el desarrollo de catalizadores llevó a la utilización predominante de la desintegración catalítica. Esta última en comparación con la primera, trae como resultado una mayor selectividad y una mejor eficiencia en la ciclización e isomerización en la síntesis de hidrocarburos aromáticos, naftas e isoparafinas, en lugar de predominar la deshidrogenación que conduce a un aumento en la cantidad de olefinas. El empleo de catalizadores produce además un mejor rendimiento en gasolina de alto octanaje, sin ocasionar un aumento de aceites pesados como ocurre en el caso de la desintegración térmica. La carga de la desintegración catalítica consiste de destilados pesados y del vacío (350 a 540°C) y se obtienen como productos: gases saturados (10-15%), y no saturados como etano y etileno, propano y propileno, isobutano, butano normal y butilenos, gasolinas con alto índice octano (50-60%), destilados ligeros (diesel) (30-40%), residuos pesados y coque. Actualmente existe una gran variedad de procesos comerciales de desintegración catalítica, que son los siguientes: procesos de lecho fijo (ej.: proceso Perco), de lecho móvil (ej.: Thermofor Catalytic Cracking-TCC) y de lecho fluidizado (Fluid Catalytic Cracking-FCC).

Catalizador: compuesto natural o sintético utilizado para acelerar, retardar, estabilizar u homogeneizar una reacción química, sin formar parte de ella.

DIAGRAMA 2
DESINTEGRACIÓN CATALÍTICA THERMOFOR

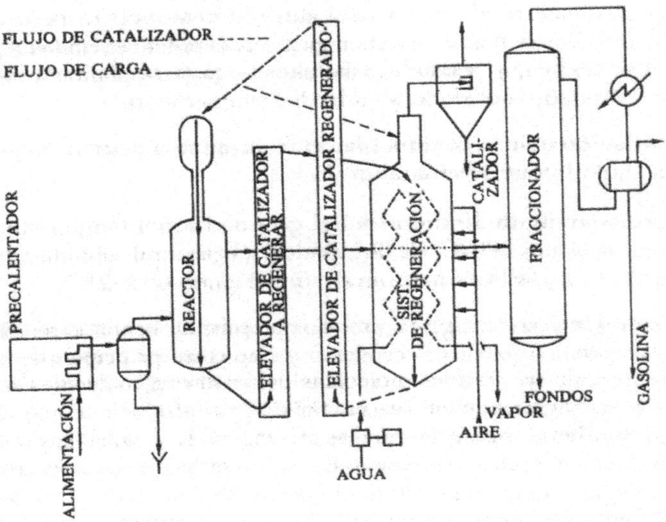

FUENTE: José Luis Herce Vigil, "Desintegración catalítica", en IMIQ, México, Instituto Mexicano de Ingenieros Químicos, marzo-abril de 1977, p. 47

DIAGRAMA 3
DESINTEGRACIÓN CATALÍTICA EN LECHO FLUIDIZADO

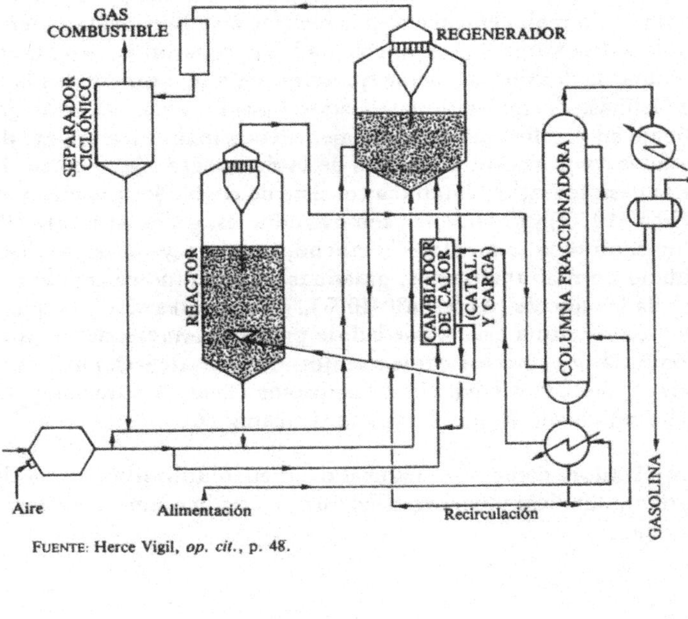

FUENTE: Herce Vigil, *op. cit.*, p. 48.

Reformación: deshidrogenación de moléculas nafténicas (de bajo octanaje) para formar moléculas aromáticas de alto octanaje. La carga consiste de naftas (80 a 180°C) con bajo índice de octano y se obtienen gases saturados (20-30%) y gasolinas con alto índice de octano (70-80%), así como hidrógeno que es utilizado en la refinería para desulfurar nafta, destilados intermedios y gasóleos.

Alquilación: proceso que une olefinas con isoparafinas (isobutano) para generar gasolinas de muy alto octanaje (cerca de 100 octanos, sin plomo). El compuesto olefínico puede provenir de la desintegración catalítica, en forma de gas, en tanto que el isobutano proviene generalmente de los gases recuperados del procesamiento del gas natural, o por isomerización catalítica del butano. Aunque la alquilación puede tener lugar a temperaturas y presiones elevadas sin catalizadores, los únicos procesos de importancia comercial involucran la alquilación a baja temperatura en presencia de catalizadores, como el ácido sulfúrico o fluorhídrico.

Desulfuración: reacción química, en presencia de un catalizador, que permite eliminar el azufre de productos como las naftas, gasóleos y kerosinas. En la hidrodesulfuración, la carga se combina con hidrógeno.

Viscorreducción: proceso en el cual se desintegra el residuo de la destilación al vacío (pesado y viscoso) a temperaturas medias y con breves tiempos de residencia, disminuyendo así la formación de carbón. Se obtienen cantidades menores de gases saturados y no saturados, gasolinas (menos de 10%), gasóleos medios (40%) y combustóleos (45%).

Desasfaltadora: planta en la que se efectúa la separación y preparación de residuos pesados con alto contenido de asfalto para obtener asfaltos industriales.

Coquización: desintegración a temperaturas elevadas de residuos de vacío que pueden ser más pesados que los utilizados en la viscorreducción. Se obtienen gases saturados y no saturados, gasolinas (10-20%), gasóleos ligeros y pesados (60-70%) y coque.

B. DESCRIPCIÓN DE UNA REFINERÍA TÍPICA EN MÉXICO: TULA[1]

1. PROCESOS DE REFINACIÓN

a) Planta combinada de destilación primaria y al vacío

En la etapa de destilación atmosférica se produce la separación de los componentes ligeros e intermedios (gasolina, kerosina, diesel) y de los pesados (gasóleo pesado y un residuo). En una segunda etapa, de destilación al vacío, se lleva a cabo la separación del gas ligero, el gasóleo pesado y el residuo.

El crudo entra a la unidad a través de un tren de cambiadores de calor, en los que se recupera el calor de las corrientes de reflujo de las torres de destilación. Una desaladora reduce el contenido de sal de la alimentación y el crudo desalado es posteriormente calentado a una mayor temperatura por medio de un calentador de carga.

El vapor y líquido provenientes del calentador fluyen a la torre de destilación atmosférica, en donde se lleva a cabo la separación de una corriente vaporizada de gasolina y tres corrientes de productos líquidos: kerosina, diesel y gasóleo pesado, y un residuo.

El residuo del crudo obtenido en el fondo de la fraccionadora atmosférica es bombeado a través de un calentador de crudo reducido y enviado a la torre de destilación al vacío, donde se obtienen un destilado de gas ligero, una corriente líquida de gasóleos pesados y un residuo, formado esencialmente por asfalto, en el fondo de la columna.

b) Planta hidrodesulfuradora de naftas (diagrama 4)

La gasolina obtenida en la planta de destilación atmosférica es precalentada en presencia de hidrógeno, hasta una temperatura de 650-750°F. La mezcla es enviada entonces a través de un reactor de lecho fijo y, después de ser enfriada, es conducida a un separador de alta presión, donde

[1] FUENTE: Sepanal, "La refinería de Tula: su funcionamiento tecnológico y económico", *op. cit.*, pp. 17-32

DIAGRAMA 4

TULA: PLANTA HIDRODESULFURADORA DE NAFTAS

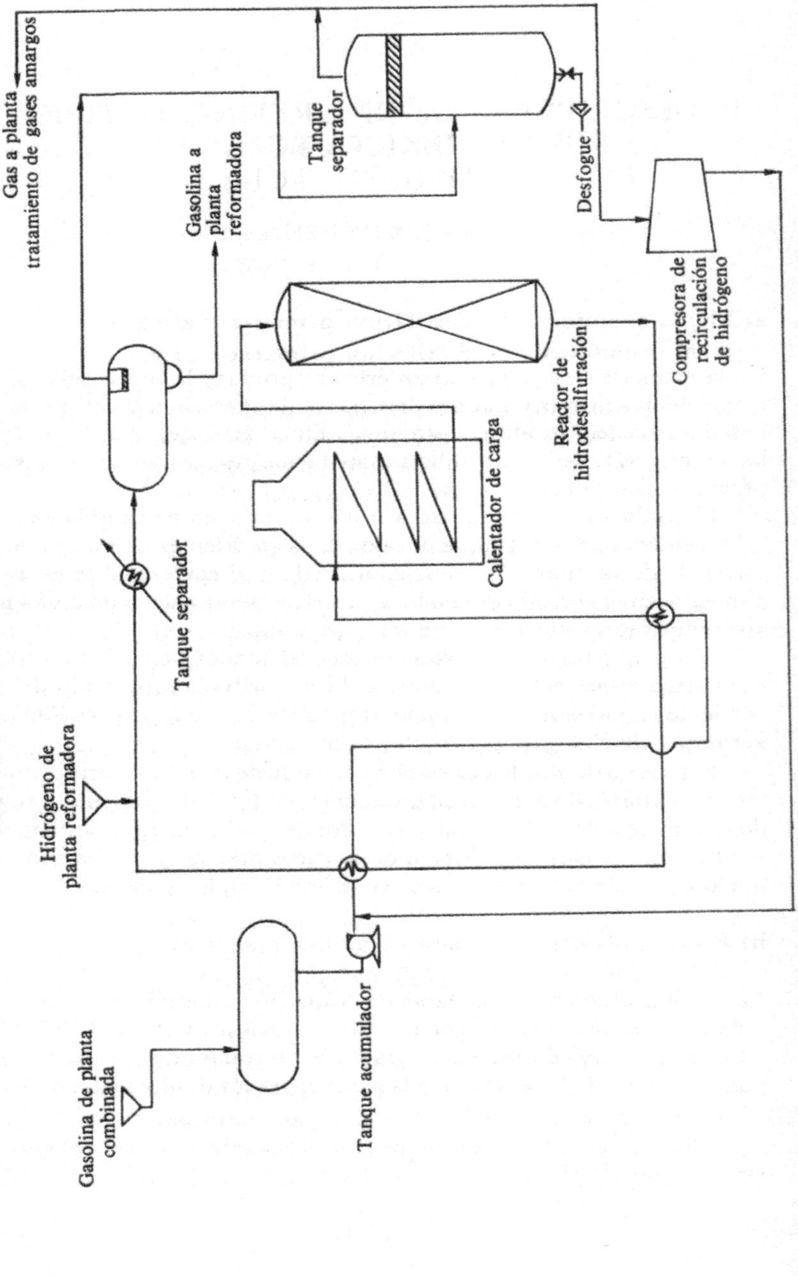

DIAGRAMA 5
TULA: PLANTA REFORMADORA DE NAFTAS

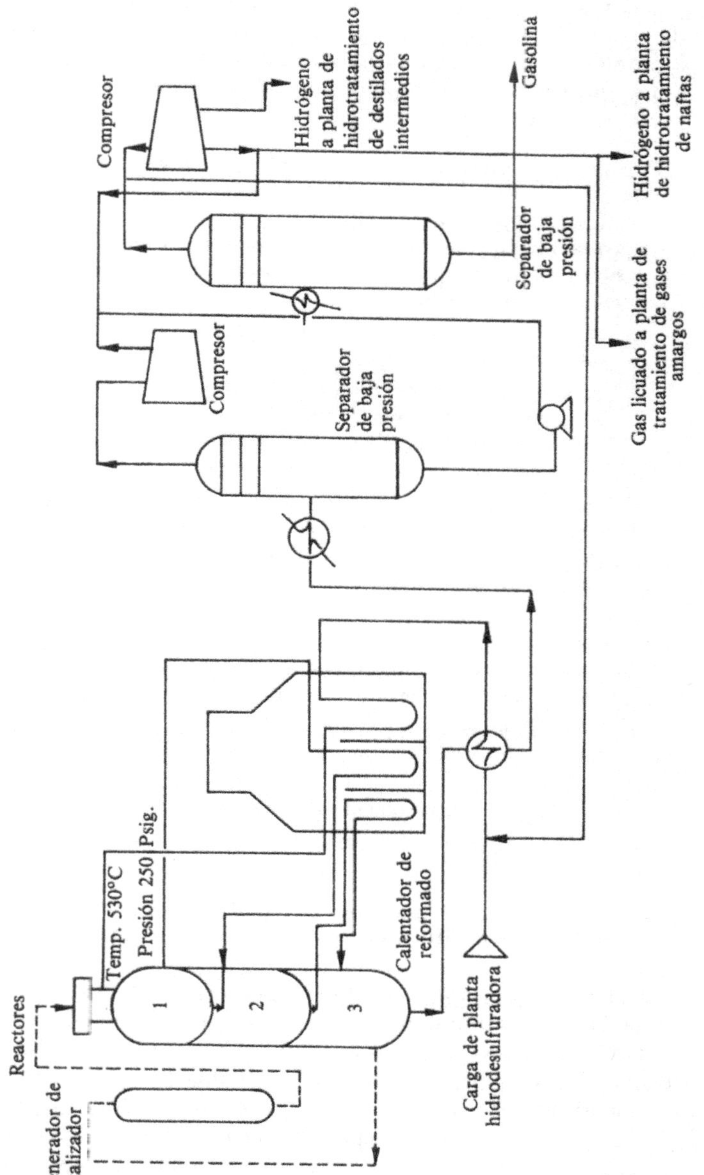

el gas rico en hidrógeno es separado y recirculado al reactor. Después de esta separación, la corriente del producto es estabilizada en una columna de destilación, donde el sulfuro de hidrógeno es removido en el domo de la torre. El contenido total de azufre extraído de esta manera es del orden de 1 por ciento.

c) Planta reformadora de naftas (diagrama 5)

Ésta, conocida también con el nombre de planta de "Reformación con catalizador de platino", es de gran importancia en la operación de una refinería, y se utiliza para:

— elevar el octanaje de naftas a fin de obtener combustibles para motores de alta calidad;
— producir altos rendimientos de hidrocarburos aromáticos a partir de selectos cortes de naftas, y
— producir gas licuado a partir de naftas.

El proceso ilustrado en el diagrama 5 consiste en una secuencia de reactores a través de los cuales el catalizador de platino fluye por gravedad. Una sección de regeneración de catalizador se encuentra integrada a los reactores, lo cual permite que el catalizador del reactor inferior sea transferido al regenerador.

En la sección mencionada, el catalizador es regenerado continuamente bajo condiciones de régimen permanente y retornado a la parte superior del reactor.

Las variables más importantes del proceso son:

— el control de temperatura y presión en el reactor;
— la recirculación del hidrógeno, y
— la recirculación del catalizador.

d) Plantas hidrodesulfuradoras de destilados intermedios (diagrama 6)

Estas dos plantas gemelas operan en paralelo y son utilizadas para la eliminación de los compuestos de azufre de la turbosina, kerosina y diesel mediante una reacción catalítica que se lleva a cabo en presencia de hidrógeno a una temperatura de 350°C y una presión de 52 kg/cm^2. La capacidad de cada una de las plantas es de 25 MBD.

La carga de estas plantas proviene de la planta combinada. Esta carga pasa a la zona de reacción, al igual que en la hidrodesulfuradora de naftas, donde el catalizador utilizado para acelerar este proceso en el reactor está formado por una mezcla de cobalto y molibdeno. Posteriormen-

DIAGRAMA 6

TULA: PLANTA HIDRODESULFURADORA DE DESTILADOS INTERMEDIOS

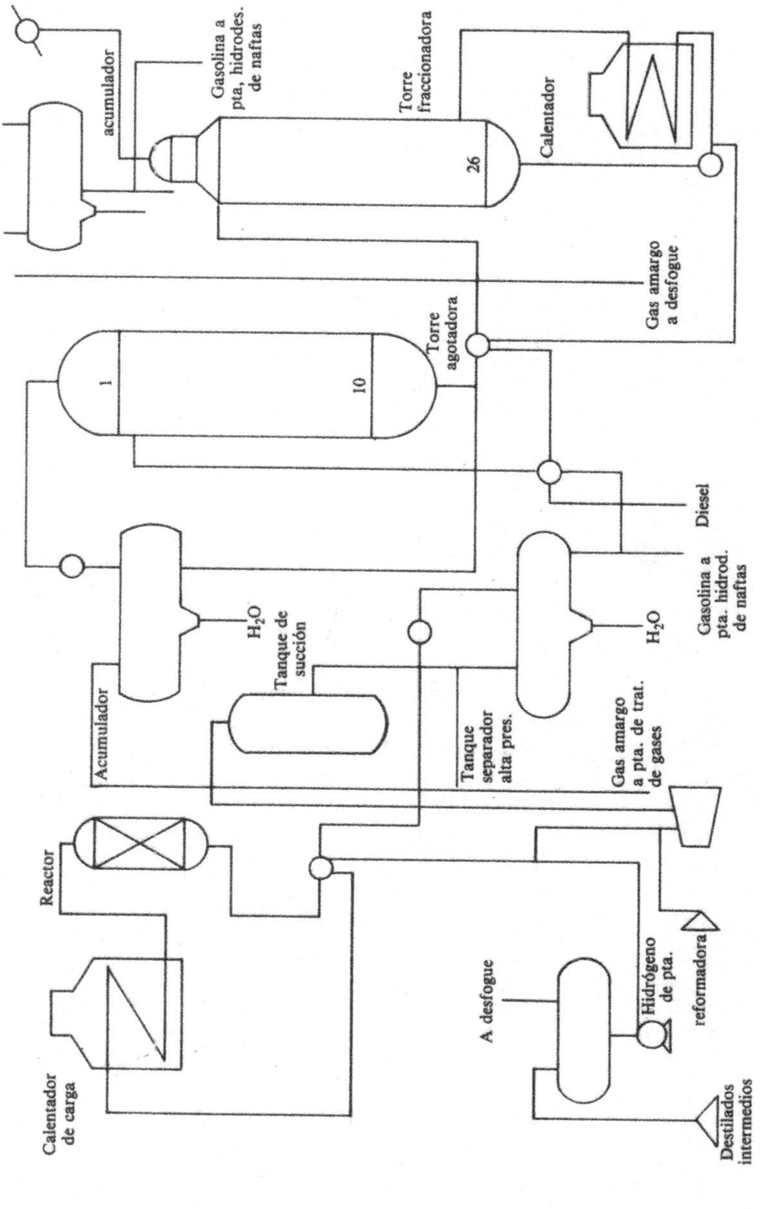

DIAGRAMA 7
TULA: PLANTA REDUCTORA DE VISCOSIDAD

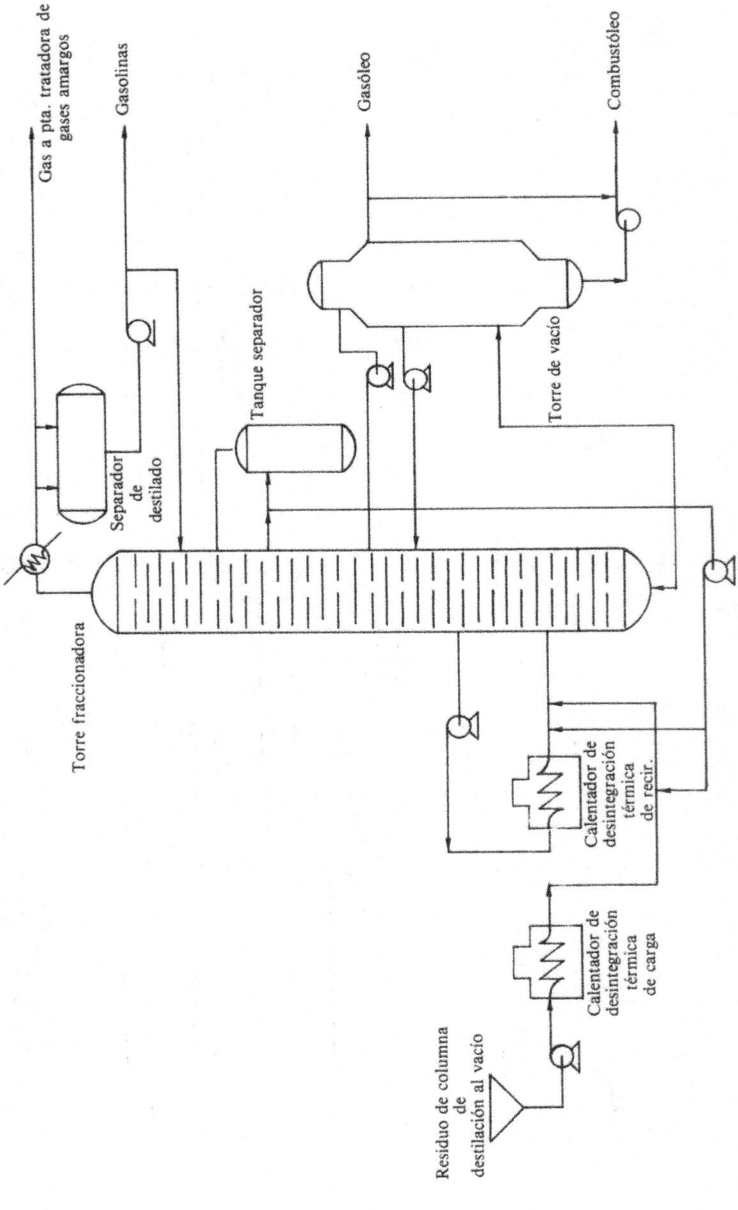

te, los afluentes del reactor son enviados a la zona de fraccionamiento en la que se lleva a cabo la separación de cada uno de los productos.

e) Planta reductora de viscosidad (diagrama 7)

El residuo proveniente de la torre de destilación al vacío es calentado y reducido en viscosidad por medio de una leve desintegración térmica en un horno. El producto, después de mezclado con un gasóleo ligero, es enviado a la sección inferior de un fraccionador, donde es "flasheado". El destilado es condensado y separado en gas licuado y gasolina y, en la parte inferior, se obtiene un residuo; un gasóleo pesado es extraído de la parte media de la columna y puede ser mezclado con la alimentación original.

El residuo de la torre es "flasheado" en una torre de vacío. El destilado es regresado al fraccionador, donde es utilizado como reflujo. El residuo consiste esencialmente de combustóleo, utilizado en la planta termoeléctrica de la Comisión Federal de Electricidad.

f) Planta de desintegración catalítica

Esta planta es utilizada para llevar a cabo la conversión selectiva de gasóleos de vacío del crudo en fracciones tales como olefinas ligeras, gasolinas de alto octanaje, aceites cíclicos ligeros y pesados, y combustóleo.

Las condiciones de reacción, incluyendo el catalizador y el diseño del reactor, están establecidas para convertir la alimentación a los productos deseados con una máxima selectividad.

La carga es introducida al reactor catalítico y puesta en contacto con un catalizador zeolítico, que se encuentra fluidizado por una corriente de vapor. El producto convertido es separado del catalizador y enviado a una fraccionadora, donde se realiza la posterior separación de sus componentes (gas licuado, gasolinas, aceites cíclicos ligeros y pesados, y combustóleo).

g) Planta de tratamiento de gases amargos

Las diferentes corrientes gaseosas contaminadas con ácido-sulfhídrico (H_2S) y pequeñas cantidades de dióxido de carbono (CO_2) son enviadas a la planta de tratamiento con dietanolamina (DEA), donde dichos compuestos son removidos y separados a través de dos columnas de absorción.

h) Planta recuperadora de azufre

El objeto de esta planta de 160 TonD es convertir en azufre el ácido sulf-

DIAGRAMA 8
PLANTA DESINTEGRADORA

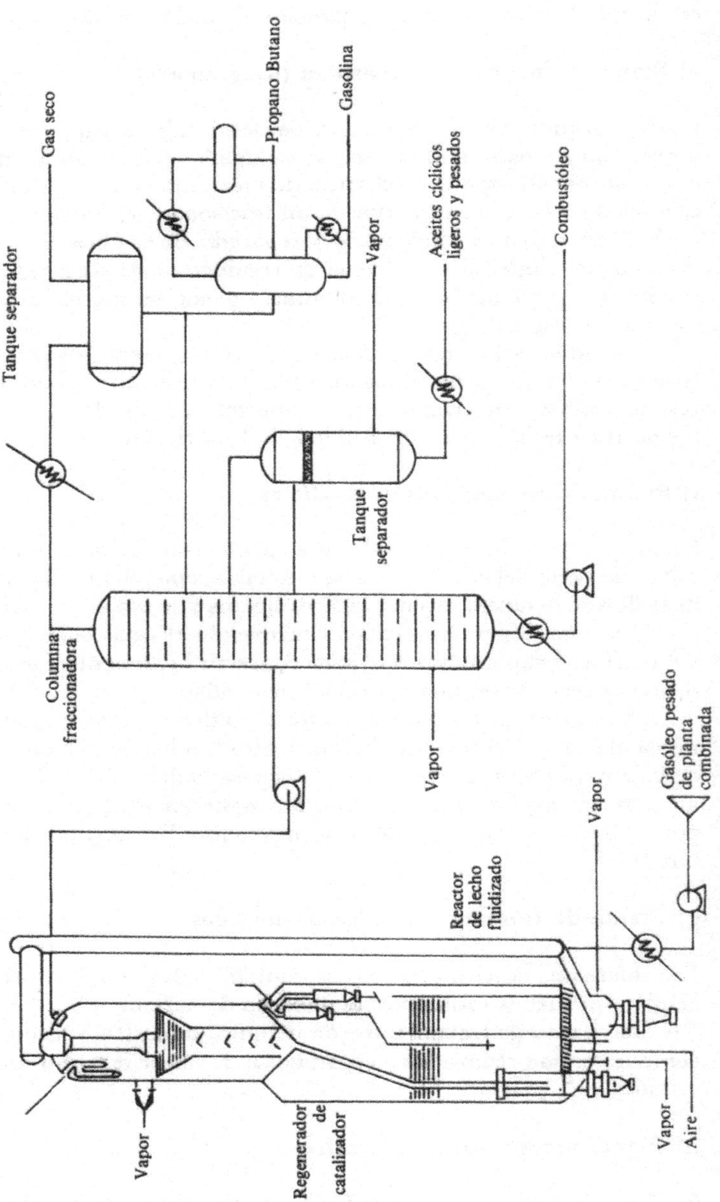

hídrico proveniente de la planta de tratamiento de gases amargos. El diseño está basado en el proceso Clauss. La corriente gaseosa es quemada en dos hornos, en los cuales el ácido sulfhídrico es parcialmente oxidado, y pasada a través de un reactor empacado con un catalizador de alúmina, en el cual la reacción de producción de azufre es completada. El azufre es separado por condensación y enviado a unas fosas de almacenamiento, de donde se embarca en forma líquida o se bombea a un patio para su solidificación.

2. Servicios y plantas auxiliares

a) Energía eléctrica

La energía eléctrica es generada por un sistema de dos turbo-generadores, accionados por vapor (850 libras/pulgada^2), cuya capacidad total es de 50 000 kw (13 800 voltios). Para su distribución, se cuenta con nueve subestaciones de servicio.

b) Vapor

La generación de vapor se lleva a cabo mediante tres calderas de alta presión (60 kg/cm^2) y una capacidad total de 400 Ton/hora. Una de estas calderas aprovecha como combustible el monóxido de carbono producido en el proceso de regenerado de catalizador de la planta de desintegración catalítica.

El vapor producido es utilizado para la generación de corriente eléctrica, el accionamiento de turbinas de la compresora y como vapor de proceso. El combustible usado está formado principalmente por el combustóleo y el gas seco producido en la refinería.

c) Aire

La refinería cuenta con tres compresoras centrífugas de aire, con una capacidad total de 6 000 pies^3/minuto, que suministran aire para uso general y de instrumentos, a una presión de 100 libras/pulgada^2.

d) Planta de tratamiento de agua

El agua usada en la refinería de Tula se obtiene de diez pozos localizados al margen de la carretera Tula-Tlahuelilpa, a 4-8 km de la refinería, desde donde se bombea a dos tanques de almacenamiento de 50 000 m^3 de capacidad cada uno, localizados en la refinería. Una cantidad de agua es enviada a una planta de pretratamiento a base de cal y sulfato de aluminio, con una capacidad de 500 m^3/hora, y de ahí a una planta de demineralización a base de resinas catiónicas y aniónicas, para ser posteriormente usada en la producción de vapor en la caldera.

Se cuenta con una planta potabilizadora de agua con capacidad de 57.5 m^3/hora, que opera por medio de un proceso de filtración llevado a cabo en carbón activado y un proceso de suavización por medio de resinas catiónicas; se instaló también un equipo para el aerado y cloración. El agua así obtenida es utilizada para uso doméstico.

e) Planta de carbonatación

Los productos cáusticos gastados, que fueron usados para la eliminación de compuestos de azufre en el proceso, se tratan con gases de combustión, con lo que la sosa es convertida en carbonato.

f) Planta de tratamiento de aguas amargas

Esta planta trata las aguas de desecho, con una gran cantidad de compuestos de azufre, eliminándose dichos compuestos y retornando el agua a la planta de destilación combinada para el proceso de desalado de crudo.

g) Sistema de tratamiento de afluentes

El agua del sistema de drenaje de la refinería es tratada antes de ser enviada al río Tula, para la eliminación del aceite y de otros compuestos que contiene. El agua pasa por dos separadores de placas para la recuperación del aceite. Posteriormente, es enviada a dos fosas de retención, que pueden trabajar en forma independiente y en las que se eliminan las pequeñas cantidades residuales de aceite que no fueron recuperadas en los separadores. De ahí el agua fluye a una laguna de oxidación, que cuenta con aereadores mecánicos y, posteriormente, a una laguna de estabilización. En ambos casos el contenido de oxígeno es incrementado, con lo que se mejoran las propiedades bioquímicas del agua, que es enviada posteriormente al río Tula a través de un emisor. El agua es utilizada para alimentar el sistema contra incendio y para trabajos de limpieza de equipos.

La mayor parte del agua cruda es utilizada como repuesto en las tres torres de enfriamiento y en los sistemas contra incendio.

h) Almacenamiento y distribución

La refinería de Tula cuenta con un sistema de almacenamiento para crudo y productos terminados, con una capacidad de 5 000 MB.

Para el recibo de crudo y otros productos, así como para la distribución de los mismos, la refinería cuenta con los siguientes ductos:

Gasoducto de 14'' de diámetro: Cd. Pemex-Tula

Oleoducto de 24'' de diámetro: Tuxpan-Poza Rica-Tula

Poliducto: Tula-Pachuca

Poliducto de 16'' de diámetro: Tula-San Juan Ixhuatepec-Azcapotzalco

Poliducto de 12'' de diámetro: Azcapotzalco-San Juan Ixhuatepec, conectado al anterior

Combustoleoducto: refinería de Tula-Planta termoeléctrica de la CFE en Tula

Poliducto de 12'': Querétaro-Tula (140 km, 25 MBD).

BIBLIOGRAFÍA

Aguilera G., Manuel, "La crisis mexicana: un ensayo de interpretación económica y financiera", en *Investigación económica*, núm. 169, México, UNAM, julio-septiembre de 1984.

Alcerreca, Víctor M., "Consumo del combustóleo por industrias", en Programa Universitario de Energía, *Hidrocarburos y socio-economía*, México, UNAM, 1965.

Al-Chalabi, Fadhil J., *La OPEP y el precio internacional del petróleo: el cambio estructural*, México, Siglo XXI Editores, 1984.

Alejo, Francisco Javier, "El gobierno y las estrategias de precios de las empresas de propiedad estatal", en *Investigación económica*, núm. 172, México, UNAM, abril-junio de 1985.

Alonso, Angelina y Carlos Roberto López, *El sindicato de trabajadores petroleros y sus relaciones con Pemex y el Estado*, México, El Colegio de México, 1986.

Alonso González, Francisco, *Historia y petróleo*, México, El Caballito, 1972.

Banco de México, *Indicadores económicos*, México, Banco de México, varios años.

———, "La economía mexicana en 1982", en *El mercado de valores*, año XLIII, núm. 13, México, Nafinsa, 28 de marzo de 1983.

———, *The Mexican Economy*, México, Banco de México, 1985.

Bermúdez, Antonio J., *Discurso en la inauguración de la refinería Ing. Antonio M. Amor, en Salamanca, Gto.*, México, Pemex, 1950.

———, *Doce años al servicio de la industria petrolera mexicana, 1947-1958*, México, Comaval, 1960.

———, Bermúdez, Antonio J., *Informe del director general de Petróleos Mexicanos*, México, Pemex, 1948, 1956 y 1958.

———, *La política petrolera mexicana*, México, Ortiz, 1979.

Beteta, Mario Ramón, *Informe del director general de Petróleos Mexicanos*, México, Pemex, 1983, 1984 y 1985.

Cantarell, Aquiles, "El proceso IMPEX. Para aligerar a los pesados", en *Información científica y tecnológica*, vol. 5, núm. 85, México, Conacyt, agosto de 1983.

CEPAL, *Notas sobre la economía y el desarrollo*, núm. 438/439, Santiago de Chile, diciembre de 1986.

Comercio Exterior, "Bienes de capital para la industria petrolera", en

Comercio exterior, vol. XXIX, núm. 8, México, Banco Nacional de Comercio Exterior, agosto de 1979, pp. 851-856.

______, "Desarrollo industrial. Reunión de la Comisión Nacional de Energéticos", en *Comercio exterior*, vol. XXIV, núm. 2, México, Banco Nacional de Comercio Exterior, febrero de 1974, pp. 155-157.

______, "Pemex: esfuerzos para lograr la autosuficiencia", en *Comercio exterior*, vol. XXIII, núm. 3, México, Banco Nacional de Comercio Exterior, marzo de 1973.

______, "Reunión de la Comisión Nacional de Energéticos", en *Comercio exterior*, vol. XXIV, núm. 2, México, Banco Nacional de Comercio Exterior, febrero de 1974.

Díaz Serrano, Jorge, *Comparecencia del Sr. Ing. Jorge Díaz Serrano, Director General de Petróleos Mexicanos, ante el H. Congreso de la Unión*, México, Pemex, octubre de 1977.

______, *Informe del director general*, México, Pemex, 1978.

Dovalí Jaime, Antonio, *Informe ante el C. Presidente de la República, Lic. Luis Echeverría Álvarez, al Consejo de Administración de Petróleos Mexicanos*, México, Pemex, 1971.

______, *Informe del director general de Petróleos Mexicanos*, México, Pemex, 1972, 1975 y 1976.

______, "Petróleos Mexicanos ante la demanda nacional de energéticos" en *El mercado de valores*, año XXXIII, núm. 27, México, Nafinsa, 2 de julio de 1973.

______, "Petróleos Mexicanos: evaluación de las realizaciones, 1971-1976", en *Comercio exterior*, vol. XXVI, núm. 4 (suplemento), México, Banco Nacional de Comercio Exterior, abril de 1976.

Echeverría A., Luis, *Seis informes de gobierno*, México, Secretaría de la Presidencia, 1976.

Eibenschutz, Juan, "Panorama general de los energéticos en México", en *Comercio exterior*, vol. XXVI, núm. 4 (suplemento), México, Banco Nacional de Comercio Exterior, abril de 1976, pp. 29-31.

El Colegio de México (ed.), *Estadísticas económicas del porfiriato, comercio exterior de México, 1877-1911*, México, El Colegio de México, 1960.

Energy Detente, "México: Energy Point Man?", en *Energy Detente* vol. 3, núm. 2, California, febrero de 1982.

Escalante, Cecilia, Isidro Morales y Rosío Vargas, *Formación de política petrolera en México*, México, El Colegio de México, 1988.

Flores de la Peña, Horacio, "Instalación de la Comisión de Energéticos", en *El mercado de valores*, año XXXIII, núm. 27, México, Nafinsa, 2 de julio de 1973.

García Luna, "Requerimientos de flexibilidad y expansión de las refinerías en México", en *Energéticos, boletín informativo del sector energético*, año 6, núm. 6, México, Sepafin/STCE, junio de 1982.

Gary, James H. y Glenn H. Handwerk, *Petroleum refining*, Nueva York, Marcel Dekker Inc., 1975.

Gastélum, Raúl, "La política de precios internos de productos petroleros en México, 1976-1982", en Wionczek, Miguel S. (ed.), *Problemas del sector energético en México*, México, El Colegio de México, 1983, pp. 95-103.

Giral, José, Sergio González, Eduardo Montaño, *La industria química en México*, México, 1978.

Gutiérrez Roldán, Pascual, *Informe del director general de Petróleos Mexicanos*, México, Pemex, 1963 y 1964.

Guzmán, Óscar M., *Las finanzas de Petróleos Mexicanos*, México, El Colegio de México, (en prensa).

———, "The Finances of Pemex" en Wionczek, Miguel S., Óscar M. Guzmán y Roberto Gutiérrez (eds.), *Energy Policy in Mexico. Problems and Prospects for the Future*, Boulder, Colorado, Westview Press, 1987.

Guzmán, Óscar M. y Michele Snoeck, "The Refining Industry", en Wionczek, Miguel S., Óscar M. Guzmán y Roberto Gutiérrez (eds.), *Energy Policy in Mexico. Problems and Prospects for the Future*, Boulder, Colorado, Westview Press, 1987.

Guzmán, Óscar M., Antonio Yúnez-Naude y Miguel S. Wionczek, *Uso eficiente y conservación de la energía en México: diagnóstico y perspectivas*, México, El Colegio de México, 1985.

Herce Vigil, José Luis, "Desintegración catalítica", en *IMIQ* México, Instituto Mexicano de Ingenieros Químicos, marzo-abril de 1977.

Instituto Mexicano del Petróleo, *Boletín informativo*, México, IMP, varios números.

———, *Plan de desarrollo para la industria petrolera y petroquímica básica, 1976-1985*, México, IMP, 1976.

Labra M., Armando, "Economía y política de energéticos", en *Comercio exterior*, vol XXVIII, núm. 9, México, Banco Nacional de Comercio Exterior, septiembre de 1978, pp. 1123-1128.

Lara Sosa, Héctor, "Exposición del Plan sexenal de Petróleos Mexicanos para el desarrollo del sector de refinación", ponencia presentada en la sesión-cena del Instituto Mexicano de Ingenieros Químicos, Monterrey, 12 de enero de 1977.

López Portillo, José, "Primer informe presidencial", en *Comercio exterior*, vol. XXVII, núm. 9, México, Banco Nacional de Comercio Exterior, septiembre de 1977.

López Portillo y Weber, José, *El petróleo de México*, México, Fondo de Cultura Económica, 1975.

López Rosado, Diego G., *Problemas económicos de México*, México, UNAM, 1975.

Manterola, Miguel, *La industria del petróleo en México*, México, Secretaría de Hacienda y Crédito Público, 1938.

Márquez, Miguel, *La industria del gas natural en México*, México, El Colegio de México (en prensa).

Meyer, Lorenzo, *México y Estados Unidos en el conflicto petrolero*, México, El Colegio de México, 1972.

Moore III, W.D., "Mexico Trims Oil Expansion to Help Balance Budget and Prop Economy", en *Oil and Gas Journal*, Tulsa, Oklahoma, Pennwell Publishing Co., agosto de 1982, pp. 87-93.

Nasmyth, J.A., "Refineries hit by falling prices", en *Petroleum Economist*, Londres, agosto de 1981, pp. 326-327.

Nosotros los petroleros, "Reportaje petrolero". Continúa el desarrollo de Pemex, en *Nosotros los petroleros*, año 1, núm. 3, México, Pemex, octubre de 1979, pp. 27-28.

Ocampo Torrea, Felipe, "Reducción de la dependencia tecnológica en procesos de refinación", en *IMIQ*, México, Instituto Mexicano de Ingenieros Químicos, marzo de 1976.

Olivera, Juan, "Procesos que cambian el crudo en combustibles", en *Petróleo internacional*, México, junio de 1979.

Payán, Víctor, "Dovalí Jaime denuncia presiones de empresarios", en *Excélsior*, México, 3 de septiembre de 1973.

Petróleos Mexicanos, *Anuario estadístico* (1970 a 1985), México, Pemex, 1971-1986.

______, *Aspectos relevantes del plan 1984-1988*, México, Pemex, 1984.

______, *Cadereyta*, México, Pemex, 1979.

______, *Datos históricos del petróleo en México*, México, Pemex, 1968.

______, *Memoria de labores* (1966 a 1985), México, Pemex, 1967-1986.

______, *Pemex en cifras*, México, Pemex, 1965.

______, *El petróleo*, México, Pemex, 1984.

______, *Petróleos Mexicanos y las modificaciones de los precios internos*, México, Pemex (mimeo.), 1984.

______, *Presentación al C. Presidente de la República, Lic. Miguel de la Madrid, de los avances y perspectivas de Petróleos Mexicanos en los dos primeros años de su administración*, México, Pemex, 1984.

______, *Programa de operaciones*, México, 1986.

Petróleo internacional, "Cadereyta, el mayor centro procesador de México", en *Petróleo internacional*, vol. 37, núm. 6, México, junio de 1979, pp. 27-29.

______, "Duplicarán capacidad de refinación", en *Petróleo internacional*, vol. 35, núm. 6, México, junio de 1977, pp. 28-31.

Petroleum Economist, "Mexico's Ambitious Plans", en *Petroleum Economist*, Londres, julio de 1974.

______, "OPEC's New Refining Interest", en *Petroleum Economist*, Londres, abril de 1985, p. 135.

______, "Prospects for Arab Refiners", en *Petroleum Economist*, Londres, noviembre de 1984, pp. 107-109.

———, "Will it Pay to Export Product", en *Petroleum Economist*, Londres, mayo de 1983, pp. 181-183.

Petroleum Intelligence Weekly, "Mexico", en *Petroleum Intelligence Weekly*, Nueva York, PIW Inc., 26 de marzo de 1984, p. 7.

———, "Mexico Reevaluates its Oil and Gas Future", en *Petroleum Intelligence Weekly*, Nueva York, PIW Inc., 2 de abril de 1984 (suplemento), pp. 1-4.

———, "Mexico to Double its Modest Exports of Refined Products", en *Petroleum Intelligence Weekly*, Nueva York, PIW Inc., 8 de agosto de 1983, p.4.

Poder Ejecutivo Federal, *Plan nacional de desarrollo 1983-1988*, México, SPP, 1980.

———, *Progrma nacional de energéticos 1984-1988*, México, SEMIP, 1984.

Powell, Richard, *The Mexican Petroleum Industry 1938-1950*, Berkeley, University of California Press, 1956.

Presidencia de la República, "Reunión de la Comisión de Energéticos", en *Carta de México*, núm. 18 (separata), México, Presidencia de la República, 8 de enero de 1974.

———, "Tecnología petrolera en México", en *Carta de México*, núm. 24, México, Presidencia de la República, 28 de febrero de 1973.

Prevôt-Shapira, Marie-France, *Pétrole et nouvel espace industriel au Mexique. Coatzacoalcos-Minatitlán*, Paris, Univ. Sorbonne-Nouvelle, 1981 (tesis).

Prieto, Sotero, *Transporte y distribución de hidrocarburos*, México, El Colegio de México (en prensa).

Quinlan, Martin, "Year of Contrasted Difficulties", en *Petroleum Economist*, Londres, septiembre de 1979.

———, "Impact of OPEC Product Exports", en *Petroleum Economist*, Londres, septiembre de 1984, pp. 319-322.

———, "Utilization Up But Margins Fall", en *Petroleum Economist*, Londres, septiembre de 1985, pp. 313-316.

———, "Demand Slump Forces Closures", en *Petroleum Economist*, Londres, septiembre de 1981, pp. 389-397.

———, "Growth Despite World Surplus", en *Petroleum Economist*, Londres, septiembre de 1980, pp. 383-387.

Reyes Heroles, Jesús, *Informe del director general de Petróleos Mexicanos*, México, Pemex, 1965, 1966, 1967 y 1970.

Reynolds, Clark, *The Mexican Economy: Twentieth Century Structure and Growth*, New Haven, Yale University Press, 1970.

Ruiz, Rogelio, *La capacidad nacional y las importaciones de la tecnología petro lera*, México, El Colegio de México (en prensa).

Secretaría de Energía, Minas e Industria Paraestatal, *Balance nacional de energía, 1985*, México, Semip, 1986.

———, *Balances nacionales de energía 1970-1981*, México, SEMIP, 1982.

———, *Balances nacionales de energía 1982-1984*, México, SEMIP, 1986.

______, *La energía en México y en el mundo*, México, SEMIP, 1983.
Secretaría de Patrimonio y Fomento Industrial, *Plan Nacional de Desarrollo Industrial 1979-1982*, México, Sepafin, 1979.
______, *Programa de energía, metas a 1990 y proyecciones al año 2000 (resumen y conclusiones)*, México, Sepafin, 1980.
Secretaría de patrimonio Nacional, "La refinería de Tula: su funcionamiento tecnológico y económico", en *Boletín*, núm. 9, México, Sepanal, abril de 1976.
______, "Refinación", en *Boletín*, núm. 2, México, Sepanal, septiembre de 1975.
Secretaría de Programación y Presupuesto, *Diagnóstico de Petróleos Mexicanos*, México, mimeo., s.f.
______, *Plan global de desarrollo 1980-1982*, México, SPP, 1980.
Secretaría de Programación y Presupuesto/Instituto Nacional de Estadística, Geografía e Informática/Petróleos Mexicanos, *La industria petrolera en México*, México, SPP, 1980 a 1983.
Secretaría Técnica de la Comisión de Energéticos, "México: balances de energía, 1970 y 1975-1980", en *Energéticos, boletín informativo del sector energético*, año 5, núm. 11, México, Sepafin/STCE, noviembre de 1981.
______, "México: balance y flujos de energía, 1981", en *Energéticos, boletín informativo del sector energético*, año 6, núm. 11, México, Sepafin/STCE, noviembre de 1982.
______, "Ventas de gasolinas y de diesel" e "Incidencia de los aumentos de precios", en *Energéticos, boletín informativo del sector energético*, año 6, núm. 1, México, Sepafin/STCE, enero de 1982.
______, *Propuesta de lineamientos de política energética*, México, Sepanal/STCE, 1976.
Sepúlveda, Isidro, "Pemex in a Dependent Society", en Ladman, Jerry R., Deborah J. Baldwin, Elihu Bergman (eds), *U.S. Mexican Energy Relationship*, Lexinton, D.C. Heath and Company, 1981.
Silva Herzog, Jesús, "Historia de la expropiación petrolera", México, *Cuadernos Americanos*, 1963.
Snoeck, Michele, *El comercio exterior de hidrocarburos y derivados en México*, México, El Colegio de México, 1988.
______, *La industria petroquímica básica en México 1970-1982*, México, El Colegio de México, 1987.
Solís, Leopoldo, *La realidad económica mexicana: retrovisión y perspectivas*, México, Siglo XXI Editores, 1970.
Sordo, Ana María, "Exploration and Explotation", en Wionczek, Miguel S., Óscar M. Guzmán y Roberto Gutiérrez (eds.), *Energy Policy in Mexico. Problems and Prospects for the Future*, Boulder, Colorado, Westview Press, 1987.
Sordo, Ana Ma. y Carlos Roberto López, *Exploración, reservas y producción*

de petróleo en México, 1970-1985, México, El Colegio de México, 1988.

Souza Saldívar, Antonio, "Requerimientos de flexibilidad y expansión de las refinerías en México", en Instituto de Estudios Económicos, Políticos y Sociales, *Reunión popular para la planeación sobre energéticos y desarrollo nacional*, 4a. mesa de trabajo, México, IEPES, 1982.

Tahmassebi, H., "How price differential affect refinery upgrading", en *Petroleum Intelligence Weekly*, Nueva York, PIW Inc., 7 de mayo de 1984, pp. 7-8.

Vanneph, Alain, "L'impact urbain et industriel des raffineries intérieures mexicaines", en CREDAL, *Document de recherche núm. 3*, París, Institut des Hautes Etudes de l'Amérique Latine (mimeo.), septiembre de 1980, pp. 1-13.

Vázquez Domínguez, Enrique, "Planes de ampliación de capacidad en las refinerías del sistema", en *IMIQ*, México, Instituto Mexicano de Ingenieros Químicos, marzo de 1976.

Willars A., Jaime Mario, *El petróleo en México: efectos macroeconómicos, elementos de política y perspectivas*, México, El Colegio de México, 1984.

Wionczek, Miguel S., "Algunas reflexiones sobre la futura política petrolera de México", en Wionczek, Miguel S. (coord.), *Problemas del sector energético en México*, México, El Colegio de México, 1983.

World Bank, *Special Study of the Mexican Economy: Major Policy Issues and Prospects, 1977-1982*, Washington, D.C., IBRD, 1977.

ÍNDICE DE CUADROS, GRÁFICAS Y MAPAS EN EL TEXTO

Este facsimilar de
La industria de refinación en México, 1970-1985
es propiedad de El Colegio de México
y se terminó de imprimir en
Librántida bajo el modelo de
distribución bajo demanda.
www.librantida.com

Made in the USA
Monee, IL
05 November 2026

67383150R00146